Name des Schülers	Klasse	Erhalten am	zurück am
Judith Löffler	9d	10.9.01	18.7.02
Pascal Jakoby	9a	9.09.02	
Vanessa Walz	9a	8.9.03	
Debora Vollrath	9b	?	heute 25.7.05
Melanie W.	9c	12.9.05	
Luisa Z.	9b	2.08.06	

REALSCHULE HEITERSHEIM

Schnitt*punkt*

**Mathematik für Realschulen
Baden-Württemberg**

**Dieter Käßmann
Rainer Maroska
Achim Olpp
Claus Stöckle
Hartmut Wellstein**

**Ernst Klett Verlag
Stuttgart Düsseldorf Leipzig**

Bildquellenverzeichnis:
Adams, George, Geometrische u. graphische Versuche ..., Wissenschaftl. Buchgesellschaft, Darmstadt, 1985; 102 – amw Pressedienst, München 144 – Archiv für Kunst und Geschichte, Berlin 105.1, 138,2 – Artothek, Kunstdia-Archiv, Peissenberg 129 – Bach, Eric, Superbild-Archiv, München-Grünwald 124 (Bernd Ducke) – Baumann Presse-Foto, Ludwigsburg 147.1 – Bavaria, Bildagentur, Gauting U1 (The Telegraph), 158 (Peter Scholey), 169.2 (Busi Crew), 195 (J. A. P.) – Bildarchiv Preußischer Kulturbesitz, Berlin 93 – Bilderberg, Hamburg 74.1 (Thomas Ernsting) – Bildgeber war nicht zu ermitteln: 77.1, 110 – Bongarts, Sportpressephoto, Hamburg 147.2 + 3, 164 – Cordon Art – Baarn – Holland 94.1 (© 1995 Hikki Arai), 94.2 (© 1994 M. C. Escher) – Deutsche Bahn AG, Mainz, 75.2 – Deutsche Bundesbank, Frankfurt/Main 16 – Deutscher Wetterdienst, Stuttgart 160 (W. Pfisterer) – Deutsches Museum, München 37.1 + 2, 77.2 – dpa, Frankfurt/Main 142 (Wöstmann) – Focus, Hamburg 61.2 (Science Photo Library, London, Martin Dohrn) – Gebhardt, Dieter Grafik- und Fotodesign, Asperg 13, 14, 37.3, 61.5, 77.3, 103, 138.1, 149.3–6, 150.1–3 + 5–7, 166, 167, 172, 175, 187, 192 – Gericke, Helmuth, Mathematik i. Antike und Orient, Springer Verlag GmbH u. Co KG, Berlin, 1984; 105.4 – Globus Infografik, Hamburg, 181.1–3, 182, 183, 197 – Hansmann, München 149.2 – Hegener u. Glaser AG, München 33.1 – Herzog-August-Bibliothek, Wolfenbüttel 105.3 – IBM, Deutschland 27 – Interfoto-Pressebild-Agentur, München 74.3 (George Kasndr), 75.1 (Peter Senter), 169.3 (Zeit Bild) – Klett-WBS, Stuttgart 43 – Kraftwerk Laufenburg, Laufenburg 134 – Lade, Helga, Fotoagentur, Frankfurt/Main 41 (Waltraud Dönitz), 140 (Dr. Wagner), 150.4 (H. R. Bramaz) – Laenderpress, Universal-Bildagentur, Düsseldorf 74.2 (MO) – Landesbildstelle Rheinland-Pfalz, Koblenz 133 – Landespolizeidirektion, Pressestelle, Stuttgart 130 – Mauritius Bildagentur, Stuttgart 28 (Superstock), 35.1 (Bach), 35.2 (von Ravenswaay), 58.1 (Bach), 58.2 (Dr. J. Müller), 61.1 + 3 (Vidler), 132 (Bordis), 136 (Thonig), 149.1 (Stock Market), 194 (Rosenfeld) – Meyers, Jonathan, Lonsley, Washington D. C. 96 – Okapia, Frankfurt/Main 17 (Dick Luria/Science Source), 33.2 (Ulrich Sapountsis), 115 (K. Schafer/Global Pictures), 137 (Thomas Blümel), 146 (Hermann Gehlken) – Scala, Florenz 105.2, 169.1 – Schrade, Richard, Winterbach 61.4 – Simon, Bernd, Hürtgenwald 120 – Stuttgarter Luftbild Elsäßer, Stuttgart 135 – Ullstein Bilderdienst, Berlin 92 (Camera Press Ltd.) – Verlag Heinrich Vogel, München 170 – ZARM-FABmbH, Bremen 42 – Zeiss, Oberkochen 34.1

Gedruckt auf Papier aus chlorfrei gebleichtem Zellstoff, säurefrei.

1. Auflage   € A 1 $^{8\ 7\ 6}$ | 2004 2003 2002 2001

Alle Drucke dieser Auflage können im Unterricht nebeneinander benutzt werden, sie sind im Wesentlichen untereinander unverändert. Die letzte Zahl bezeichnet das Jahr dieses Druckes.
Ab dem Druck 2000 ist diese Auflage auf die Währung EURO umgestellt. Zum überwiegenden Teil sind in diesen Aufgaben keine zahlenmäßigen Veränderungen erfolgt. Die wenigen notwendigen Änderungen sind mit € gekennzeichnet. Lösungen und Hinweise zu diesen Aufgaben sind im Internet unter http://www.klett-verlag.de verfügbar.
© Ernst Klett Verlag GmbH, Stuttgart 1995. Alle Rechte vorbehalten.
Internetadresse: http://www.klett-verlag.de

Zeichnungen: Rudolf Hungreder, Leinfelden; Günter Schlierf, Neustadt und Dieter Gebhardt, Asperg
Umschlagsgestaltung: Manfred Muraro, Ludwigsburg
Satz: Grafoline T · B · I · S GmbH, L.-Echterdingen
Druck: Appl, Wemding

ISBN 3-12-741900-7

Inhalt

Wiederholung 7

I Potenzen 13

1 Potenzen 14
2 Große Zahlen 16
3 Rechnen mit Potenzen. Gleiche Basis 18
4 Rechnen mit Potenzen. Gleiche Exponenten 21
5 Potenzieren von Potenzen 23
6 Potenzen mit negativen ganzen Exponenten 25
7 Kleine Zahlen 27
8 Potenzgesetze für negative ganze Exponenten 29
9 Vermischte Aufgaben 32
Thema: Sonne, Mond und Sterne 34
Rückspiegel 36

II Wurzeln. Reelle Zahlen 37

1 Quadratzahl. Quadratwurzel 38
2 Bestimmen von Quadratwurzeln 41
3 Reelle Zahlen 44
4 Kubikwurzeln. n-te Wurzeln 46
5 Multiplikation und Division von Quadratwurzeln 48
6 Addition und Subtraktion von Quadratwurzeln 51
7 Umformen von Wurzeltermen 53
8 Vermischte Aufgaben 56
Rückspiegel 60

III Quadratische Funktion. Quadratische Gleichung 61

1 Die quadratische Funktion $y = x^2$ 62
2 Die quadratische Funktion $y = ax^2 + c$ 64
3 Die rein quadratische Gleichung 67
 – grafische Lösung
4 Die rein quadratische Gleichung 69
 – rechnerische Lösung
5 Vermischte Aufgaben 72
Thema: Brücken und Parabeln 74
Rückspiegel 76

Inhalt

IV Zentrische Streckung   77

1 Streckungen im Gitter   78
2 Zentrische Streckung. Konstruktion   81
3 Zentrische Streckung. Eigenschaften   84
4 Strahlensätze   87
5 Ähnliche Figuren   94
6 Ähnlichkeitssätze   97
7 Vermischte Aufgaben   100
Thema: Messen und Zeichnen   102
Rückspiegel   104

V Satzgruppe des Pythagoras   105

1 Kathetensatz   106
2 Höhensatz   108
3 Satz des Pythagoras   110
4 Rechnen mit Formeln   116
5 Anwendungen   118
6 Vermischte Aufgaben   122
Rückspiegel   128

VI Kreis. Kreisberechnungen   129

1 Kreisumfang   130
2 Kreisfläche   133
3 Die Kreiszahl π 137
4 Kreisteile   140
5 Vermischte Aufgaben   144
Thema: Kreise im Sport   147
Rückspiegel   148

VII Zylinder. Kugel   149

1 Schrägbild des Zylinders   150
2 Oberfläche des Zylinders   152
3 Volumen des Zylinders   154
4 Volumen der Kugel   157
5 Oberfläche der Kugel   159
6 Zusammengesetzte Körper   161
7 Vermischte Aufgaben   164
Thema: Opti-Pack   166
Rückspiegel   168

VIII Sachrechnen 169

1 Vermehrter und verminderter Grundwert 170
2 Verknüpfen von Prozentsätzen 172
3 Zinsrechnen 175
4 Zinseszins 177
5 Tabellen und Schaubilder 181
Anwendung: Ratensparen 184
　　　　　　 Darlehen. Tilgung 186
　　　　　　 Kleinkredit 188
　　　　　　 Ratenkauf 190
　　　　　　 Lohn. Lohnabzüge 192
　　　　　　 Preise. Preiskalkulation 194
Rückspiegel 196

TEST 197

Lösungen der Wiederholungen 200
Lösungen der Rückspiegel 202
Register 207
Mathematische Symbole und Bezeichnungen/Maßeinheiten 208

Hinweise

1

Jede **Lerneinheit** beginnt mit ein bis drei **Einstiegsaufgaben**. Sie sollen die Möglichkeit bieten, sich an das neue Thema heranzuarbeiten und früher Erlerntes einzubeziehen. Sie sind ein Angebot für den Unterricht und können neben eigenen Ideen von der Lehrerin und vom Lehrer herangezogen werden.

Im anschließenden **Informationstext** wird der neue mathematische Inhalt erklärt, Rechenverfahren werden erläutert, Gesetzmäßigkeiten plausibel gemacht. Hier können die Schülerinnen und Schüler jederzeit nachlesen.

> Im Kasten wird das **Merkwissen** zusammengefasst dargestellt. In der knappen Formulierung dient es wie ein Lexikon zum Nachschlagen.

Beispiele
Sie stellen die wichtigsten Aufgabentypen vor und zeigen Lösungswege. In diesem „Musterteil" können sich die Schülerinnen und Schüler beim selbstständigen Lösen von Aufgaben im Unterricht oder zu Hause Hilfen holen. Auch für die richtige Darstellung einer Lösung werden wichtige Hinweise gegeben. Außerdem helfen Hinweise, typische Fehler zu vermeiden und Schwierigkeiten zu bewältigen.

Aufgaben

2 3 4 5 6 7 …
Der Aufgabenteil bietet eine reichhaltige **Auswahlmöglichkeit**. Den Anfang bilden stets Routineaufgaben zum Einüben der Rechenfertigkeiten und des Umgangs mit dem geometrischen Handwerkszeug. Sie sind nach Schwierigkeiten gestuft. Natürlich kommen das Kopfrechnen und Überschlagsrechnen dabei nicht zu kurz. Eine Fülle von Aufgaben mit Sachbezug bieten interessante und altersgemäße Informationen und verknüpfen so nachvollziehbar Alltag und Mathematik.

Mit diesem Symbol sind Aufgaben gekennzeichnet, in denen Fehler gesucht werden müssen.

Kleine Trainingsrunden für die Grundrechenarten

Angebote …
… von Spielen, zum Umgang mit „schönen" Zahlen und geometrischen Mustern, für Knobeleien, …
Kleine Exkurse, die interessante Informationen am Rande der Mathematik bereithalten und zum Rätseln, Basteln und Nachdenken anregen. Sie können im Unterricht behandelt oder von Schülerinnen und Schülern selbstständig bearbeitet werden.
Sie sollen auch dazu verleiten, einmal im Mathematikbuch zu schmökern.

Vermischte Aufgaben
Auf diesen Seiten wird am Ende eines jeden Kapitels nochmals eine Fülle von Aufgaben angeboten. Sie greifen die neuen Inhalte in teilweise komplexerer Fragestellung auf.

Themenseiten
Hier wird die Mathematik des Kapitels unter ein Thema gestellt. Es wird ein anwendungsorientiertes und fächerverbindendes Arbeiten ermöglicht und angeregt, den Unterricht einmal anders zu gestalten.

Rückspiegel
Dieser Test liefert am Ende jeden Kapitels Aufgaben, die sich in Form und Inhalt an möglichen Klassenarbeiten orientieren. Sie geben den Schülerinnen und Schülern die Möglichkeit, die wichtigsten Inhalte des Kapitels zu wiederholen. Die Lösungen befinden sich am Ende des Buchs.

Wiederholung: Terme. Gleichungen. Gleichungssysteme

$(a+b)(c+d) = ac+ad+bc+bd$
$(a+b)(c-d) = ac-ad+bc-bd$
$(a-b)(c+d) = ac+ad-bc-bd$
$(a-b)(c-d) = ac-ad-bc+bd$

Multiplizieren von Summen
Zwei Summen werden miteinander multipliziert, indem man jeden Summanden der ersten Summe mit jedem Summanden der zweiten Summe multipliziert.
Die entstandenen Produkte werden anschließend addiert.
$(a + b) \cdot (c + d) = ac + ad + bc + bd$

Beispiel
$(7 + x) \cdot (y + 4)$
$= 7 \cdot y + 7 \cdot 4 + x \cdot y + x \cdot 4$
$= 4x + 7y + xy + 28$

1
Multipliziere.
a) $(a+2)(b+6)$ b) $(x+3)(y-5)$
c) $(r-7)(s+11)$ d) $(5-m)(n-12)$
e) $(9a-6b)(3c+4d)$ f) $(m+5u)(-r-2s)$
g) $(4z+5x)(-x+3y)$ h) $(-v-w)(-s-t)$

2
Multipliziere und vereinfache.
a) $(4x+10y)(2x-5y)$
b) $(5r+4s+3t)(r-2s-3t)$
c) $(x+4)(5-x)-(x-1)(x+8)$
d) $(2a+3)(1-3a)+(6a-17)(4+a)$

Binomische Formeln
$(a+b)^2 = a^2 + 2ab + b^2$ **1. binomische Formel**
$(a-b)^2 = a^2 - 2ab + b^2$ **2. binomische Formel**
$(a+b)(a-b) = a^2 - b^2$ **3. binomische Formel**

Beispiel
$(4x-3y)^2 = (4x)^2 - 2 \cdot 4x \cdot 3y + (3y)^2$
$= 16x^2 - 24xy + 9y^2$

3
Berechne mit der 1. oder 2. binomischen Formel.
a) $(5+a)^2$ b) $(x-7)^2$
c) $(3s+7t)^2$ d) $(5x-8y)^2$
e) $(1,5e+4f)^2$ f) $(2,5p-3q)^2$
g) $(\frac{1}{2}a+\frac{1}{2}b)^2$ h) $(\frac{1}{4}v-\frac{1}{3}w)^2$

4
Schreibe die folgenden Produkte als Summen.
a) $(3a+b)(3a-b)$
b) $(13x+0,9y)(13x-0,9y)$
c) $(1,5c-14d)(1,5c+14d)$
d) $(1,3d+1,7)(1,3d-1,7)$
e) $(\frac{1}{5}x+\frac{1}{4}y)(-\frac{1}{4}y+\frac{1}{5}x)$

5
Ergänze und schreibe in Form eines binomischen Terms.
a) $169+130x+\triangle$ b) $9x^2-6ax+\bigcirc$
c) $36a^2-\triangleright+81b^2$ d) $25y^2-\bigcirc+1$
e) $\diamond+12xy+0,16x^2$
f) $\triangleright+6,25g^2-15fg$

6
Bilde eine vollständige Gleichung.
a) $(\square+2y)^2 = \triangledown+4xy+\triangle$
b) $(3u+\bigcirc)^2 = \triangle+\square+16v^2$
c) $(9p-\square)^2 = \triangle-144pr+\bigcirc$
d) $(\frac{1}{2}x+\bigcirc)(\square-\bigcirc) = \frac{1}{4}x^2-\frac{9}{25}y^2$

7
Fasse so weit wie möglich zusammen.
a) $(7x-17)^2+(5+x)^2$
b) $(4x+7)^2-(4-7x)^2$
c) $(0,3a+5b)^2+(1,3a-1,7b)^2$
d) $(25+15g)(15g-25)-225g^2$
e) $-7(5x-8y)(5x+8y)$
f) $5(\frac{3}{5}h+0,6i)^2-4(0,6i-\frac{3}{5}h)^2$

8
Schreibe die Summe als Produkt.
a) $a^2+10a+25$
b) $81x^2-72xy+16y^2$
c) $0,25u^2-1,2uv+1,44v^2$
d) $9p^2-81q^2$
e) $256v^2-400w^2$
f) $\frac{1}{16}a^2-\frac{9}{121}b^4$

Wiederholung: Terme. Gleichungen. Gleichungssysteme

Bruchterme
Terme, die im Nenner eine Variable enthalten, heißen **Bruchterme**.
Die **Definitionsmenge** D eines Bruchterms enthält alle Zahlen, die beim Einsetzen in den Bruchterm im Nenner nicht den Wert Null ergeben.
Beispiele
$\frac{1+x}{x-2}$; $D = \mathbb{Q}\setminus\{2\}$ $\frac{x-3}{4x+2}$; $D = \mathbb{Q}\setminus\{-\frac{1}{2}\}$ $\frac{2-x}{x(x-5)}$; $D = \mathbb{Q}\setminus\{0; 5\}$

9
Berechne den Wert der Terms für alle ganzen Zahlen von -3 bis $+3$, die zur Definitionsmenge gehören.
a) $\frac{2x}{x+1}$ b) $\frac{3x}{2x+4}$ c) $\frac{x-3}{3x-6}$
d) $\frac{2x}{x(x+2)}$ e) $\frac{3-x}{2x(x-1)}$ f) $\frac{5x-8}{(x+1)(x-2)}$

10
Bestimme die Definitionsmenge.
a) $\frac{2x}{1+x}$ b) $\frac{x+3}{10-2x}$ c) $\frac{x+1}{x(x-1)}$
d) $\frac{4x-3}{3x(2x+2)}$ e) $\frac{1}{2x^2-4x}$ f) $\frac{x}{x^2-4x+4}$

11
Ergänze den fehlenden Zähler oder Nenner.
a) $\frac{x^2}{4x} = \frac{\Box}{12x}$ b) $\frac{x}{4} = \frac{5x}{\Box}$
c) $\frac{\Box}{36x^2} = \frac{5}{6x}$ d) $\frac{36x^2}{\Box} = \frac{x}{9}$

12
Berechne.
a) $\frac{1+x}{3x} + \frac{1}{4x}$; $\frac{3x}{10x} - \frac{x+4}{15x}$; $\frac{1}{x} + \frac{1}{x+1}$
b) $\frac{5}{4x-2} + \frac{2}{2x-1}$; $\frac{1}{25x^2-15x} - \frac{1}{20x-12}$
c) $\frac{1}{x} \cdot \frac{3}{x-2}$; $\frac{x^2-1}{2} \cdot \frac{6}{x+1}$; $\frac{x^2-1}{x} : (x+1)$

Eine **Gleichung** löst man mit Hilfe von Äquivalenzumformungen:
1. Vereinfachen der Terme auf beiden Seiten
2. Ordnen der **Summanden mit Variablen** auf der einen Seite und der **Summanden ohne Variablen** auf der anderen Seite
3. Dividieren beider Seiten durch den Zahlfaktor (Koeffizienten) der Variablen

13
Löse die Gleichung.
a) $12x - 15 = 33$ b) $5y - 4 = 8,5$
c) $-16 - 3n = -2n$ d) $12 - 6,4z = -4,8z$
e) $-3s = -9s + 12$ f) $2,3x - 7,2 = 2x$
g) $\frac{1}{3}x + \frac{1}{2} = \frac{4}{3}$ h) $\frac{3}{4}x - \frac{2}{3} = \frac{1}{12}$

14
a) $12x - (16x - 20) = 174 - (42 + 20x)$
b) $-5(y - 7) + 14 = 30 - (2y + 1) + 14$
c) $0,2(x - 3) - 1 = 0,5(x + 3) - 18,4$

15
a) $\frac{2}{3}x - \frac{1}{3} = \frac{1}{2} - (\frac{1}{4} - \frac{1}{6}x)$
b) $\frac{2}{5}x + \frac{1}{2}x = x + \frac{1}{10}$
c) $x + \frac{3x}{4} = 2x - \frac{1}{2}$

16
Multipliziere zuerst mit dem Hauptnenner.
a) $\frac{x-2}{2} + \frac{2x-1}{3} = \frac{4x}{3} - \frac{13}{3}$
b) $\frac{5x-1}{2} - \frac{4(3+2x)}{7} - \frac{13x}{14} = \frac{1}{7}$
c) $\frac{7y+18}{3} - \frac{4}{5}(y+3) = \frac{3}{2}(y+2) + \frac{2}{3}$

17
a) $x^2 - (x-2)^2 = 16$
b) $(x+1)^2 + 2 = x(x-1)$
c) $(x-2)^2 + 95 = (x+3)^2$
d) $(x-1)(x+2) + 4 = (x-3)^2$
e) $(x-4)(x+4) = x^2 + 2(x-3)$
f) $2 + (2x-1)^2 = (1+x)(4x-3)$
g) $(3x-2)^2 = (3x-1)(1+3x) - 7$
h) $(9-x)(9+x) + 3x - 7 = -(x+1)^2$
i) $2x^2 - 4 = (x+2)^2 + (x-4)(x+4)$

Wiederholung: Terme. Gleichungen. Gleichungssysteme

18
Löse die Gleichung nach x auf.
a) $x + 2e = 3e + 5$
b) $5x - 7a = 2a + 6 + 2x$
c) $3(a - x) = 2(3x + 6a)$
d) $4(e - x) = -3(e + x)$

19
Löse die Gleichung jeweils nach allen Variablen auf.
a) $u = 2a + 2b$ b) $A = a \cdot b$
c) $4a = 7c - 3b$ d) $2a = (a + c)b$

20
Multipliziere zunächst mit dem Hauptnenner. Gib auch die Definitionsmenge an.
a) $\frac{3}{2x} + \frac{3}{x} = \frac{9}{8}$ b) $\frac{7}{3x} = \frac{5}{6x} - \frac{1}{4}$
c) $\frac{3}{4x} + \frac{3}{6x} = -\frac{5}{8}$ d) $\frac{18}{5x} + \frac{6}{15x} = 1$
e) $\frac{1}{16x} + \frac{x}{24x} = \frac{1}{12x}$ f) $\frac{x}{42x} = \frac{1}{14x} + \frac{1}{28x}$
g) $\frac{x}{x+2} + \frac{1}{2x+4} = \frac{6}{3x+6}$
h) $\frac{8-4x}{32x+24} = \frac{1-7x}{12x+9} - \frac{8-2x}{16x+12}$
i) $\frac{5x-1}{3x+3} - \frac{3x-2}{6x-6} = \frac{7x^2 - 70x + 175}{6x^2 - 6}$

Lineare Gleichungssysteme

Zwei lineare Gleichungen mit zwei Variablen bilden zusammen ein **lineares Gleichungssystem**. Wenn man die Lösung dieses Gleichungssystems sucht, muss man für die beiden Variablen Zahlen finden, die beide Gleichungen erfüllen.

Rechnerische Lösungsverfahren:

Gleichsetzungsverfahren:
(1) $y = 4x - 2$
(2) $y - 3x = 5$ $| + 3x$
(1) $y = 4x - 2$
(2') $y = 3x + 5$
Gleichsetzen von (1) und (2'):
$4x - 2 = 3x + 5$
$x = 7$
Einsetzen in (1):
$y = 4 \cdot 7 - 2$
$y = 26$
$L = \{(7; 26)\}$

Einsetzungsverfahren:
(1) $y - x = 1$ $| + x$
(2) $6x - 3y = 6$
Auflösen von (1) nach y:
(1') $y = x + 1$
(2) $6x - 3y = 6$
Einsetzen von (1') in (2):
$6x - 3 \cdot (x + 1) = 6$
$6x - 3x - 3 = 6$
$3x = 9$ $| : 3$
$x = 3$
Einsetzen in (1):
$y - 3 = 1$
$y = 4$
$L = \{(3; 4)\}$

Additionsverfahren:
(1) $2x + 3y = 9$ $| \cdot 3$
(2) $3x - 4y = 5$ $| \cdot (-2)$
(1') $6x + 9y = 27$
(2') $-6x + 8y = -10$
Addieren von (1') und (2'):
$17y = 17$ $| : 17$
$y = 1$
Einsetzen in (1).
$2x + 3 \cdot 1 = 9$ $| - 3$
$2x = 6$ $| : 2$
$x = 3$
$L = \{(3; 1)\}$

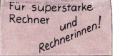

Für superstarke Rechner und Rechnerinnen!

$10 + (4x - 3) + (y + 9) = 2x + (3y - 16) + 19$
$6x + 2 + (2y - 20) = (18x - 3) + (18 - y) - 3$
$(3y - 1)^2 - 3xy = (5 + 3y)(3y - x) - 52$
$(2x + 3)^2 - xy = 3x(2x - y) - 2x(x - y) + 11y$

21
Löse mit dem Gleichsetzungsverfahren.
a) $y = 3x - 4$ b) $5y = 2x - 1$
   $y = 2x + 1$ $4x + 3 = 5y$
c) $3x - 2y = 3$ d) $5x = y + 6$
   $3x - y = 5$ $5x - 12 = 2y$

22
Löse mit dem Einsetzungsverfahren.
a) $5x + y = 8$ b) $2x - 3y = 8$
   $y = 3x$ $2x = 5y$
c) $3y + x = 9$ d) $3x + 5y = 17$
   $x = y - 5$ $5y = 6x - 1$

23
Löse mit dem Additionsverfahren.
a) $3x + y = 18$ b) $12x - 5y = 6$
   $2x - y = 7$ $2x + 5y = 36$
c) $3x + 4y = 5$ d) $-28 - 5x = 6y$
   $14y - 31 = 3x$ $5x + 3y = -19$

24
Löse das Gleichungssystem.
a) $2(x - 2) = 4(y - 3)$
   $4(y + 1) = 3(x + 4)$
b) $10 - y - x = -4(y + x) + 34$
   $-8(x - y) + 41 = 5 - x + y$

Wiederholung: Flächeninhalt und Umfang von Vielecken

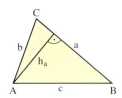

Flächeninhalt und Umfang von Dreiecken

Allgemeines Dreieck: $\quad A = \frac{1}{2} a \cdot h_a = \frac{1}{2} b \cdot h_b = \frac{1}{2} c \cdot h_c \quad u = a + b + c$

Rechtwinkliges Dreieck: ($\gamma = 90°$) $\quad A = \frac{1}{2} a \cdot b \quad\quad u = a + b + c$

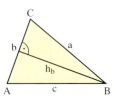

1
Berechne den Flächeninhalt des Dreiecks.
a) $c = 14{,}0$ cm $\quad$ b) $a = 7{,}2$ cm
 $h_c = 5{,}0$ cm $ h_a = 8{,}6$ cm
c) $b = 4{,}8$ dm $\quad$ d) $a = 2{,}8$ cm
 $h_b = 0{,}5$ m $ b = 72$ mm ($\gamma = 90°$)

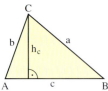

2
Berechne die Seite b des Dreiecks.
a) $u = 12{,}84$ m; $a = 3{,}6$ m; $c = 48$ dm
b) $A = 399{,}84$ mm²; $h_b = 39{,}2$ mm
c) $A = 143$ cm²; $c = 13$ cm; $\alpha = 90°$

3
In einem Dreieck ist $a = 5{,}0$ cm, $b = 4{,}0$ cm und $h_a = 3{,}6$ cm.
Berechne die Höhe h_b.

4
In einem rechtwinkligen Dreieck mit $\gamma = 90°$ sind $c = 9{,}0$ cm, $a = 5{,}4$ cm und der Flächeninhalt $A = 19{,}44$ cm² bekannt.
Berechne b, h_c und den Umfang.

5
Gib den Flächeninhalt und den Umfang des Dreiecks in Abhängigkeit von r bzw. s an.

a) 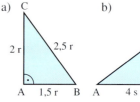 b)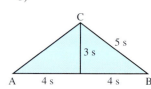

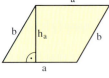

Flächeninhalt und Umfang von Vierecken

Quadrat:	$A = a \cdot a = a^2$	$u = 4a$
Rechteck:	$A = a \cdot b$	$u = 2(a + b)$
Parallelogramm:	$A = a \cdot h_a$ oder $A = b \cdot h_b$	$u = 2(a + b)$
Trapez:	$A = m \cdot h = \frac{1}{2}(a + c) \cdot h$	$u = a + b + c + d$
Raute:	$A = \frac{1}{2} e \cdot f$	$u = 4a$
Drachen:	$A = \frac{1}{2} e \cdot f$	$u = 2(a + b)$

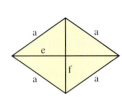

6
Berechne die fehlenden Größen des Rechtecks.
a) $a = 6{,}3$ cm; $b = 17{,}1$ cm
b) $a = 8{,}8$ dm; $u = 218$ cm
c) $A = 30{,}96$ cm²; $b = 4{,}3$ cm

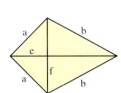

7
Berechne den Flächeninhalt und den Umfang des Parallelogramms.
a) $a = 0{,}34$ dm; $b = 8{,}22$ cm; $h_a = 8{,}1$ cm
b) $a = 29{,}2$ m; $b = 6{,}4$ m; $h_b = 29{,}1$ m
c) $a = 10{,}6$ cm; $h_b = 5{,}3$ cm; $h_a = 5{,}0$ cm

8
Die Grundfläche eines Badminton-Doppelspielfeldes beträgt 81,74 m². Das Einzelspielfeld ist 12,328 m² kleiner. Beide Felder sind 13,40 m lang.
Um wie viel m ist das Einzelfeld schmaler als das Doppelfeld?

9
Die Seite a eines gleichschenkligen Trapezes ist 3,8 m, die Mittellinie $m = 2{,}6$ m und der Flächeninhalt $A = 14{,}95$ m².
Bestimme die Höhe h sowie die Seite c.

Wiederholung: Flächeninhalt und Umfang von Vielecken

10
Ein Rechteck, das dreimal so lang wie breit ist, hat einen Umfang von 72 cm. Berechne den Flächeninhalt.

11
Zwei Quadrate mit den Seitenlängen 8 cm und 11 cm haben zusammen einen doppelt so großen Umfang wie ein drittes Quadrat. Bestimme die Seitenlänge des dritten Quadrats.

12
Welchen Flächeninhalt hat der trapezförmige Querschnitt eines Deiches, dessen Kronenbreite 16,25 m, dessen Sohlenbreite 32,75 m und dessen Höhe 14,10 m beträgt?

13
Wie verändert sich der Flächeninhalt einer Raute, wenn die Länge einer Diagonalen verdreifacht und die der anderen verdoppelt wird?

14
Zeichne das Viereck ABCD mit A(3|1), B(5|5), C(3|9) und D(1|5) in ein Koordinatensystem. Ermittle den Flächeninhalt dieses Vierecks.

15
Die Kosten für den Anstrich eines Treppenhauses werden mit 32 €/m² incl. Mehrwertsteuer kalkuliert. Pro Treppenhaus müssen jeweils zwei der dargestellten Flächen gestrichen werden.
Berechne die Kosten für die 6 Treppenhäuser eines Miethauses.

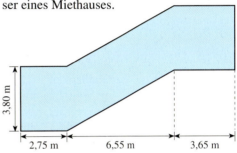

Flächeninhalt eines Vielecks
Der Flächeninhalt A eines Vielecks ist gleich der Summe der Flächeninhalte der Teilvielecke.
$$A = A_1 + A_2 + A_3 + \ldots + A_n$$

16
Zerlege die Vielecke in Teilflächen und berechne jeweils den Flächeninhalt.

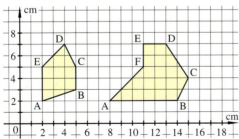

17
Ein Sechseck ist durch die Koordinaten seiner Eckpunkte A(1|1), B(2|1), C(6|2), D(8|6), E(6|9) und F(1|9) festgelegt.
Zeichne dieses Vieleck in dein Heft und berechne seinen Flächeninhalt.

18
Bestimme den Flächeninhalt der Figuren.
a)
b)

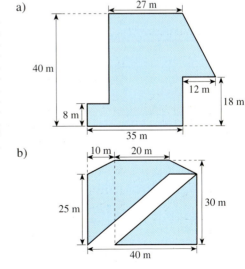

Wiederholung: Volumen und Oberfläche von Prismen

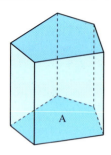

Das **Volumen V eines Prismas** ist das Produkt aus Grundfläche A und Körperhöhe h:
$$V = A \cdot h$$
Die **Mantelfläche M eines Prismas** ist das Produkt aus Körperhöhe h und Umfang u der Grundfläche A: $\quad M = u \cdot h$
Die **Oberfläche O eines Prismas** ist die Summe aus dem Doppelten der Grundfläche A und der Mantelfläche M: $\quad O = 2 \cdot A + M$

1
Berechne das Volumen und die Oberfläche des Quaders.
a) a = 7,2 cm; b = 8,4 cm; c = 2,1 cm
b) a = 57 cm; b = 5,8 cm; c = 0,37 dm
c) A = 61,92 dm²; b = 7,2 dm; c = 2,6 m

2
Berechne die fehlenden Kantenlängen des Quaders.
a) V = 64,26 cm³; a = 4,2 cm; b = 5,1 cm
b) V = 12,2 dm³; c = 0,4 m; b = 5 cm
c) V = 40,32 cm³; A = 8,4 cm²; b = 3,5 cm

3
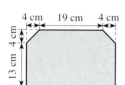

Eine aus Beton (1 cm³ wiegt 1,8 g) gegossene Eisenbahnschwelle ist 2,68 m lang und hat den nebenstehenden Querschnitt.
Wie viele Schwellen kann ein Eisenbahnwagen mit einem zulässigen Ladegewicht von 24 t höchstens laden?

4
Das im Querschnitt abgebildete Schwimmbecken ist 12,5 m breit. Berechne das Beckenvolumen.

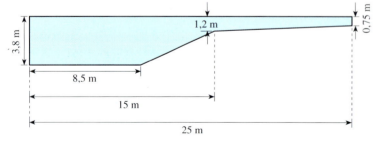

5
Wie verändern sich Volumen und Oberfläche eines Quaders, wenn Länge und Breite halbiert werden?

6
Berechne das Volumen und die Oberfläche des Eisenträgers.

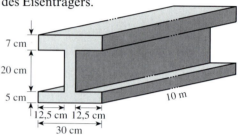

7
Ein 12,4 km langer Kanal hat den abgebildeten Querschnitt und ist zu 80% mit Wasser gefüllt. Berechne die Wassermenge.

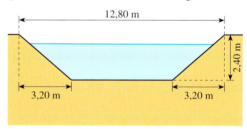

8
Welches Gewicht hat ein 12 m hoher zweizügiger Lüftungsschacht aus Blähbeton (1 cm³ wiegt 1,2 g)?

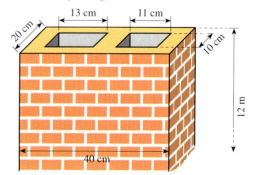

I Potenzen

Bereits vor 5000 Jahren verwendeten Ägypter und Babylonier eigene Zeichen für Potenzen. Auch die Griechen kannten diese Art der Zahldarstellung. So verwendete Diophant von Alexandria (ca. 250 n. Chr.) das Wort kybokybos für die Potenz x^6, was sich auf den Würfel (lateinisch: cubus), dessen Volumen durch die Potenz x^3 ausgedrückt werden kann, zurückführen lässt. Wesentlich komplizierter drückten die Römer große Zahlen aus. So benützten sie für die Million die Bezeichnung decies centena millia, was so viel wie zehnmal jeweils hundert Tausender bedeutet.

Das ägyptische Zeichen für 1 Million.

Die so genannte Schneeflockenkurve ist ein Gebilde, welches mit (Zeichen)Programmen auf Computern erstellt werden kann.
Die Abbildungen zeigen, auf welche Weise eine weitere Schneeflocke aus der vorhergehenden erzeugt wird. Die Anzahl der Teilstrecken wächst mit dem Faktor 4.

Im 15. Jahrhundert sorgten vor allem der Wiener Rechenmeister Christoff Rudolff und der aus Esslingen stammende Michael Stifel für die Verbreitung der Potenzschreibweise. Letzterer verwendete 1544 in seiner „Arithmetica integra" erstmals negative Hochzahlen und prägte den Begriff Exponent, was so viel wie „der Ausgesetzte" bedeutete.

3

$3 \cdot 4 = 12$

$3 \cdot 4^2 = 48$

-3	-2	-1	0	1	2	3	4	5	6
$\frac{1}{8}$	$\frac{1}{4}$	$\frac{1}{2}$	1	2	4	8	16	32	64

Die Potenzschreibweise hatte in der Vergangenheit oftmals ganz unterschiedliches Aussehen:

$\frac{3}{1}$ eguale à $\frac{1}{15}$ p $\overset{0}{4}$ $x^3 = 15x + 4$

Raffaelle Bombelli (1526–1572)

$A(4) + B(4) - 4A(3) \text{ in } B$ $a^4 + b^4 - 4a^3b$

Adriaen van Roomen (1561–1615)

René Descartes benützte im Jahre 1637 erstmals die heute gebräuchliche Schreibweise in seinem Buch „La Géométrie".

Sogar in einem englischen Kinderreim tauchen Potenzen der Zahl 7 auf.

As I was going to Saint Ives,
I met a man with seven wives,
every wife had seven sacks,
every sack had seven cats,
every cat had seven kits,
kits, cats, sacks and wives,
how many were there going to Saint Ives?

1 Potenzen

1
Falte den Bogen einer Tageszeitung so oft wie möglich. Lege eine Tabelle an und trage die Anzahl der Faltungen und die Anzahl der übereinander liegenden Papierschichten ein.
Kannst du den Bogen zehnmal falten?
Wie viele Lagen Papier lägen dann übereinander?

2
Wie viele junge Triebe hat der Baum? Gib verschiedene Möglichkeiten an, mit denen die Anzahl bestimmt werden kann.

Besitzt ein Produkt nur gleiche Faktoren, wird zur Vereinfachung die Potenzschreibweise verwendet.
$4 \cdot 4 \cdot 4 = 4^3$ $(-7) \cdot (-7) \cdot (-7) \cdot (-7) = (-7)^4$

Hierbei benutzen wir folgende Bezeichnungen: Potenz   Exponent (Hochzahl)

$$5 \cdot 5 \cdot 5 \cdot 5 = 5^4 = 625$$

Basis (Grundzahl)   Potenzwert

> Die **Potenz a^n** ist ein Produkt mit n gleichen Faktoren a.
> $a^n = \underbrace{a \cdot a \cdot a \cdot \ldots \cdot a}_{\text{n Faktoren}}$ Dabei ist a eine rationale Zahl und n eine natürliche Zahl.
> Kurz: $a \in \mathbb{Q}$; $n \in \mathbb{N}\setminus\{0\}$
> Potenzen mit dem Exponenten 1 haben denselben Wert wie ihre Basis. Es gilt: $a^1 = a$.

Das Zeichen $\in$ bedeutet so viel wie „gehört zu". Um auszudrücken, dass n eine natürliche Zahl ist, schreibt man $n \in \mathbb{N}$ und liest „n ist Element der Menge der natürlichen Zahlen".

Beispiele
a) $2^6 = 2 \cdot 2 \cdot 2 \cdot 2 \cdot 2 \cdot 2 = 64$ b) $0,5^3 = 0,5 \cdot 0,5 \cdot 0,5 = 0,125$ c) $(-0,25)^1 = -0,25$

Bemerkung: Potenzen mit dem Exponenten 2 heißen **Quadratzahlen**, Potenzen mit dem Exponenten 3 heißen **Kubikzahlen**.

Berechnen wir den Wert einer Potenz mit dem Taschenrechner, verwenden wir dabei die Potenztaste $\boxed{y^x}$.

d) Berechnung von 7^9: $\boxed{7}\boxed{y^x}\boxed{9}\boxed{=}\boxed{40353607}$, also $7^9 = 40353607$

Für Potenzen mit negativer Basis unterscheiden wir 2 Fälle:

Ist der Exponent **gerade**, dann ist der Potenzwert **positiv**.
e) $(-2)^4 = (-2) \cdot (-2) \cdot (-2) \cdot (-2) = 16$

Ist der Exponent **ungerade**, dann ist der Potenzwert **negativ**.
f) $(-2)^5 = (-2) \cdot (-2) \cdot (-2) \cdot (-2) \cdot (-2) = -32$

Aufgaben

3
Rechne im Kopf.
a) 2^3 b) 2^4 c) 2^5 d) 2^7
e) 3^3 f) 4^3 g) 5^3 h) 6^3

4
Berechne ohne Taschenrechner.
a) $0,5^2$ b) $0,2^2$ c) $0,2^3$ d) $0,3^3$
e) $\left(\frac{1}{2}\right)^2$ f) $\left(\frac{1}{2}\right)^3$ g) $\left(\frac{2}{3}\right)^3$ h) $\left(\frac{3}{4}\right)^4$

Potenzen

Potenzen, die man auswendig wissen sollte.

$2^1 = 2$ $\quad 3^2 = 9$
$2^2 = 4$ $\quad 3^3 = 27$
$2^3 = 8$ $\quad 3^4 = 81$
$2^4 = 16$ $\quad 3^5 = 243$
$2^5 = 32$
$2^6 = 64$ $\quad 5^2 = 25$
$2^7 = 128$ $\quad 5^3 = 125$
$2^8 = 256$ $\quad 5^4 = 625$
$2^9 = 512$
$2^{10} = 1\,024$

5
Schreibe als Potenz und berechne.
a) $2 \cdot 2 \cdot 2 \cdot 2 \cdot 2$ b) $3 \cdot 3 \cdot 3$
c) $4 \cdot 4 \cdot 4 \cdot 4$ d) $(-5) \cdot (-5) \cdot (-5)$

6
Schreibe als Produkt und berechne.
a) 6^3 b) 3^5 c) 7^4
d) $(-2)^5$ e) $(-3)^4$ f) $(-1)^7$

7
a) Berechne und benenne die Zehnerpotenzen $10^1; 10^2; 10^3; \ldots; 10^9$.
b) Verwandle in eine Zehnerpotenz.
1 Million, 10 Millionen, 1 Milliarde

8
Wandle in eine Potenz um. Gib alle Möglichkeiten an.
Beispiel: $81 = 9^2 = 3^4$
a) 16 b) 64 c) 125
d) 256 e) 625 f) 729

9
Ein Würfelspiel für zwei Personen.
Setze die gewürfelte Augenzahl in einen der Terme ein und berechne den Wert.
Jeder der Terme darf nur einmal verwendet werden.

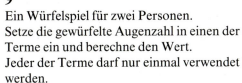

a) Wer hat nach 4 Würfen die größte Summe der berechneten Termwerte?

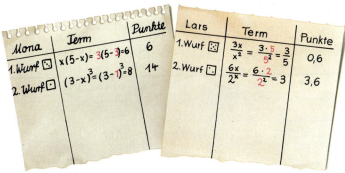

b) Wer erreicht nach 4 Durchgängen die kleinste Summe?

10
Berechne mit dem Taschenrechner.
a) 6^7 b) 8^5 c) 11^4
d) 2^{20} e) $2,5^5$ f) $0,5^7$
g) $(-1,2)^6$ h) $(-0,3)^9$ i) $1,01^4$

11
Was musst du einsetzen?
a) $4^\square = 64$ b) $5^\square = 625$
c) $\square^3 = 27$ d) $\square^5 = -32$

12
Setze eines der Zeichen $<$, $>$ oder $=$ ein.
a) $3^2 \square 2^3$ b) $2 \cdot 3 \square 2^3$
c) $4^2 \square 4 \cdot 2$ d) $2^4 \square 4^2$
e) $(-2)^5 \square (-2)^4$ f) $(-3)^2 \square (-2)^3$

13
Berechne die Potenzen.
a) $(-1)^1; (-1)^2; (-1)^3; \ldots; (-1)^{10}$
b) $(-2)^1; (-2)^2; (-2)^3; \ldots; (-2)^{10}$
c) $0,2^1; 0,2^2; 0,2^3; \ldots; 0,2^{10}$
d) $(\frac{1}{2})^1; (\frac{1}{2})^2; (\frac{1}{2})^3; \ldots; (\frac{1}{2})^{10}$
e) $(\frac{2}{3})^1; (\frac{2}{3})^2; (\frac{2}{3})^3; \ldots; (\frac{2}{3})^{10}$

14
Vergleiche die Potenzwerte.
a) -2^4 und 2^4 b) $(-3)^3$ und -3^3
c) -4^2 und $(-4)^2$ d) $-(-5)^3$ und $-(-5^3)$

15
Bestimme durch Probieren mit dem Taschenrechner die größtmöglichen Exponenten für n.
a) $2^n < 1\,000$ b) $3^n < 10\,000$
c) $1,5^n < 200\,000$ d) $0,4^n < 0,0005$

16
Berechne.
a) $2^3 + 3^2$ b) $2^3 - 3^2 \cdot 2^3$
c) $-3^2 \cdot 2^3 - 3^2$ d) $3^2 - 2^3 : 2^3$

17
Aus dem Papyrus Rhind (ca. 1700 v. Chr.):
7 Personen besitzen je 7 Katzen, jede Katze frisst 7 Mäuse, jede Maus frisst 7 Ähren Gerste, aus jeder Ähre können 7 Maß Körner wachsen. Wie viel Maß sind das?

2 Große Zahlen

1 000
1 000 000
1 000 000 000
1 000 000 000 000

1
Schreibe die Zahlen auf dem Rand mit möglichst wenig Ziffern.

2
Berechne die Produkte 500·800, 5 000·8 000, 50 000·80 000, 500 000·800 000 zunächst im Kopf und überprüfe anschließend mit dem Taschenrechner. Kannst du die Anzeige des Taschenrechners erklären?

3
Schreibe die Beträge auf den Geldscheinen von 1923 als Zahlen.
Wie viele Nullen hat die größte Zahl?

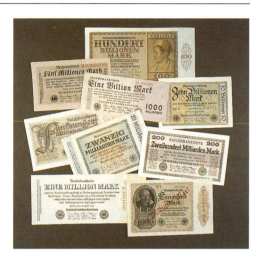

Um große Zahlen übersichtlicher darstellen und damit besser vergleichen zu können, werden sie in ein Produkt zerlegt, bei dem einer der Faktoren eine Potenz mit der Basis 10 ist. Diese Art der Zahldarstellung nennen wir **Zehnerpotenzschreibweise**.

$$592\,000\,000 = 59\,200\,000 \cdot 10^1$$
$$= 5\,920\,000 \cdot 10^2$$
$$= 592\,000 \cdot 10^3$$
$$\ldots$$
$$= 592 \cdot 10^6$$

Wird beim linken Faktor das Komma um eine Stelle nach links verschoben, erhöht sich der Exponent der Zehnerpotenz um 1. $\quad 592 \cdot 10^6 = 59{,}2 \cdot 10^7$

Eingabe des Produkts $2{,}475 \cdot 10^{12}$:
2.475 [EE] 12

Um die in Zehnerpotenzschreibweise dargestellten großen Zahlen besser vergleichen zu können, schreibt man den ersten Faktor stets mit einer von Null verschiedenen Ziffer vor dem Komma. $\quad 592\,000\,000 = 5{,}92 \cdot 10^8$

Diese Art der Zahldarstellung wird im Englischen als **scientific notation** (wissenschaftliche Schreibweise) bezeichnet.

> Große Zahlen werden häufig als Produkt einer Zahl zwischen 1 und 10 und einer Zehnerpotenz dargestellt.

!!
Neben der wissenschaftlichen Schreibweise gibt es auch eine **technische Notation**. Die Ergebnisse werden so angegeben, dass der Exponent ein Vielfaches von 3 ist. Beispiel:
45750 [2nd] [ENG]
$= 45{,}75 \cdot 10^3$

Beispiele
a) $2\,000\,000\,000 = 2 \cdot 10^9$ 　　　　b) $6\,540\,000 = 6{,}54 \cdot 10^6$
c) Zehnerpotenzen, deren Exponenten ein Vielfaches von 3 sind, tragen einen speziellen Namen.

$10^3 = 1$ Tausend	$10^{12} = 1$ Billion	$10^{21} = 1$ Trilliarde
$10^6 = 1$ Million	$10^{15} = 1$ Billiarde	$10^{24} = 1$ Quadrillion
$10^9 = 1$ Milliarde	$10^{18} = 1$ Trillion	$10^{27} = 1$ Quadrilliarde

d) Im Zusammenhang mit Größen werden häufig Vorsilben benutzt, die den Exponenten der Zehnerpotenz bestimmen.

!!
In Großbritannien und den USA heißt die Milliarde billion. Für die Billion wird das Wort trillion verwendet.

1 **Kilo**meter = 1 km = 10^3 m	1 **Tera**meter = 1 Tm = 10^{12} m
1 **Mega**hertz = 1 MHz = 10^6 Hz	1 **Peta**joule = 1 PJ = 10^{15} J
1 **Giga**byte = 1 GB = 10^9 Byte	1 **Exa**gramm = 1 Eg = 10^{18} g

Die Entfernung Erde – Sonne beträgt ungefähr 150 Gm = $150 \cdot 10^9$ m = 150 000 000 000 m.
Die Leistung eines Gewitterblitzes beträgt ungefähr 1 TW = $1 \cdot 10^{12}$ W = 1 000 000 000 kW.

Große Zahlen

??? Ist deine Mutter älter oder jünger als 1 Milliarde Sekunden?

Aufgaben

4
Schreibe als Zehnerpotenz.
a) 1 000
b) 100 000
c) 1 000 000
d) 10 000 000 000
e) 1 000 000 000
f) 10 000 000 000 000

5
Stelle in der Zehnerpotenzschreibweise dar.
a) 300 000
b) 62 000 000
c) 376 000
d) 4 023 000
e) 60 500
f) 1 234 000 000

6
Schreibe ohne Verwendung der Zehnerpotenz.
a) $9 \cdot 10^5$
b) $85 \cdot 10^4$
c) $4,2 \cdot 10^6$
d) $1,075 \cdot 10^8$
e) $80\,501 \cdot 10^3$
f) $0,025 \cdot 10^{10}$

7
Schreibe die Taschenrechneranzeigen ausführlich und in Zehnerpotenzschreibweise.

8
Berechne mit dem Taschenrechner näherungsweise.
Beispiel: $17^{12} \approx 5,8 \cdot 10^{14}$
a) 5^{15}
b) 19^{23}
c) $2,4^{31}$
d) $7,9^{25}$
e) $(\frac{4}{3})^{37}$
f) $(\frac{8}{7})^{52}$

9
Einem indischen Märchen zufolge soll sich der Erfinder des Schachspiels folgende Belohnung ausgedacht haben:
Für das 1. Feld ein Reiskorn, für das 2. Feld zwei Körner, für das 3. Feld vier Körner, für das 4. Feld acht Körner usw.
a) Wie viele Körner lägen dann auf dem 10., 20., 30., 40. und 50. Feld?
b) Wie viel Tonnen wiegt die Körnermenge des 64. Felds, wenn 40 Reiskörner etwa 1 g schwer sind?
c) Wie lang wäre ein Güterzug, der mit dieser Menge beladen würde (1 Waggon fasst 25 t und ist ca. 10 m lang)?
Vergleiche mit der Entfernung Erde – Sonne $1,49 \cdot 10^8$ km.

10
Schreibe ausführlich und in Zehnerpotenzschreibweise.
a) 10 GByte
b) 100 Tm
c) 550 Mt
d) 72 PJ

11
Berechne vorteilhaft.
a) $3,5 \cdot 10^7 + 6,5 \cdot 10^7$
b) $8,7 \cdot 10^4 - 10^5 + 1,3 \cdot 10^4$
c) $0,45 \cdot 10^5 + 55 \cdot 10^3$
d) $(1,44 \cdot 10^{22}) : 1,2 + 88 \cdot 10^{21}$

12
Im Rheinfall zu Schaffhausen, dem größten europäischen Wasserfall, stürzen pro Sekunde 1 200 m³ Wasser in die Tiefe.
a) Wie viel Liter sind dies in 1 Minute, in 1 Stunde, an einem Tag?
b) Wie viele Badewannen (200 l) ließen sich in 1 Sekunde füllen?

13
Im Jahre 1994 wurde an der Universität Edinburgh (Schottland) ein Großrechner in Betrieb genommen, der 40 Milliarden Rechenoperationen in einer Sekunde durchführen kann.
Berechne die Anzahl der Rechenoperationen, die der Computer in 1 Stunde, an einem Tag und in einem Jahr bewältigen kann.

3 Rechnen mit Potenzen. Gleiche Basis

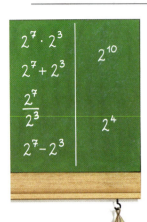

1
Berechne die Terme der linken und rechten Tafelhälfte und vergleiche sie miteinander. Was fällt dir auf?

2
Schreibe den Wert des Produkts $5^4 \cdot 5^3$ als Potenz mit möglichst wenig Ziffern.

Bei der Multiplikation bzw. Division von Potenzen mit gleicher Basis lassen sich die einzelnen Potenzen zunächst wieder als Produkte darstellen.

$3^6 \cdot 3^4 = \underbrace{(3 \cdot 3 \cdot 3 \cdot 3 \cdot 3 \cdot 3)}_{6 \text{ Faktoren}} \cdot \underbrace{(3 \cdot 3 \cdot 3 \cdot 3)}_{4 \text{ Faktoren}}$
$\qquad \dfrac{3^6}{3^4} = \dfrac{3 \cdot 3 \cdot 3 \cdot 3 \cdot 3 \cdot 3}{3 \cdot 3 \cdot 3 \cdot 3}$

$= \underbrace{3 \cdot 3 \cdot 3 \cdot 3 \cdot 3 \cdot 3 \cdot 3 \cdot 3 \cdot 3 \cdot 3}_{10 \text{ Faktoren}}$
$\qquad = 3 \cdot 3$

$= 3^{10}$
$\qquad = 3^2$

Für das Multiplizieren bzw. Dividieren ergibt sich folgender Zusammenhang:

$3^6 \cdot 3^4 = 3^{6+4} = 3^{10}$
$\qquad \dfrac{3^6}{3^4} = 3^{6-4} = 3^2$

Allgemein gilt für die Multiplikation und Division von Potenzen mit gleicher Basis:

$a^m \cdot a^n = \underbrace{(a \cdot a \cdot a \cdot \ldots \cdot a)}_{m \text{ Faktoren}} \cdot \underbrace{(a \cdot a \cdot a \cdot \ldots \cdot a)}_{n \text{ Faktoren}}$
$\qquad \dfrac{a^m}{a^n} = \dfrac{\overbrace{a \cdot a \cdot a \cdot \ldots \cdot a}^{m \text{ Faktoren}}}{\underbrace{a \cdot a \cdot \ldots \cdot a}_{n \text{ Faktoren}}}$

$= \underbrace{a \cdot a \cdot a \cdot \ldots \cdot a}_{(m+n) \text{ Faktoren}}$
$\qquad = \underbrace{a \cdot a \cdot a \cdot \ldots \cdot a}_{(m-n) \text{ Faktoren}}$

$= a^{m+n}$
$\qquad = a^{m-n}$

> **Potenzgesetze für Potenzen mit gleicher Basis**
> Potenzen mit gleicher Basis werden multipliziert bzw. dividiert, indem man die Exponenten addiert bzw. subtrahiert und die Basis beibehält.
> $a^m \cdot a^n = a^{m+n}$ $\qquad\qquad \dfrac{a^m}{a^n} = a^{m-n}$
> $a \in \mathbb{Q}; m,n \in \mathbb{N}\setminus\{0\}$ $\qquad a \in \mathbb{Q}\setminus\{0\}; m,n \in \mathbb{N}\setminus\{0\}; m > n$

Beispiele

a) $2^5 \cdot 2^4 = 2^{5+4}$
$\quad = 2^9$
$\quad = 512$

b) $\dfrac{0,7^{11}}{0,7^9} = 0,7^{11-9}$
$\quad = 0,7^2$
$\quad = 0,49$

c) $x^{2n} \cdot x^n = x^{2n+n}$
$\quad = x^{3n}$

d) $\dfrac{y^{n+5}}{y^3} = y^{n+5-3}$
$\quad = y^{n+2}$

Beachte den Unterschied zur Addition und Subtraktion von Potenzen mit gleicher Basis.

e) $3^2 + 3^3 = 9 + 27 = 36$
$\quad 3^{2+3} \quad = 3^5 \quad = 243$

f) $2^8 - 2^5 = 256 - 32 = 224$
$\quad 2^{8-5} \quad = 2^3 \quad = 8$

Aufgaben

3
Schreibe das Produkt als Potenz.
a) $2^2 \cdot 2^3$ b) $3^3 \cdot 3^4$ c) $5^3 \cdot 5^2$
d) $7^6 \cdot 7^2$ e) $12^4 \cdot 12^7$ f) $9^{11} \cdot 9^{12}$
g) $25^{10} \cdot 25^{15}$ h) $50^7 \cdot 50^9$ i) $75^5 \cdot 75^{11}$

4
Forme mit Hilfe des Potenzgesetzes um.
a) $0,5^3 \cdot 0,5^6$ b) $2,5^4 \cdot 2,5^7$
c) $7,2^2 \cdot 7,2^5$ d) $(-0,2)^3 \cdot (-0,2)^5$
e) $(-4,8) \cdot (-4,8)^3$ f) $(-0,9)^9 \cdot (-0,9)$

Rechnen mit Potenzen. Gleiche Basis

5
Berechne.
a) $\dfrac{2^6}{2^2}$ b) $\dfrac{2^9}{2^5}$ c) $\dfrac{3^7}{3^4}$
d) $\dfrac{5^8}{5^5}$ e) $\dfrac{(-4)^7}{(-4)^5}$ f) $\dfrac{(-9)^9}{(-9)^7}$

6
Vereinfache und berechne.
a) $\dfrac{0{,}8^6}{0{,}8^4}$ b) $\dfrac{3{,}6^7}{3{,}6^5}$ c) $\dfrac{6{,}2^9}{6{,}2^7}$
d) $\dfrac{(-0{,}1)^{12}}{(-0{,}1)^9}$ e) $\dfrac{19{,}4^{17}}{19{,}4^{16}}$ f) $\dfrac{(-0{,}05)^8}{(-0{,}05)^6}$

7
Forme das Produkt um.
a) $(\tfrac{1}{2})^5 \cdot (\tfrac{1}{2})^4$ b) $(\tfrac{2}{3})^3 \cdot (\tfrac{2}{3})^2$
c) $(\tfrac{5}{6})^7 \cdot (\tfrac{5}{6})^4$ d) $(-\tfrac{3}{4})^2 \cdot (-\tfrac{3}{4})^4$
e) $(-\tfrac{5}{9})^3 \cdot (-\tfrac{5}{9})^3$ f) $(-\tfrac{11}{13})^8 \cdot (-\tfrac{11}{13})^{11}$

8
Wende das Potenzgesetz auch bei Produkten mit mehr als 2 Faktoren an.
a) $2^2 \cdot 2^3 \cdot 2^4$
b) $2^3 \cdot 2^4 \cdot 2^5 \cdot 2^6$
c) $3^2 \cdot 3^3 \cdot 3^2$
d) $5^2 \cdot 5^4 \cdot 2^3 \cdot 2^4$
e) $2^4 \cdot 3^3 \cdot 5^3 \cdot 2^5 \cdot 3^2 \cdot 5$
f) $2^2 \cdot 3^3 \cdot 4^4 \cdot 2^5 \cdot 3^6 \cdot 4^7 \cdot 2^8 \cdot 3^9$

9
Was musst du für □ einsetzen?
a) $3^{\square} \cdot 3^4 = 3^7$
b) $\square^2 \cdot 4^3 = 4^5$
c) $0{,}5^4 \cdot \square^7 = 0{,}5^{11}$
d) $(-2{,}7)^6 \cdot (-2{,}7)^{\square} = (-2{,}7)^{13}$
e) $12^{\square} : 12^9 = 12^3$
f) $\square^6 : (-0{,}8)^2 = (-0{,}8)^4$

10
Berechne ohne Taschenrechner.
a) $\dfrac{3^9}{3^7} \cdot 3^2$ b) $\dfrac{2^7 \cdot 2^4}{2^{10}}$
c) $\dfrac{5^8}{5^5} \cdot \dfrac{2^{11}}{2^8}$ d) $\dfrac{6^7}{7^6} \cdot \dfrac{7^8}{6^6}$
e) $\dfrac{3^4}{4^3} \cdot \dfrac{3^3}{4^4}$ f) $\dfrac{7^3}{2^3} : 7^2$
g) $\dfrac{5^4}{3^3} : \dfrac{5^2}{3^5}$ h) $6^4 : \dfrac{6^3}{3^2}$

11
Berechne ohne Taschenrechner.
Beispiel: $2 \cdot 10^3 \cdot 4 \cdot 10^4 = 2 \cdot 4 \cdot 10^3 \cdot 10^4$
$= 8 \cdot 10^7$
$= 80\,000\,000$
a) $5 \cdot 10^5 \cdot 7 \cdot 10^4$ b) $(-2) \cdot 10^6 \cdot 9 \cdot 10^7$
c) $1{,}2 \cdot 10^7 \cdot 1{,}2 \cdot 10^5$ d) $0{,}5 \cdot 10^3 \cdot (-1{,}6) \cdot 10^8$
e) $\dfrac{20 \cdot 10^5}{4 \cdot 10^3}$ f) $\dfrac{42 \cdot 8^5}{14 \cdot 8^3}$
g) $\dfrac{(-2)^5 \cdot 4^{11}}{(-2)^2 \cdot 4^9}$ h) $\dfrac{(-4)^7 \cdot (-7)^5}{(-7)^4 \cdot (-4)^4}$

12
Forme um.
a) $a^2 \cdot a^5$ b) $b^3 \cdot b^4$
c) $y \cdot y^7$ d) $(-x)^5 \cdot (-x)$
e) $s \cdot s^2 \cdot s^3$ f) $r^7 \cdot r^8 \cdot r^9$
g) $x^3 \cdot (-x)^3 \cdot (-x^4)$ h) $-y^5 \cdot y^3 \cdot (-y)^7$

13
Vereinfache.
a) $\dfrac{x^7}{x^3}$ b) $\dfrac{x^9}{x^4}$ c) $\dfrac{(-a)^8}{(-a)^3}$
d) $\dfrac{y^{17}}{y^{12}}$ e) $\dfrac{p^{10}}{p}$ f) $\dfrac{s^{19}}{s^{18}}$
g) $\dfrac{(-c)^{13}}{-c}$ h) $\dfrac{(ab)^9}{(ab)^8}$ i) $\dfrac{(-xy)^4}{(-xy)^3}$

14
Forme um. Achte dabei auf die Koeffizienten.
Beispiel: $4x^3 \cdot 5x^4 = 4 \cdot 5 \cdot x^3 \cdot x^4$
$= 20x^7$
a) $7y^3 \cdot 11y^6$
b) $5a^2 \cdot 3a^3 \cdot 2a$
c) $-2x^2 \cdot 14x^6$
d) $25b^3 \cdot 4b \cdot b^2$
e) $(-3s^2) \cdot 5s^3 \cdot 2s$
f) $(-2x^2) \cdot 3x^3 \cdot (-4x^4)$
g) $2{,}5a^2b \cdot 4ab^2$
h) $(-5x^3y^2) \cdot (-2x^2y^3)$

15
Das Lösungswort findest du auf dem Rand.
a) $3x^2 \cdot \tfrac{1}{3}x^3$ b) $\tfrac{1}{4}x^2 \cdot 12x^5$
c) $\tfrac{2}{3}x^4 \cdot \tfrac{3}{4}x$ d) $(-\tfrac{3}{5}x^2) \cdot (-\tfrac{1}{3}x^3)$
e) $(-7x^4) : x$ f) $12x^7 : (-4x^3)$
g) $36x^6 : \tfrac{2}{5}x^4$ h) $(-\tfrac{4}{7}x^{10}) : (-\tfrac{16}{21}x^9)$

Rechnen mit Potenzen. Gleiche Basis

?

$2^2 + 2^2 = 2^3$
$3^3 + 3^3 + 3^3 = 3^4$
$4^4 + 4^4 + 4^4 + 4^4 = 4^5$

Überprüfe die Rechnungen.
Kannst du die begonnenen Reihen fortsetzen und die Regel erklären?

16
Vereinfache.
a) $x^2 \cdot x^3 \cdot x^4$
b) $y^2 \cdot 2y^3 \cdot y^4$
c) $2a^3 \cdot (-3a^2) \cdot (-a^3)$
d) $4x^2y \cdot 2xy^2 \cdot xy$
e) $(-5s^3t) \cdot (-st^2) \cdot 2s^2t^2 \cdot 3s^2 \cdot t^3$

17
Forme um.
a) $x^n \cdot x^{3n}$ b) $2y^n \cdot y^{2n}$
c) $2a^{2n} \cdot 3a^{3n}$ d) $x^{n+1} \cdot x^{n+2}$
e) $a^{n+3} \cdot a^{2n+1}$ f) $2y^{2n+2} \cdot 3y^{3n+3}$
g) $2x^{3m+4} \cdot x^m$ h) $\frac{1}{3}z \cdot 3z^{1+n}$

18
a) $\frac{y^{4m}}{y^{2m}}$ b) $\frac{x^{5n}}{x^{2n}}$ c) $\frac{a^{5n}}{a^n}$
d) $\frac{x^{n+2}}{x^2}$ e) $\frac{b^{2n+1}}{b}$ f) $\frac{z^{3m+4}}{z^{2m+3}}$
g) $\frac{y^{2n+1}}{y^{2n-1}}$ h) $\frac{8x^{3n}}{2x^{2n-1}}$ i) $\frac{24a^{2m+7}}{15a^{m+7}}$

19
Wende entsprechende Potenzgesetze an.
a) $x^n \cdot \frac{x^{n+2}}{x^2}$ b) $\frac{3a^{m+4}}{9a^{m+2}} \cdot 6a^2$
c) $2y^{2n} \cdot \frac{y^{3n+1}}{y^{2n}}$ d) $\frac{z^{a+2}}{z^{a+1}} \cdot z^a$
e) $\frac{x^{3n+5}}{y^{n+3}} \cdot \frac{y^{2n+4}}{x^{2n+5}}$ f) $\frac{(2xy)^{2n+2}}{x^{2m+1}} : \frac{(2xy)^{2m}}{2x^{2m+2}}$

20
Löse die Klammern auf.
a) $x^2 \cdot (x^3 + x^4)$
b) $(y^3 - 2y) \cdot y^3$
c) $p^3 \cdot (2p - p^2)$
d) $(3a^2 + 2a^3) \cdot 2a^2$
e) $(s^5 + s^4 + s^3 + s^2) \cdot s^5$
f) $x^2y \cdot (2xy - y^2x)$

21
Löse die Klammern auf.
a) $3y^4 \cdot (4y^3 + 2y^5)$
b) $(5x^4 - 4x^5) \cdot 3x^4$
c) $6a^2 \cdot (4a^3 - 3a^4 + a)$
d) $(2a^3 + 3a^2)(a^2 - 2a^3)$
e) $(x^2y + 2x)(3y - y^2x)$
f) $(1,5z^4 - 3,2x^2y)(-2xz^2 - 3zx^2y)$

22
Klammere aus.
Beispiel:
$8x^2 + 12x^5 - 4x^4 = 4x^2(2 + 3x^3 - x^2)$
a) $3x + 6x^2 + 9x^3$
b) $4a^2 - 2a^3 + a^4$
c) $36y^5 - 24y^3 + 48y^4$
d) $2a^3b^2 - 4a^2b^3$
e) $30x^3y^4 - 35x^4y^3$
f) $a^5b^3c^4 - a^4b^3c^5$

23
Zerlege Zähler und Nenner in Faktoren.
Kürze und vereinfache.

Beispiel: $\frac{x^{2m} + x^{2m+1}}{x^{m+1} + x^m} = \frac{x^{2m} + x^{2m} \cdot x^1}{x^m \cdot x + x^m}$
$= \frac{x^{2m}(1+x)}{x^m(x+1)} = \frac{x^{2m}}{x^m} = x^m$

a) $\frac{x^4 + x^3}{x^3 + x^2}$ b) $\frac{12a^2b^2 + 4ab^2}{ab^2 + 3ab^2}$
c) $\frac{6x^2y^3 - 15x^3y^2}{12x^2y^3 - 30x^3y^2}$ d) $\frac{x^5 - x^3}{x^2 + x}$
e) $\frac{y^{m+1} - y^m}{y - 1}$ f) $\frac{z^n - z^{n+2}}{z^n + z^{n+1}}$

24
Vereinfache.
a) $\frac{a^{2n+1} \cdot a^{n+1}}{a^{3n+1}}$ b) $\frac{24x^{5m+6}}{2x^{2m+1} \cdot 6x^{2m+3}}$
c) $\frac{(3x)^{2m+4} \cdot (3x)^{m+1}}{(3x)^{3(m+1)}}$ d) $\frac{a^{4n+1} \cdot b^{2m+5}}{b^{m+1} \cdot a^{3n}}$

25
In jedes Pflanzloch wird ein Bäumchen eingesetzt. Wie viele Zweigenden sind es dann insgesamt? Stelle das Ergebnis als 3er-Potenz dar.

Für starke Rechner und Rechnerinnen!

$x^{n+1} \cdot x^{2n+2} \cdot x^{3n+3} \cdot x^{4n+4} \cdot x^{5n+5}$

$\frac{(a^{m+4} \cdot a^{2m+3} \cdot a^{4m-1}) \cdot (a^{3m+2} \cdot a^{3+4m})}{\left(\frac{y^{3m+4} \cdot y^{5+m}}{y^{2m+7}} \cdot \frac{y^{1+3m}}{y^{2m}}\right) \cdot y^{3m+3}} - 1$

4 Rechnen mit Potenzen. Gleiche Exponenten

$16 \cdot 9 = 144$

1
Das Produkt der Quadratzahlen 16 und 9 ist wieder eine Quadratzahl.
Gilt dies für alle Quadratzahlen?

2
Berechne den Quotienten $\frac{1000^3}{250^3}$ ohne Taschenrechner. Zerlege dazu Zähler und Nenner in ein Produkt und kürze.

Bei der Multiplikation bzw. Division von Potenzen mit gleichen Exponenten lassen sich die einzelnen Potenzen in Produkte verwandeln.

$$
\begin{aligned}
2^3 \cdot 5^3 &= (2 \cdot 2 \cdot 2) \cdot (5 \cdot 5 \cdot 5) \\
&= (2 \cdot 5)(2 \cdot 5)(2 \cdot 5) \\
&= (2 \cdot 5)^3 \\
&= 10^3 \\
&= 1000
\end{aligned}
\qquad
\begin{aligned}
\frac{1500^2}{125^2} &= \frac{1500 \cdot 1500}{125 \cdot 125} \\
&= \frac{1500}{125} \cdot \frac{1500}{125} \\
&= \left(\frac{1500}{125}\right)^2 \\
&= 12^2 \\
&= 144
\end{aligned}
$$

Für die Multiplikation und Division von Potenzen mit gleichen Exponenten gilt:

$$a^n \cdot b^n = \underbrace{(a \cdot a \cdot a \cdot \ldots \cdot a) \cdot (b \cdot b \cdot b \cdot \ldots \cdot b)}_{\text{jeweils n Faktoren}}$$

$$\frac{a^n}{b^n} = \frac{\overbrace{a \cdot a \cdot a \cdot \ldots \cdot a}^{\text{jeweils n Faktoren}}}{b \cdot b \cdot b \cdot \ldots \cdot b}$$

$$= \underbrace{(a \cdot b)(a \cdot b)(a \cdot b) \ldots (a \cdot b)}_{\text{n Produkte als Faktoren}}$$

$$= \underbrace{\frac{a}{b} \cdot \frac{a}{b} \cdot \frac{a}{b} \cdot \ldots \cdot \frac{a}{b}}_{\text{n Quotienten als Faktoren}}$$

$$= (a \cdot b)^n \qquad = \left(\frac{a}{b}\right)^n$$

Potenzgesetze für Potenzen mit gleichen Exponenten
Potenzen mit gleichen Exponenten werden multipliziert bzw. dividiert, indem man die Basen miteinander multipliziert bzw. dividiert und die Exponenten beibehält.

$a^n \cdot b^n = (a \cdot b)^n \qquad\qquad \frac{a^n}{b^n} = \left(\frac{a}{b}\right)^n$

$a, b \in \mathbb{Q}; n \in \mathbb{N}\setminus\{0\} \qquad\qquad a \in \mathbb{Q}, b \in \mathbb{Q}\setminus\{0\}; n \in \mathbb{N}\setminus\{0\}$

Beispiele

a) $2{,}5^5 \cdot 4^5 = (2{,}5 \cdot 4)^5$
$\phantom{2{,}5^5 \cdot 4^5} = 10^5$
$\phantom{2{,}5^5 \cdot 4^5} = 100\,000$

b) $\frac{45^3}{9^3} = \left(\frac{45}{9}\right)^3$
$\phantom{\frac{45^3}{9^3}} = 5^3$
$\phantom{\frac{45^3}{9^3}} = 125$

c) $\left(\frac{2}{3}\right)^4 = \frac{2^4}{3^4}$
$\phantom{\left(\frac{2}{3}\right)^4} = \frac{16}{81}$

d) $\left(\frac{4}{5}\right)^7 \cdot \left(\frac{15}{16}\right)^7 \cdot \left(\frac{4}{3}\right)^7 = \left(\frac{4}{5} \cdot \frac{15}{16} \cdot \frac{4}{3}\right)^7$
$\phantom{\left(\frac{4}{5}\right)^7 \cdot \left(\frac{15}{16}\right)^7 \cdot \left(\frac{4}{3}\right)^7} = 1^7$
$\phantom{\left(\frac{4}{5}\right)^7 \cdot \left(\frac{15}{16}\right)^7 \cdot \left(\frac{4}{3}\right)^7} = 1$

e) $2^n \cdot 3^n = (2 \cdot 3)^n$
$ = 6^n$

f) $\frac{56^y}{14^y} = \left(\frac{56}{14}\right)^y$
$\phantom{\frac{56^y}{14^y}} = 4^y$

Beachte den Unterschied zur Addition und Subtraktion von Potenzen mit gleichen Exponenten.

g) $2^3 + 5^3 = 8 + 125 = 133$
$(2+5)^3 = 7^3 = 343$

h) $6^3 - 4^3 = 216 - 64 = 152$
$(6-4)^3 = 2^3 = 8$

Rechnen mit Potenzen. Gleiche Exponenten

Potenzen mit der Basis 20 lassen sich leicht im Kopf bestimmen.
$20^4 = (2 \cdot 10)^4$
$= 16 \cdot 10\,000$
$= 160\,000$
Berechne ebenso
20^5
20^6
20^7
20^8
20^9
20^{10}

Aufgaben

3
Forme um und rechne im Kopf.
a) $2^3 \cdot 5^3$ b) $5^4 \cdot 20^4$
c) $25^3 \cdot 4^3$ d) $(-2)^5 \cdot 50^5$
e) $4^2 \cdot (-250)^2$ f) $(-8)^3 \cdot (-125)^3$

4
Berechne im Kopf.
a) $\frac{60^5}{30^5}$ b) $\frac{36^3}{12^3}$
c) $\frac{44^6}{(-22)^6}$ d) $\frac{(-85)^3}{17^3}$
e) $\frac{72^4}{24^4}$ f) $\frac{(-164)^7}{(-82)^7}$

5
Berechne ohne Taschenrechner.
a) $12{,}5^3 \cdot 8^3$ b) $0{,}25^9 \cdot 4^9$
c) $(\frac{2}{3})^4 \cdot (\frac{1}{2})^4$ d) $(\frac{3}{4})^2 \cdot (-8)^2$
e) $(-\frac{2}{5})^6 \cdot 10^6$ f) $(-\frac{15}{22})^3 \cdot (-\frac{33}{20})^3$

6
Vereinfache.
a) $\frac{7^3}{3{,}5^3}$ b) $\frac{(-0{,}6)^4}{(-0{,}2)^4}$ c) $\frac{2{,}25^2}{1{,}5^2}$
d) $\frac{13^3}{3{,}25^3}$ e) $\frac{22{,}5^2}{(-2{,}5)^2}$ f) $\frac{(-30)^2}{1{,}2^2}$

7
Berechne ohne Taschenrechner.
a) $4^3 \cdot 4^2 \cdot 25^5$ b) $1{,}25^3 \cdot 8^3 \cdot 10^4$
c) $\frac{6^5 \cdot 6^3 \cdot 7{,}5^8}{45^7}$ d) $\frac{9^4 \cdot 7^9 \cdot 9^5}{21^9 \cdot 3^7 \cdot 3^2}$

8
Berechne mit dem Taschenrechner. Forme zuvor um.
a) $\frac{16384^{25}}{8192^{25}}$ b) $\frac{370368^{20}}{123456^{20}}$
c) $\frac{28572^{30}}{9524^{30}}$ d) $\frac{55555^{55}}{11111^{55}}$

9
Forme um.
a) $x^2 \cdot y^2$ b) $a^5 \cdot b^5$ c) $2^3 \cdot z^3$
d) $10^4 \cdot x^4$ e) $m^7 \cdot n^7$ f) $y^6 \cdot 0{,}5^6$
g) $\frac{c^5}{d^5}$ h) $\frac{x^{10}}{y^{10}}$ i) $\frac{(8a)^4}{(2a)^4}$

10
Löse die Klammern auf.
a) $(3a)^2$ b) $(4x)^3$
c) $(5p)^4$ d) $(-2y)^5$
e) $(-ab)^4$ f) $(4xy)^3$
g) $(\frac{x}{2})^3$ h) $(\frac{3}{2y})^2$
i) $(\frac{2ab}{3c})^4$ k) $(\frac{0{,}2x}{5y})^2$

11
Schreibe ohne Klammern.
a) $(3x)^3 \cdot (2y)^3$ b) $(2p)^4 \cdot (-3q)^4$
c) $\frac{(20vw)^5}{(10v)^5}$ d) $\frac{(-36y^2z)^3}{(12yz^2)^3}$
e) $a^7 \cdot (\frac{1}{a})^7$ f) $(\frac{2a}{3b})^4 \cdot (\frac{b}{a})^4$

12
Forme um.
a) $2^m \cdot 3^m$ b) $5^n \cdot 3^n$
c) $3^{2n} \cdot 4^{2n}$ d) $2^{n+1} \cdot 5^{n+1}$
e) $5^{x-3} \cdot 7^{x-3}$ f) $6^{2x-1} \cdot 7^{2x-1}$

13
Vereinfache.
a) $(\frac{3}{4})^y \cdot (\frac{1}{2})^y \cdot 8^y$ b) $(\frac{2}{3})^x \cdot (\frac{4}{5})^x \cdot (\frac{15}{16})^x$
c) $(-\frac{4}{7})^{n+1} \cdot (-\frac{21}{2})^{n+1}$ d) $(-\frac{34}{65})^{2n+3} \cdot (\frac{52}{17})^{2n+3}$

14
Vereinfache so weit wie möglich.
a) $\frac{(2x+2)^3}{(x+1)^3}$ b) $\frac{(9y-6)^4}{(3y-2)^4}$
c) $\frac{(a^2+a)^2}{(a+1)^2}$ d) $\frac{(4x^2-2xy)^2}{(6x-3y)^2}$

15
Forme um.
a) $x^n \cdot y^n$ b) $a^{n+1} \cdot b^{n+1}$
c) $2x^n \cdot 3y^n$ d) $s^{n+2} \cdot (s+1)^{n+2}$
e) $(x+1)^n \cdot (x-1)^n$ f) $\frac{(x^2-9)^n}{(x-3)^n}$

16
Vereinfache.
a) $\frac{(x+1)^4}{(2x+2)^4} \cdot (2x)^4$ b) $5^2 \cdot \frac{(5x-15)^3}{(x-3)^3}$
c) $\frac{(x^2-16)^3}{(x-4)^3 \cdot (x+4)^2}$ d) $\frac{(2x^2-8)^3}{(4x+8)^3} : (x-2)^2$

Teile alle Teilwürfel wie oben rechts. Wie viele kleine Würfel sind es dann insgesamt? Ist das Produkt zweier Kubikzahlen wieder eine Kubikzahl? Überprüfe dies an Beispielen und weise es allgemein nach.

5 Potenzieren von Potenzen

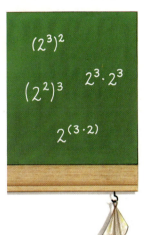

1
Berechne die Terme auf der Tafel und vergleiche die Ergebnisse miteinander. Was fällt dir auf?

Tafel: $(2^3)^2$, $(2^2)^3$, $2^3 \cdot 2^3$, $2^{(3 \cdot 2)}$

2
Bestimme mit dem Taschenrechner das Quadrat der Zahl 2. Quadriere das Ergebnis wiederum und so fort. Wie oft musst du die Quadratzahltaste drücken, bis du die Zahl 4 294 967 296 erhältst? Notiere den Rechenvorgang. Hättest du diese Zahl auch durch weniger häufiges Drücken von Tasten erreichen können?

Wird eine Potenz wie beispielsweise 4^3 mit 2 potenziert, erhält man den Term $(4^3)^2$. Dies ist eine andere Schreibweise für das Produkt $4^3 \cdot 4^3$. Mit dem Potenzgesetz für die Multiplikation von Potenzen mit gleicher Basis erhält man: $(4^3)^2 = 4^3 \cdot 4^3 = 4^{3+3} = 4^{3 \cdot 2}$
$$(4^3)^2 = 4^{3 \cdot 2}$$

Für das Potenzieren von Potenzen gilt allgemein: $(a^m)^n = \underbrace{a^m \cdot a^m \cdot a^m \cdot \ldots \cdot a^m}_{n \text{ Faktoren } a^m}$

$$= a^{\underbrace{m+m+m \ldots +m}_{n \text{ Summanden } m}}$$

$$= a^{m \cdot n}$$

> **Potenzgesetz für das Potenzieren einer Potenz**
> Potenzen werden potenziert, indem man die Exponenten multipliziert und die Basis beibehält.
> $(a^m)^n = a^{m \cdot n}$ $\qquad a \in \mathbb{Q}; m,n \in \mathbb{N} \setminus \{0\}$

Beim Potenzieren von Potenzen werden die Exponenten auf gleiche Höhe geschrieben.

~~$(5^4)^3$~~

$(5^{\underline{4}})^3$

Beispiele

a) $(3^2)^4 = 3^{2 \cdot 4}$
$\qquad = 3^8$
$\qquad = 6561$

b) $(x^5)^6 = x^{5 \cdot 6}$
$\qquad = x^{30}$

c) $(y^{2m})^{3n} = y^{2m \cdot 3n}$
$\qquad = y^{6mn}$

Bemerkung: Das Gesetz kann auch mehrfach hintereinander angewendet werden.

d) $[(5^2)^3]^4 = [5^{2 \cdot 3}]^4$
$\qquad = [5^6]^4$
$\qquad = 5^{6 \cdot 4}$
$\qquad = 5^{24}$
$\qquad = 5^{2 \cdot 3 \cdot 4}$

e) $[(y^3)^2]^3 = [y^{3 \cdot 2}]^3$
$\qquad = [y^6]^3$
$\qquad = y^{6 \cdot 3}$
$\qquad = y^{18}$
$\qquad = y^{3 \cdot 2 \cdot 3}$

Aufgaben

3 Forme um.
a) $(3^4)^5$ b) $(4^5)^6$ c) $(6^7)^8$
d) $(4^3)^7$ e) $(7^3)^4$ f) $(3^4)^7$

4 Forme um und berechne.
a) $(2^2)^3$ b) $(2^2)^2$ c) $(2^3)^3$
d) $(3^2)^2$ e) $(3^2)^3$ f) $(5^2)^3$
g) $(10^2)^3$ h) $(10^3)^3$ i) $(10^3)^4$

5 Berechne mit dem Taschenrechner. Runde sinnvoll. Forme zuvor um.
a) $(2,5^4)^5$ b) $(1,2^6)^4$ c) $(3,3^3)^3$
d) $[(\frac{2}{3})^3]^4$ e) $[(\frac{4}{5})^6]^8$ f) $[(\frac{4}{3})^5]^6$

6 Berechne.
a) $[(-2)^2]^2$ b) $(-2^2)^2$ c) $[(-3)^2]^3$
d) $(-3^2)^3$ e) $(-2^3)^3$ f) $[(-3^2)^2]^2$

??
Passt $(10^{10})^{10}$ auf diese Seite?
Passt $10^{(10^{10})}$ auf diese Seite?

23

Potenzieren von Potenzen

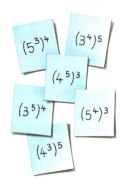

Welches Ziffernkärtchen hat den größten, welches den kleinsten Potenzwert?

7
Fülle die Lücken im Heft.
a) $(5^2)^3 = 5^\square$
b) $(4^3)^5 = 4^\square$
c) $(3^\square)^5 = 3^{10}$
d) $(9^3)^\square = 9^{27}$
e) $(-2^3)^\square = -2^{15}$
f) $[(-3)^2]^\square = 3^8$

8
Schreibe die Potenz mit möglichst kleiner Basis.
Beispiel: $25^3 = (5^2)^3$
$\qquad = 5^{2 \cdot 3}$
$\qquad = 5^6$

a) 16^5 b) 49^4 c) 100^3
d) 27^2 e) 81^4 f) 64^3
g) 128^5 h) 125^6 i) 1024^7

9
Schreibe das Produkt als Potenz mit kleinstmöglicher Basis.
Beispiel: $2^3 \cdot 4^2 = 2^3 \cdot (2^2)^2$
$\qquad = 2^3 \cdot 2^4$
$\qquad = 2^7$

a) $4 \cdot 2^3$ b) $2^4 \cdot 32$ c) $3^2 \cdot 27$
d) $3^6 \cdot 9^2$ e) $25^4 \cdot 125^5$ f) $49^5 \cdot 343^3$

10
Forme um.
a) $(x^2)^3$ b) $(a^3)^4$ c) $(y^7)^2$
d) $[(-x)^2]^2$ e) $(-z^2)^3$ f) $-(k^3)^4$

11
Berechne und vergleiche.
a) $(a^2)^3$ und $a^{(2^3)}$
b) $(x^5)^4$ und $x^{(5^4)}$
c) $[(2y)^3]^4$ und $[2y^3]^4$
d) $(-a^3)^2$ und $-a^{(3^2)}$
e) $(-2x^2)^2$ und $[-(2x)^2]^2$

Es gilt:
$2^{10} = 1\,024 \approx 1\,000 = 10^3$
Überschlage damit die Zweierpotenzen

2^{20}
2^{30}
2^{40}
2^{50}
2^{60}
2^{70}
2^{80}
2^{90}
2^{100}

Wie groß werden die Fehler?

12
Schreibe ohne Klammern.
a) $(2^x)^3$ b) $(3^m)^4$ c) $(4^n)^4$
d) $(2^n)^n$ e) $(1{,}5^m)^n$ f) $(5^2)^{n+1}$
g) $(x^{m+2})^2$ h) $(y^{2n+1})^3$ i) $(z^{n+1})^n$

13
Drücke den Term ohne Klammern aus.
a) $(x^3 \cdot y^2)^2$ b) $(a^2 \cdot b \cdot c^3)^2$
c) $(2a^2 \cdot b^4)^3$ d) $(2x^4 \cdot 3y^5 \cdot 4z^3)^2$

Wer ist die Größte im ganzen Land?

Bestimme jeweils die größte Zahl, die sich mit drei gleichen Ziffernkärtchen bilden lässt. Du kannst auch Klammern verwenden.
Wie heißt die größte Zahl, die sich mit drei Neunen bilden lässt?

14
Welche der Terme sind gleichwertig?

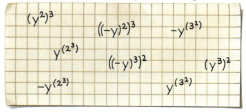

15
Forme Zähler oder Nenner zunächst um.
Beispiel: $\dfrac{36^3}{6^4} = \dfrac{(6^2)^3}{6^4} = \dfrac{6^6}{6^4} = 6^2 = 36$

a) $\dfrac{25^3}{5^2}$ b) $\dfrac{27^2}{3^5}$ c) $\dfrac{128^3}{2^{17}}$
d) $\dfrac{(4a^2)^3}{(2a)^4}$ e) $\dfrac{(27x^3)^3}{(3x)^8}$ f) $\dfrac{(4y)^9}{(256y^4)^2}$

16
Schreibe ohne Klammern.
a) $(2^x)^{x+1}$ b) $(2^{x+1})^{x+1}$ c) $(2^{x-1})^{x+1}$
d) $(2^{x-2})^{x+1}$ e) $(2^{2x+2})^{x+1}$ f) $(2^{2x-2})^{x+1}$

17
a) $\left(\dfrac{x^2}{y^3}\right)^4$ b) $\left(\dfrac{a^2 b}{c}\right)^3$ c) $\left(\dfrac{x^2 \cdot y^3}{z^4}\right)^3$
d) $\left(\dfrac{2a^2}{b^2 c}\right)^3$ e) $\left(\left(\dfrac{3x}{4y^2 z}\right)^2\right)^2$ f) $\left(\left(\dfrac{-2a^4}{3b^2 c^3}\right)^3\right)^2$

18
Forme um.
a) $\left(\dfrac{10^x}{5^x}\right)^{2x}$ b) $\left(\dfrac{3^{x+5}}{3^4}\right)^3$
c) $(2^y \cdot 8^y)^{3y}$ d) $(2^{n+1} \cdot 2^n)^{2n}$

6 Potenzen mit negativen ganzen Exponenten

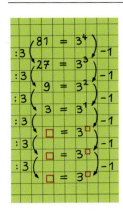

1
Yvonne rechnet: $\frac{2^5}{2^5} = 2^{5-5} = 2^0$. Axel behauptet: „Zähler und Nenner des Bruchs $\frac{2^5}{2^5}$ sind gleich, also hat der Bruch den Wert 1."
Wer hat Recht?

2
Setze die begonnene Reihe fort.

Für das Potenzgesetz zur Division von Potenzen mit gleicher Basis haben wir bislang vorausgesetzt, dass der Exponent der Potenz im Zähler größer ist als der Exponent der Potenz im Nenner.

Sind die Exponenten in Zähler und Nenner gleich, dann gilt: $\frac{a^m}{a^m} = a^{m-m} = a^0$.

Andererseits hat jeder Bruch, dessen Zähler und Nenner übereinstimmen, den Wert 1. Also hat man vereinbart: $a^0 = 1$.

In dem Term $\frac{2^2}{2^5}$ ist der Exponent des Nenners größer als der Exponent des Zählers.

Es gilt: $\frac{2^2}{2^5} = \frac{2 \cdot 2}{2 \cdot 2 \cdot 2 \cdot 2 \cdot 2} = \frac{1}{2 \cdot 2 \cdot 2} = \frac{1}{2^3}$.

Rechnet man mit dem Potenzgesetz für die Division von Potenzen mit gleicher Basis, erhält man $\frac{2^2}{2^5} = 2^{2-5} = 2^{-3}$.

Damit das Potenzgesetz auch für diesen Fall gilt, vereinbart man $2^{-3} = \frac{1}{2^3}$.

> Für Potenzen mit negativem ganzzahligen Exponenten gilt: $a^{-n} = \frac{1}{a^n}$, $a \in \mathbb{Q}\setminus\{0\}$; $n \in \mathbb{N}$.
> Für den Exponent Null gilt: $a^0 = 1$, $a \in \mathbb{Q}\setminus\{0\}$.

Beispiele

Eingabe in den Taschenrechner:

a) $2^{-5} = \frac{1}{2^5}$
$= \frac{1}{32} = 0{,}03125$

b) $0{,}3^{-2} = \frac{1}{0{,}3^2}$
$= \frac{1}{0{,}09}$

c) $x^{-3} = \frac{1}{x^3}$

d) $(3y)^{-4} = \frac{1}{(3y)^4}$
$= \frac{1}{81y^4}$

Bemerkung: Für den Bruch $\frac{a}{b}$ gilt: $\left(\frac{a}{b}\right)^{-n} = \left(\frac{b}{a}\right)^n$.

Dies lässt sich so begründen: $\left(\frac{a}{b}\right)^{-n} = \frac{1}{\left(\frac{a}{b}\right)^n} = \frac{1}{\frac{a^n}{b^n}} = 1 \cdot \frac{b^n}{a^n} = \left(\frac{b}{a}\right)^n$

e) $\left(\frac{2}{3}\right)^{-4} = \left(\frac{3}{2}\right)^4$
$= \frac{3^4}{2^4}$
$= \frac{81}{16}$
$= 5\frac{1}{16}$

f) $\left(\frac{x}{2y}\right)^{-3} = \left(\frac{2y}{x}\right)^3$
$= \frac{(2y)^3}{x^3}$
$= \frac{8y^3}{x^3}$

$4^0 = 1 \quad 0^4 = 0$
$3^0 = 1 \quad 0^3 = 0$
$2^0 = 1 \quad 0^2 = 0$
$1^0 = 1 \quad 0^1 = 0$
$\vdots \qquad \vdots$

Bemerkung: Der Term 0^0 ist nicht bestimmt.
Setzt man die linke Reihe fort, ergibt sich $0^0 = 1$. Bei der rechten Reihe hieße die folgerichtige Fortsetzung $0^0 = 0$.
Also kann man für 0^0 keinen Wert festlegen.

Potenzen mit negativen ganzen Exponenten

?? ?

Berechne.

$$\left[\left(-\frac{229}{851}\right)^{-4} \cdot \left(\frac{397}{438}\right)^{-4}\right]^0$$

Aufgaben

3
Schreibe mit positivem Exponenten.
a) 2^{-3} b) 2^{-4} c) 5^{-2}
d) 1^{-8} e) $(-7)^{-7}$ f) 10^{-5}
g) $1{,}5^{-2}$ h) $4{,}2^{-3}$ i) $(-0{,}8)^{-4}$

4
Schreibe zunächst mit positivem Exponenten. Rechne dann.
a) 2^{-6} b) 3^{-4} c) 4^{-3}
d) 1^{-7} e) 11^{-2} f) $(-2)^{-4}$
g) $(-1)^{-5}$ h) $(-3)^{-3}$ i) $(-2)^{-9}$

5
Berechne.
a) 2^3; 2^2; 2^1; 2^0; 2^{-1}; 2^{-2}; 2^{-3}
b) 5^3; 5^2; 5^1; 5^0; 5^{-1}; 5^{-2}; 5^{-3}
c) $0{,}1^2$; $0{,}1^1$; $0{,}1^0$; $0{,}1^{-1}$; $0{,}1^{-2}$
d) $(-3)^2$; $(-3)^1$; $(-3)^0$; $(-3)^{-1}$; $(-3)^{-2}$
e) $(-0{,}2)^2$; $(-0{,}2)^1$; $(-0{,}2)^0$; $(-0{,}2)^{-1}$

6
Schreibe als Potenz mit negativem Exponenten. Gib alle Möglichkeiten an.

Beispiel: $\frac{1}{16} = \frac{1}{4^2} = 4^{-2}$

$\frac{1}{16} = \frac{1}{2^4} = 2^{-4}$

a) $\frac{1}{27}$ b) $\frac{1}{32}$ c) $\frac{1}{125}$
d) $\frac{1}{128}$ e) $\frac{1}{343}$ f) $\frac{1}{289}$
g) $\frac{1}{256}$ h) $\frac{1}{400}$ i) $\frac{1}{729}$

7
Ordne die Potenzen nach ihrer Größe.
a) 3^{-3}; 2^{-3}; 3^2; 2^3; -2^3; -3^2
b) 3^{-4}; $(-4)^3$; $(-4)^{-3}$; -3^4; $(-3)^{-4}$
c) 4^{-2}; -2^4; $(-4)^2$; -2^{-4}; $(-4)^{-2}$
d) $(-\frac{1}{2})^3$; $(\frac{1}{2})^2$; $(-\frac{1}{2})^{-2}$; $(\frac{1}{2})^{-2}$; $(\frac{1}{2})^{-1}$

8
Berechne mit dem Taschenrechner.
a) $4^{-3} \cdot 3^4$ b) $2^{-7} \cdot 13^0$
c) $2^5 \cdot 4^{-3}$ d) $-2^{-3} \cdot 6^2$
e) $10^{-2} + 5^{-3} \cdot 20$ f) $(-3)^{-3} \cdot (-4{,}5^2) - \frac{1}{4}$
g) $7^{-3} : 35^{-2} - \frac{4}{7}$ h) $(-2)^{-6} - 4^{-3} \cdot 5^{-2}$

9
Forme wie im Beispiel um.

Beispiel: $(\frac{3}{4})^{-2} = (\frac{4}{3})^2$

$= \frac{4^2}{3^2}$

$= \frac{16}{9}$

a) $(\frac{2}{3})^{-2}$ b) $(\frac{2}{3})^{-3}$ c) $(\frac{5}{3})^{-2}$
d) $(\frac{1}{2})^{-7}$ e) $(-\frac{4}{5})^{-2}$ f) $(-\frac{1}{6})^{-3}$

10
Berechne.
a) $3^{-2} + 3^{-1} + 3^0 + 3^1 + 3^2$
b) $2^0 + 2^{-1} + 2^{-2} + 2^{-3} + 2^{-4}$
c) $5^{-3} + 5^{-2} + 5^{-1} + 5^0$
d) $4^0 - 4^{-1} - 4^{-2} - 4^{-3}$

11
Schreibe mit positivem Exponenten.
a) x^{-5} b) y^{-6} c) $2x^{-3}$
d) $3y^{-4}$ e) $(2a)^{-2}$ f) $(5z)^{-3}$
g) $(3xy)^{-2}$ h) $(5a^2b)^{-3}$ i) $(0{,}2x^2y^3)^{-2}$

12
Schreibe ohne Bruchstrich.
a) $\frac{1}{x^3}$ b) $\frac{1}{y^5}$ c) $\frac{1}{2x^2}$
d) $\frac{1}{x^n}$ e) $\frac{1}{a^{2m}}$ f) $\frac{1}{x^{m+1}}$
g) $\frac{1}{(a-b)^2}$ h) $\frac{1}{a^2} + \frac{1}{b^2}$ i) $\frac{1}{x^p} - \frac{1}{y^q}$

13
Forme wie im Beispiel um.

Beispiel: $\frac{x^{-4}}{(2y)^{-3}} = x^{-4} \cdot \frac{1}{(2y)^{-3}}$

$= \frac{1}{x^4} \cdot (2y)^3$

$= \frac{8y^3}{x^4}$

a) $\frac{x^{-2}}{y^{-3}}$ b) $\frac{a^{-3}}{b^{-1}}$ c) $\frac{(3s)^{-2}}{t^{-4}}$
d) $\frac{(2x)^{-3}}{(3y)^{-1}}$ e) $\frac{(-4a)^{-2}}{(5b)^{-3}}$ f) $\frac{(x^2y)^{-3}}{(yz^2)^{-2}}$

14
Berechne.
a) $\left(\frac{2x}{3y}\right)^{-2} \cdot \frac{4x}{3y}$ b) $\left(\frac{3a}{5b}\right)^{-3} \cdot \left(\frac{3a}{b}\right)^2$
c) $\left(\frac{x}{2y}\right)^{-3} : \frac{-4y^2}{x^3}$ d) $\left(\frac{-3z}{w}\right)^{-4} : \left(\frac{-3z}{2w}\right)^{-5}$

7 Kleine Zahlen

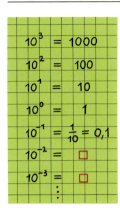

1
Berechne das Produkt
0,000 003 · 0,000 006 mit dem Taschenrechner. Kannst du die Anzeige erklären?

2
Setze die begonnene Reihe fort.

3
Auf einem lediglich 140 mm² großen 16-Mbit-Speicherchip sind 34 Millionen Bauelemente untergebracht.
Berechne den durchschnittlichen Platzbedarf für ein einziges Bauelement.

Um Zahlen, die sehr nahe an der Zahl Null liegen, übersichtlich darstellen zu können, schreiben wir sie zunächst als Produkt. Dabei ist ein Faktor der Kehrwert einer Zehnerpotenz.

$$0,000\,009\,87 = 0,000\,098\,7 \cdot \frac{1}{10} = 0,000\,098\,7 \cdot 10^{-1}$$
$$= 0,000\,987 \cdot \frac{1}{10^2} = 0,000\,987 \cdot 10^{-2}$$
$$\ldots$$
$$= 0,987 \cdot \frac{1}{10^5} = 0,987 \cdot 10^{-5}$$

Um die in der Zehnerpotenzschreibweise dargestellten kleinen Zahlen besser vergleichen zu können, schreibt man den ersten Faktor stets mit einer von Null verschiedenen Ziffer vor dem Komma: $0,000\,009\,87 = 9,87 \cdot 10^{-6}$.

Eingabe des Produkts $9,87 \cdot 10^{-6}$:
9.87 [EE] 6 [+/−]

> Zahlen, die zwischen 0 und 1 liegen, lassen sich übersichtlicher als Produkt einer Zahl zwischen 1 und 10 und einer Zehnerpotenz mit negativem Exponenten darstellen.

Beispiele
a) $0,000\,2 = 2 \cdot \frac{1}{10000} = 2 \cdot \frac{1}{10^4} = 2 \cdot 10^{-4}$ b) $0,002\,5 = 2,5 \cdot 10^{-3}$

c) Im Zusammenhang mit Größen werden häufig Vorsilben benutzt, die den Exponenten der Zehnerpotenz bestimmen.

1 **Dezi**meter = 1 dm = 10^{-1} m	1 **Nano**sekunde = 1 ns = 10^{-9} s
1 **Zenti**meter = 1 cm = 10^{-2} m	1 **Pico**farad = 1 pF = 10^{-12} F
1 **Milli**liter = 1 ml = 10^{-3} l	1 **Femto**gramm = 1 fg = 10^{-15} g
1 **Mikro**gramm = 1 μg = 10^{-6} g	1 **Atto**meter = 1 am = 10^{-18} m

Die Dicke von Blattgold beträgt ungefähr 80 nm = $80 \cdot 10^{-9}$ m = 0,000 000 08 m.
Die Masse eines größeren Staubkorns beträgt ungefähr 1 μg = 10^{-6} g = 0,000 001 g.

! !
Auch für sehr kleine Zahlen existiert die **technische Notation,** bei der der Exponent stets ein Vielfaches von −3 ist:

0,00325 [2nd] [ENG]
= $3,25 \cdot 10^{-3}$

Aufgaben

4
Schreibe als Zehnerpotenz.
a) 0,01 b) 0,001
c) 0,000 1 d) 0,000 01
e) 0,000 000 1 f) 0,000 000 001

5
Schreibe in der Zehnerpotenzschreibweise.
a) 0,05 b) 0,004
c) 0,000 76 d) 0,010 32
e) 0,000 095 4 f) 0,000 000 020 371

Kleine Zahlen

6
Schreibe als Dezimalbruch.
a) $4 \cdot 10^{-3}$ b) $7 \cdot 10^{-7}$
c) $7{,}8 \cdot 10^{-5}$ d) $1{,}4 \cdot 10^{-4}$
e) $0{,}38 \cdot 10^{-3}$ f) $0{,}071 \cdot 10^{-4}$
g) $3{,}005 \cdot 10^{-4}$ h) $0{,}000\,2 \cdot 10^{-8}$

7
Schreibe die Taschenrechneranzeige in der Zehnerpotenzschreibweise und ausführlich.

8
Berechne mit dem Taschenrechner näherungsweise.
Beispiel: $0{,}000\,78^4 \approx 3{,}7 \cdot 10^{-13}$
a) $0{,}000\,165^3$ b) $0{,}015\,7^5$
c) $0{,}002\,3^4$ d) $-0{,}078^7$
e) $(\frac{11}{111})^{11}$ f) $(-\frac{12}{89})^{36}$

9
Schreibe ausführlich und in der Zehnerpotenzschreibweise.
a) 100 ml b) 10 pF
c) 50 ns   d) 65 µg
e) 750 fm f) 800 am
g) 3,5 µm h) 0,8 nF

10
Forme zuerst in die Zehnerpotenzschreibweise um. Berechne dann mit dem Taschenrechner.
a) $0{,}000\,000\,002\,5 \cdot 0{,}000\,8$
b) $0{,}001\,25 \cdot 0{,}000\,000\,000\,004$
c) $0{,}000\,75 : 250\,000\,000\,000$
d) $0{,}000\,000\,000\,028\,8 : 12\,000\,000$
e) $(-0{,}000\,384) \cdot 0{,}000\,000\,000\,006\,4$

11
Berechne vorteilhaft.
a) $2{,}7 \cdot 10^{-4} + 7{,}3 \cdot 10^{-4}$
b) $6{,}9 \cdot 10^{-3} - 1{,}9 \cdot 10^{-3} + 5 \cdot 10^{-3}$
c) $6{,}1 \cdot 10^{-5} + 3{,}9 \cdot 10^{-5} - 10^{-6}$
d) $36 \cdot 10^{-7} + 0{,}64 \cdot 10^{-5}$
e) $(4{,}9 \cdot 10^{-10} - 17 \cdot 10^{-11}) : (0{,}8 \cdot 10^{-9})$
f) $150 \cdot 10^{-3} + (6{,}5 \cdot 10^{-12}) : (0{,}13 \cdot 10^{-9})$

12
Wandle die Angaben auf dem Rand in die Zehnerpotenzschreibweise um.

Dicke eines Menschenhaares: 0,00006 m

Dicke der Magnetschicht einer Diskette: 0,0000025 m

13
a) 32 g Schwefel enthalten $6{,}23 \cdot 10^{23}$ Atome. Wie viel wiegt 1 Atom Schwefel?
b) Für die Strecke 10^{-10} m verwendet man die Einheit Ångström Å. Gib die Atomradien in mm an.
Helium 0,3 Å   Kohlenstoff 0,77 Å
Kalium 2,31 Å Sauerstoff 0,66 Å
c) Ein Atomkern hat einen Radius von ungefähr 10^{-15} m. Der Radius der umgebenden Atomhülle misst ca. 10^{-11} m. Um das Wie vielfache ist der Radius des Kerns kleiner?

14
Luft unter der Lupe
In einer Luftmessstation wurden folgende Mittelwerte gemessen. Angaben in mg/m³.

| SO₂ | 0,007 | CO | 0,6 | NO₂ | 0,049 |
| NO | 0,023 | O₃(Ozon) | 0,124 | Staub | 0,047 |

1 m³ Luft wiegt 1,290 kg.

a) Bestimme die Anteile der Angaben.
Beispiel: NO₂: $\frac{0{,}049\text{ mg}}{1{,}290\text{ kg}} = \frac{0{,}049\text{ mg}}{1290000\text{ mg}}$
$= 0{,}000000038$
$= 3{,}8 \cdot 10^{-8}$

b) Mit den Bezeichnungen ppm (parts per million) bzw. ppb (parts per billion) können geringe Mengen einer Substanz als Bestandteil der Gesamtmenge ausgedrückt werden. Das Zahlwort billion stammt hier aus dem Englischen und bedeutet Milliarde.
Für NO₂ gilt: $3{,}8 \cdot 10^{-8} = 38 \cdot 10^{-9} = 38$ ppb.
Drücke die restlichen Messwerte in gleicher Weise aus.

8 Potenzgesetze für negative ganze Exponenten

Tafel:
$5^4 \cdot 5^{-2} = ?$
$2^{-3} \cdot 5^{-3} = ?$
$\dfrac{3^4}{3^{-2}} = ?$
$\dfrac{8^{-2}}{4^{-3}} = ?$
$(2^{-3})^2 = ?$

1
Schreibe alle Potenzen auf der Tafel zunächst mit positiven Exponenten.

2
Setze die begonnenen Reihen fort.

$3^2 \cdot 3^3 = 3^{2+3} = 3^5$
$3^2 \cdot 3^2 = 3^{2+2} = 3^4$
$3^2 \cdot 3^1 = 3^{2+1} = 3^3$
$3^2 \cdot 3^0 = 3^{2+0} = 3^2$
$3^2 \cdot 3^{-1} = 3^\square = 3^\square$
$3^2 \cdot 3^{-2} = 3^\square = 3^\square$
$3^2 \cdot 3^{-3} = 3^\square = 3^\square$
⋮

$\dfrac{3^2}{3^1} = 3^{2-1} = 3^1$
$\dfrac{3^2}{3^2} = 3^{2-2} = 3^0$
$\dfrac{3^2}{3^3} = 3^\square = 3^\square$
$\dfrac{3^2}{3^4} = 3^\square = 3^\square$
⋮

Zerlegt man Zähler und Nenner des Quotienten $\dfrac{x^2}{x^5}$ in Faktoren, erhält man:

$\dfrac{x^2}{x^5} = \dfrac{x \cdot x}{x \cdot x \cdot x \cdot x \cdot x} = \dfrac{1}{x \cdot x \cdot x} = \dfrac{1}{x^3}$.

Mit $\dfrac{1}{a^n} = a^{-n}$ ergibt sich somit $\dfrac{x^2}{x^5} = x^{-3}$.

Dies erhält man jedoch auch, wenn man das Potenzgesetz $\dfrac{a^m}{a^n} = a^{m-n}$ unmittelbar anwendet: $\dfrac{x^2}{x^5} = x^{2-5} = x^{-3}$.

Auch die übrigen Potenzgesetze lassen sich auf diese Weise begründen.

Merkkasten:
$a^m \cdot a^n = a^{m+n}$
$\dfrac{a^m}{a^n} = a^{m-n}$
$a^m \cdot b^m = (a \cdot b)^m$
$\dfrac{a^m}{b^m} = \left(\dfrac{a}{b}\right)^m$
$(a^m)^n = a^{m \cdot n}$

Potenzen mit gleicher Basis

$x^3 \cdot x^{-5} = x^3 \cdot \dfrac{1}{x^5}$
$= \dfrac{x^3}{x^5}$
$= \dfrac{1}{x^2}$
$= x^{-2}$
$= x^{3+(-5)}$

Potenzen mit gleichen Exponenten

$x^{-4} \cdot y^{-4} = \dfrac{1}{x^4} \cdot \dfrac{1}{y^4}$
$= \dfrac{1}{x^4 \cdot y^4}$
$= \dfrac{1}{(x \cdot y)^4}$
$= (x \cdot y)^{-4}$

Potenzieren von Potenzen

$(x^{-2})^3 = (x^{-2}) \cdot (x^{-2}) \cdot (x^{-2})$
$= \dfrac{1}{x^2} \cdot \dfrac{1}{x^2} \cdot \dfrac{1}{x^2}$
$= \dfrac{1}{x^6}$
$= x^{-6}$
$= x^{(-2) \cdot 3}$

> Die Potenzgesetze gelten auch für ganzzahlige negative Exponenten.

Beispiele

Multiplikation und Division von Potenzen mit **gleicher Basis**

a) $5^{-7} \cdot 5^4 = 5^{(-7)+4}$
$\phantom{5^{-7} \cdot 5^4} = 5^{-3}$

b) $\dfrac{7^3}{7^{-2}} = 7^{3-(-2)}$
$\phantom{\dfrac{7^3}{7^{-2}}} = 7^{3+2}$
$\phantom{\dfrac{7^3}{7^{-2}}} = 7^5$

Multiplikation und Division von Potenzen mit **gleichen Exponenten**

c) $3^{-3} \cdot 4^{-3} = (3 \cdot 4)^{-3}$
$\phantom{3^{-3} \cdot 4^{-3}} = 12^{-3}$

d) $\dfrac{9^{-4}}{3^{-4}} = \left(\dfrac{9}{3}\right)^{-4}$
$\phantom{\dfrac{9^{-4}}{3^{-4}}} = 3^{-4}$

Potenzieren von Potenzen

e) $(2^3)^{-5} = 2^{3 \cdot (-5)}$
$\phantom{(2^3)^{-5}} = 2^{-15}$

f) $(0{,}5^{-2})^{-4} = 0{,}5^{(-2) \cdot (-4)}$
$\phantom{(0{,}5^{-2})^{-4}} = 0{,}5^8$

Potenzgesetze für negative ganze Exponenten

Aufgaben

3
Multipliziere.
a) $2^5 \cdot 2^{-3}$ b) $2^{-2} \cdot 2^7$
c) $3^{-2} \cdot 3^{-3}$ d) $(-5)^7 \cdot (-5)^{-5}$
e) $2{,}5^{-3} \cdot 2{,}5^4$ f) $(-0{,}2)^{-5} \cdot (-0{,}2)^3$
g) $(\frac{1}{2})^{-4} \cdot (\frac{1}{2})^{-6}$ h) $(-\frac{1}{4})^{-13} \cdot (-\frac{1}{4})^{16}$

4
Dividiere.
a) $\frac{2^{-3}}{2^5}$ b) $\frac{5^{-2}}{5^{-3}}$ c) $\frac{15^{-6}}{15^{-8}}$
d) $\frac{(-3)^{-4}}{(-3)^{-2}}$ e) $\frac{(-7)^2}{(-7)^{-4}}$ f) $\frac{(-12)^{-3}}{(-12)^{-7}}$
g) $\frac{0{,}5^{-2}}{0{,}5}$ h) $\frac{0{,}4^{-4}}{0{,}4^{-3}}$ i) $\frac{(-1{,}6)^{-7}}{(-1{,}6)^{-9}}$

5
Forme um.
a) $6^{-2} \cdot 5^{-2}$ b) $3^{-5} \cdot 7^{-5}$
c) $(4 \cdot 10)^{-3}$ d) $(100 \cdot 2)^{-4}$
e) $12{,}5^{-4} \cdot 8^{-4}$ f) $40^{-7} \cdot 25^{-7}$
g) $(-80)^{-8} \cdot 1{,}25^{-8}$ h) $(-12)^{-9} \cdot (-1{,}5)^{-9}$

6
Wende ein Potenzgesetz an.
a) $\frac{20^{-3}}{5^{-3}}$ b) $\frac{65^{-2}}{13^{-2}}$ c) $\frac{0{,}4^{-5}}{0{,}2^{-5}}$
d) $(\frac{3}{5})^{-4}$ e) $\frac{0{,}5^{-3}}{0{,}5^{-6}}$ f) $(-\frac{2}{7})^{-3}$
g) $(-\frac{1}{10})^{-1}$ h) $\frac{(-2{,}8)^{-8}}{(-2{,}8)^{-9}}$ i) $\frac{(-1{,}25)^{-3}}{(-0{,}25)^{-3}}$

7
Forme um.
a) $(2^3)^{-4}$ b) $(3^4)^{-2}$ c) $(4^2)^{-3}$
d) $(2^{-3})^{-4}$ e) $(-3^{-2})^4$ f) $((-2)^{-3})^{-4}$
g) $(0{,}5^{-2})^4$ h) $(4{,}5^3)^{-6}$ i) $(-6{,}2^{-7})^{-4}$

8
Forme mit Hilfe eines Potenzgesetzes um und berechne.
a) $20^{-3} \cdot 5^{-3}$ b) $(-2)^{-3} \cdot (-2)^4$
c) $\frac{6^{-3}}{6^{-5}}$ d) $\frac{18^{-3}}{72^{-3}}$
e) $(\frac{12}{13})^{-11} \cdot (\frac{12}{13})^{11}$ f) $((\frac{2}{3})^{-2})^2$
g) $(\frac{8}{21})^{-2} \cdot (\frac{7}{16})^{-2}$ h) $(-\frac{3}{5})^{-3} : (-\frac{3}{5})^{-2}$
i) $0{,}625^{-5} \cdot 8^{-5}$ k) $((-\frac{23}{79})^{-15})^0$

9
Wende Potenzgesetze an.
Gib den Exponenten im Ergebnis stets als positive Zahl an.
a) $2^{-4} \cdot 2^5 \cdot 2^{-6}$
b) $10^{-4} \cdot 10^{-2} \cdot 10^0 \cdot 10^3$
c) $2{,}5^{-3} \cdot 4^{-3} \cdot 10^{-2}$
d) $(1{,}5^{-4} \cdot 6^{-4}) : 9^{-5}$
e) $(0{,}25^7 \cdot 40^7)^0 : 2^{-3}$
f) $(216^{-4} : 8^{-4}) \cdot 27^3$

10
Welche Zahlen kannst du für □ jeweils einsetzen?
a) $x^\square \cdot x^{-3} = x^{-7}$
b) $\square^{-5} : a^{-2} = a^{-3}$
c) $(-2a)^\square = -8a^\square$
d) $(y^\square)^{-5} = y^{10}$
e) $(3a)^2 \cdot (\square)^2 = 144a^2$
f) $(\square)^3 : (2y)^3 = 27$
g) $[((2x)^2)^\square]^{-3} = 4096x^{12}$

11
Forme mit Hilfe eines Potenzgesetzes um.
a) $z^{-4} \cdot z^6$ b) $x^5 : x^{-5}$
c) $(a^{-2})^3$ d) $(v \cdot w)^{-4}$
e) $x^{-3} \cdot y^{-3}$ f) $(-2a)^{-2} \cdot (5a)^{-2}$
g) $[(3x)^{-2}]^{-2}$ h) $(-245y)^{-2} : (49y)^{-2}$

12
Vereinfache.
a) $\frac{x^{-3}}{x^4}$ b) $\frac{y^{-5}}{z^{-5}}$
c) $(x^{-4})^{-5}$ d) $\frac{(u \cdot v)^{-2}}{(u \cdot v)^{-5}}$
e) $\frac{(a \cdot b \cdot c)^{-1}}{(a \cdot b)^{-1}}$ f) $(-2a^{-2})^0$
g) $\frac{x^2 \cdot y^{-3}}{y^2 \cdot x^{-3}}$ h) $\frac{(-x)^{-2} \cdot (-y)^{-2}}{y^{-2} \cdot x^{-2}}$

13
Berechne.
a) $x^3 \cdot x^{-5} \cdot x^7$
b) $x^{-1} \cdot x^{-3} \cdot x^{-5} \cdot x^{-7}$
c) $a^{-2} \cdot b^4 \cdot a^7 \cdot b^{-6}$
d) $x^{-1} \cdot 2x^{-2} \cdot 3x^{-3} \cdot 4x^{-4}$
e) $a^3 \cdot (a^2 \cdot b^3) \cdot (b^{-2} \cdot a^{-4})$
f) $3x^2y \cdot (-2xy)^{-3} \cdot 3x^{-3}y^2 \cdot (-xy)$

Der Turmbau zu Babel

2^4
$2^{-7} + 2^{-7}$
$2^7 + (2^2)^3 + (2^{-3})^{-2}$
$2^5 \cdot 2^{-4} + 2^{-6} \cdot 2^7 - 2^{-7} \cdot 2^8 + 2^9 \cdot 2^{-8}$

Die waagerechten Striche sind Bruchstriche. Rechne von oben nach unten!

14
Wende ein Potenzgesetz an.
a) $x^n \cdot x^{-2n}$
b) $x^{-2n} \cdot y^{-2n}$
c) $x^{n-3} \cdot x^{-1}$
d) $a^{m+1} \cdot a^{-m}$
e) $y^{m-1} \cdot y^{m+1}$
f) $z^{2n-1} \cdot z^{2-n}$
g) $k^{-n} \cdot k^{-n-1}$
h) $a^{-4-3n} \cdot a^{-4n-3}$

15
a) $\dfrac{x^{n-2}}{x^n}$
b) $\dfrac{y^{n-1}}{y^{-2}}$
c) $\dfrac{a^{m-1}}{a^{m+1}}$
d) $\dfrac{b^m}{b^{m-1}}$
e) $\dfrac{s^0}{s^{2n-2}}$
f) $\dfrac{z^{-n-1}}{z^{1-n}}$
g) $\dfrac{3x^{2m-3n}}{6x^{3n-2m}}$
h) $\dfrac{12y^{-5n-m}}{4y^{m-5n}}$

16
Löse durch Probieren.
a) $(a^\square)^{-7} = a^{21}$
b) $[(x^{-3})^\square]^2 = x^{-12}$
c) $((2y)^{-2})^\square = 256y^8$
d) $(y^m)^\square = y^{-2m}$
e) $(v^\square)^{-2n} = z^{2n}$
f) $[((-z)^m)^\square]^{-2} = (-z)^{2mn}$

17
Die Buchstabenkärtchen auf dem Rand führen zum Lösungswort.
a) $3^{m+2} \cdot 3^{4-m}$
b) $\dfrac{4^{x+2}}{4^{x-1}}$
c) $2^{4n-3} \cdot 2^{1-4n}$
d) $(5^x)^{-2} \cdot 5^{2x-1}$
e) $(29^{3n} \cdot 28^{3n})^0$
f) $\dfrac{3^{m-1} \cdot 2^{m-1}}{6^{m-2}}$
g) $\dfrac{(2^y)^{-1}}{2^{1-y}}$
h) $\dfrac{(-3)^{-n+1} \cdot (-3)^{1-n}}{(-3)^{4-2n}}$

18
Vereinfache.
a) $\dfrac{a^{2n-5}}{a^{2n-3}} \cdot b^{-2}$
b) $\dfrac{x^{5-m}}{x^{3-m}} \cdot x^{2m-2}$
c) $\dfrac{y^{3n-5}}{x^{n+3}} \cdot \dfrac{x^{2n+5}}{y^{2n-4}}$
d) $\dfrac{15y^{5+a}}{3y^{2-a}} : \dfrac{20y^{-2a}}{2y^{-4a-2}}$
e) $\dfrac{(2xy)^{2n+2}}{x^{1-2m}} : \dfrac{(2xy)^{2n}}{2x^{2-2m}}$
f) $\dfrac{(x^{3-a})^{3+a}}{(x^a)^{-a}} \cdot \dfrac{1}{x^9}$

19
Schreibe ohne Klammern. Gib das Ergebnis mit positiven Exponenten an.
a) $(a^3 \cdot b^2 \cdot c^{-2})^{-2}$
b) $(2x^2 \cdot 3y^{-2} \cdot z^{-1})^{-3}$
c) $[(4x^{-3} \cdot y^{-4})^{-2}]^{-1}$
d) $\left[\dfrac{(x \cdot y)^{-3}}{x^2} \cdot y^{-4}\right]^{-5}$

20
Löse die Klammern auf. Schreibe mit positiven Exponenten.
Beispiel: $(2x^2 - x^{-3}) \cdot x^{-2}$
$= 2x^2 \cdot x^{-2} - x^{-3} \cdot x^{-2}$
$= 2 \cdot x^0 - x^{-5}$
$= 2 - \dfrac{1}{x^5}$

a) $(a^2 + a^{-1}) \cdot a^{-2}$
b) $y^{-1} \cdot (2y - y^2)$
c) $(y^{-3} - 3y^{-1}) \cdot (-3y)$
d) $(3x^{-2} - 2x^{-3}) \cdot (-x^{-3} + 2x^{-2})$

21
Welche Zahl muss für x eingesetzt werden?
a) $8^{x+11} = 1$
b) $5^{5x-21} = \dfrac{1}{5}$
c) $3^{2x+4} = \dfrac{1}{9}$
d) $2^{x-5} = \dfrac{1}{64}$

22
Vereinfache.
a) $\dfrac{5^{x-y+3} \cdot 15^{2y-3}}{5^{y-x} \cdot 3^{2y-3}}$
b) $\dfrac{a^{2n+1}}{b^{-3n}} \cdot \dfrac{b^{-3n-5}}{a^{2n+6}}$
c) $(y^{x-2})^{x+2} \cdot (y^x)^{-x}$
d) $-z^{-n \cdot (n-1)} : \dfrac{-1^{n^2}}{z^{n^2}}$
e) $\dfrac{[(5x)^{1-a}]^{1-a}}{(5x)^{1+a^2}} \cdot [(5x)^a]^{2a}$

23
Faktorisiere zunächst.
Beispiel: $\dfrac{(15x-45)^{-2}}{(5x-15)^{-2}} = \left[\dfrac{15x-45}{5x-15}\right]^{-2}$
$= \left[\dfrac{15(x-3)}{5(x-3)}\right]^{-2}$
$= 3^{-2} = \dfrac{1}{9}$

a) $\dfrac{(4x+2)^{-4}}{(2x+1)^{-4}} \cdot 2^{-5}$
b) $\dfrac{(6x+2)^3 \cdot (6x+2)^{-8}}{(3x+1)^{-5}}$
c) $\dfrac{(a^2+a)^{-1}}{(a+1)^{-2}}$
d) $\left[\dfrac{(2x^3-2x)^{-2}}{(x^2-x)^{-2}}\right]^{-1}$

9 Vermischte Aufgaben

?? ?

$5^1 + 1^2 + 8^3 = 518$
$2^1 + 4^2 + 2^3 + 7^4 = 2427$

Mit viel Ausdauer findest du noch weitere Kombinationen.

1
Schreibe als Potenz. Gib dabei alle Möglichkeiten an.
a) 64   b) 256   c) 625
d) 0,0016   e) 0,343   f) 0,0081
g) $\frac{16}{81}$ h) $\frac{81}{625}$ i) $\frac{729}{4096}$

2
Berechne.
a) $5^{-4} \cdot 5^6$ b) $2^{-2} \cdot 3^{-2}$ c) $(-4)^3 \cdot (-4)^{-2}$
d) $0{,}5^{-3} \cdot 4^{-3}$ e) $2^5 : 0{,}2^5$ f) $(-0{,}5)^{-2} : 10^{-2}$
g) $((\frac{2}{3})^{-2})^{-3}$ h) $(\frac{2}{7})^{-4} \cdot 14^{-4}$ i) $(\frac{3}{4})^{-1} : (\frac{3}{4})^{-3}$

3
Schreibe die Potenz als Produkt oder Quotient.
Beispiel: $2^{5+3} = 2^5 \cdot 2^3$
a) 3^{4+5} b) 5^{7-2} c) $(-2)^{-4+2}$
d) x^{2+5} e) y^{5-4} f) a^{-2-3}

4
Fasse zusammen.
Beispiel: $3 \cdot 2^6 + 5 \cdot 2^6 = 8 \cdot 2^6$
$ = 2^3 \cdot 2^6$
$ = 2^{3+6} = 2^9$
a) $2 \cdot 3^5 + 7 \cdot 3^5$ b) $12 \cdot 3^4 + 15 \cdot 3^4$
c) $11 \cdot 2^4 - 3 \cdot 2^4$ d) $2^{-3} + 15 \cdot 2^{-3}$

5
Bestimmte Potenzen lassen sich auch mit Hilfe der Quadratzahltaste berechnen.
Beispiel: $5^{12} = 5^8 \cdot 5^4$
$\phantom{5^{12}} = ((5^2)^2)^2 \cdot (5^2)^2$
$\phantom{5^{12}} = 244\,140\,625$
a) 3^6 b) 2^8 c) 5^{10}
d) $(-2)^{18}$ e) $(-3)^{14}$ f) $(-2)^{22}$

6
Vereinfache mit einem Potenzgesetz.
a) $x^6 \cdot x^7$ b) $y^{-3} \cdot y^7$ c) $a^{-2} : a^{-5}$
d) $z^{-1} \cdot x^{-1}$ e) $x^{-2} : y^{-2}$ f) $(w^{-4})^{-7}$
g) $a^n \cdot a^{n+1}$ h) $5^{n+1} : 5^{n-1}$ i) $(v^{n-1})^{n+1}$

7
Forme um.
a) $(a^2 \cdot b^3)^2$ b) $(x^3 \cdot y)^{-2}$
c) $(x^2 \cdot y^{-4})^{-1}$ d) $(x \cdot y^2 \cdot z^{-3})^{-4}$
e) $(a^{-1} \cdot b^{-2} \cdot c^{-3})^{-4}$ f) $[(x^{-3} \cdot y^{-2} \cdot z^{-1})^{-4}]^{-5}$

8
Vereinfache.
a) $(x^{n+1} \cdot x^n)^2$ b) $(a^{m-1} \cdot a^{m-2})^3$
c) $(y^{n-1})^2 \cdot z^{2n-2}$ d) $(x^{4n-2})^2 \cdot (x^4)^{2n-1}$
e) $(a^{n-3})^{1-n} \cdot (a^{2+n})^{n-6}$ f) $(2x^{n+1})^{n-1} \cdot 2^{1-n} \cdot x$

9
a) $\left(\frac{x^{n-1}}{x^{n+2}}\right)^2$ b) $\left(\frac{6y^{1-2m}}{3y^{2m-1}}\right)^3$

c) $\frac{(36x^{3-n})^4}{(9x^{1-n})^4}$ d) $\frac{(x^{4n+8})^{2n-4}}{((y^{n-2})^{n+2})^8}$

10
Schwierige Aufgaben – einfache Ergebnisse.
a) $\frac{(2x+4)^{n-3} \cdot (2x+4)^{n+4}}{(x+2)^{2n+1}} : 2^{2n}$

b) $\left(\frac{4-a^2}{10+5a}\right)^3 \cdot \left(\frac{20+10a}{2-a}\right)^3 \cdot \left(\frac{2+a}{a^2+4a+4}\right)^3$

c) $\left(\frac{x^2-2x+1}{x-3}\right)^4 : \left(\frac{x-1}{x^2-9}\right)^4 \cdot \left(\frac{3}{(x-1)(x+3)}\right)^4$

Große Quadratzahlen

Auch der Taschenrechner hat seine Grenzen. Dies merkt man besonders schnell beim Quadrieren großer Zahlen. So benötigt die Quadratzahl einer 8-stelligen Zahl bis zu 16 Stellen.

Für $34\,951\,389^2$ zeigt ein Taschenrechner mit 10-stelliger Anzeige: $1{,}221599593^{15}$.

Dies ist jedoch nur ein gerundeter Wert. Mit Hilfe der 1. binomischen Formel lässt sich jedoch der exakte Wert berechnen.

$34\,951\,389^2 = (3\,495 \cdot 10^4 + 1\,389)^2 =$
$= (3\,495 \cdot 10^4)^2 + 2 \cdot 3\,495 \cdot 10^4 \cdot 1\,389 + 1\,389^2$
$= 12\,215\,025 \cdot 10^8 + 9\,709\,110 \cdot 10^4 + 1\,929\,321$
$=$

Berechne auf diese Weise exakt.
a) $1\,234\,567^2$ b) $97\,533\,579^2$
c) $87\,654\,321^2$ d) $33\,336\,666^2$
e) $222\,444\,888^2$ f) $908\,070\,605^2$

Wie heißt die der Zahl Null am nächsten liegende Zahl, die sich aus drei Siebenen bilden lässt?
Die Klammern und das Minuszeichen dürfen ebenfalls verwendet werden.

Vermischte Aufgaben

11
Die folgende Zahl gibt an, wie viele verschiedene Möglichkeiten bestehen, die ersten 10 Züge beim Schach zu spielen:
169 518 829 100 544 000 000 000 000 000 000.
a) Schreibe die Zahl in Zehnerpotenzschreibweise.
b) Ein Schachcomputer benötigt pro Zug eine Millionstelsekunde. Wie lange würde er brauchen, um alle diese Züge zu spielen? Vergleiche mit dem Alter der Erde von ca. 4,5 Milliarden Jahren.

12
Eine sehr kleine positive Zahl, die man in einen 10-stelligen TR eingeben kann, lautet $1 \cdot 10^{-99}$.
a) Mit welcher Zahl muss man $1 \cdot 10^{-99}$ multiplizieren, um 1 zu erhalten?
b) Wie heißt die kleinste positive Zahl, die sich eingeben lässt?
c) Welches ist die zweitkleinste positive Zahl? Kann der Taschenrechner die Differenz der beiden Zahlen ermitteln?

13
Berechne die Anzahl der Herzschläge über die gesamte Lebensdauer.

	Herzschläge pro min	Durchschnittliches Lebensalter (Jahre)
Wal	15	100
Seeelefant	25	40
Mensch	80	75
Mauersegler	700	21
Spitzmaus	50	1,5

??
In jeder Sekunde sterben 50 Millionen Körperzellen des Menschen ab und werden durch neue ersetzt. Wie viele Zellen werden an einem Tag, wie viele in einem Jahr ersetzt?

14
Stelle die Werte für die Durchmesser in Zehnerpotenzschreibweise dar.
Herpesvirus 180 nm
Rotes Blutkörperchen 7,5 µm
Maul- und Klauenseuchenvirus 14 nm
Tuberkelbazillus 1 µm
Zuckermolekül 700 pm
Atomkern 10 fm

15
Der Durchmesser eines Sauerstoffmoleküls beträgt etwa $3 \cdot 10^{-8}$ cm.
a) Wie viele solcher Moleküle würden in einer Reihe nebeneinander gelegt eine 1 cm lange Strecke ergeben?
b) In einem Kubikzentimeter Luft sind 28,87 Trillionen Moleküle enthalten. Wie lang wird die Kette, wenn man alle Moleküle aneinander reiht?

16
In der Homöopathie werden oft hohe Verdünnungen von Substanzen (Urtinkturen) als Heilmittel verwendet. Lösungsmittel sind meist Alkohol oder Milchzucker. Die Konzentration D1 bedeutet, dass in 10 Teilen der Arznei 1 Teil der Urtinktur enthalten ist. D2 heißt: In 100 Teilen Arznei ist ebenfalls 1 Teil Urtinktur enthalten, usw.
a) Wie viel Gramm Belladonna D6 (Tollkirsche) lässt sich aus 1 g Ursubstanz der giftigen Tollkirsche herstellen?
b) Wie viel ml Chelidonium (Schöllkraut) sind zur Herstellung von 50 ml Chelidonium D4 notwendig?

SONNE, MOND

Schon seit dem Altertum beschäftigen sich die Menschen mit Sternen und Planeten. Die Himmelskörper dienten zur Zeitmessung und bestimmten den Kalender. Auch für die Orientierung, insbesondere in der Seefahrt, spielten die Sterne und Planeten eine wichtige Rolle. Nikolaus Kopernikus (1473–1543) bestätigte als Erster, dass sich alle Planeten um die Sonne bewegen und eine Eigenrotation besitzen. Die Grundlage zur Berechnung der Planetenbahnen entwickelte Johannes Kepler (1571–1630).

	Volumen	Masse	Oberfläche
Erde	$1{,}083 \cdot 10^{12}$ km³	$5{,}977 \cdot 10^{21}$ t	$5{,}10 \cdot 10^{8}$ km²
Mond	$2{,}199 \cdot 10^{10}$ km³	$7{,}35 \cdot 10^{19}$ t	$3{,}80 \cdot 10^{7}$ km²
Sonne	$1{,}412 \cdot 10^{18}$ km³	$1{,}99 \cdot 10^{27}$ t	$6{,}09 \cdot 10^{12}$ km²

	Merkur	Venus	Erde	Mars	Jupiter
Mittlere Sonnenentfernung (in Mio km)	57,9	108,2	149,6	227,9	778,3
Masse (in kg)	$3{,}29 \cdot 10^{23}$	$4{,}87 \cdot 10^{24}$	$5{,}977 \cdot 10^{24}$	$6{,}4 \cdot 10^{23}$	$1{,}9 \cdot 10^{27}$

	Saturn	Uranus	Neptun	Pluto
Mittlere Sonnenentfernung (in Mio km)	1427,0	2869,6	4496,7	5900
Masse (in kg)	$5{,}69 \cdot 10^{26}$	$8{,}73 \cdot 10^{25}$	$1{,}03 \cdot 10^{26}$	$5 \cdot 10^{21}$

1
a) Schreibe die Angaben der oberen Tabelle ohne Zehnerpotenzen.
b) Die wievielfache Masse besitzt die Sonne gegenüber der Erde und gegenüber dem Mond?
c) Vergleiche auch die Oberflächen.

2
Gib die mittlere Entfernung der Planeten zur Sonne in Zehnerpotenzschreibweise an.

3
Der Planet Jupiter besitzt die größte Masse unter den Planeten.
a) Berechne das Massenverhältnis des Jupiters zu jedem Planeten.

Beispiel: $\dfrac{m_{Jupiter}}{m_{Erde}} = \dfrac{1{,}9 \cdot 10^{27} \text{ kg}}{5{,}977 \cdot 10^{24} \text{ kg}} \approx 318$

b) Berechne die Massenverhältnisse der Planeten zur Sonne.

4
Das Licht legt in einer Sekunde etwa 300 000 km zurück.
a) Wie lange benötigt das Licht von der Sonne zur Erde?
b) Berechne die Zeitspanne für die Strecken zu den restlichen Planeten.
c) Welcher Zeitunterschied tritt auf, wenn man mit dem genaueren Wert 299 793 km/s rechnet?

UND STERNE

5
Die Entfernung zwischen Sonne und Pluto beträgt ungefähr $5,95 \cdot 10^9$ km. Um die Strecke beispielsweise im Klassenzimmer darzustellen, wählt man hierfür 5,95 m.
a) Mit welchem Maßstab rechnet man?
b) Berechne mit demselben Maßstab die Entfernungen der anderen Planeten von der Sonne.

6
Der uns am nächsten gelegene Stern ist α-Centauri im Sternbild Centaur mit einer Entfernung von 4,28 Lichtjahren.
(1 Lichtjahr entspricht $9,46 \cdot 10^{12}$ km)
a) Berechne die Entfernung in km.
b) Die Entfernungen weiterer bekannter Sterne sind ebenfalls in Lichtjahren angegeben. Wandle in km um.
c) Wie lange wäre ein Raumfahrzeug bei einer Durchschnittsgeschwindigkeit von 40 000 km/h bis zum α-Centauri unterwegs?

Stern	Sternbild	Entfernung in Lichtjahren
Sirius	Großer Hund	8,7
Atair	Adler	16,5
Polaris	Kleiner Bär	470
Wega	Leier	28
Deneb	Schwan	1 500
Arctur	Bootes	35
Aldebaran	Stier	53

7
Der Stern Antares wird als roter Riese bezeichnet. Sein Durchmesser beträgt 763 000 000 km. Vergleiche mit dem Durchmesser der Sonne $1,392 \cdot 10^6$ km.
Wie oft würde die Sonne, am Antaresäquator aufgereiht, in den Stern hineinpassen?

8
Galaktische Entfernungen werden häufig in Parsec angegeben. Hierbei gilt:
1 Parsec (pc) = 3,262 Lichtjahre.
a) Wie viel Kilometer misst 1 Parsec?
b) Der Stern Beteigeuze im Sternbild Orion ist 83 Parsec entfernt. Wie viele Lichtjahre sind das?
c) Capella im Sternbild Fuhrmann hat eine Entfernung von $3,97 \cdot 10^{14}$ km. Rechne um in Parsec.

9
Im Weltall gibt es eine Vielzahl von Galaxien. Unser Sonnensystem befindet sich in der Milchstraße, die einen Durchmesser von ca. 100 000 Lichtjahren hat.
a) Der Durchmesser unseres Sonnensystems umfasst $1,2 \cdot 10^{10}$ km. Wie viele solcher Sonnensysteme würden nebeneinander gereiht in die Milchstraße hineinpassen?
b) Die Große Magellansche Wolke ist eine andere Galaxie. Sie hat einen Durchmesser von 21 000 Lichtjahren und ist ca. 50 000 Parsec von uns entfernt. Rechne die Angaben in Kilometer um.

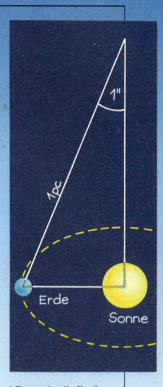

1 Parsec ist die Entfernung, von der aus betrachtet der Erdbahnradius zur Sonne unter einem Winkel von 1 Bogensekunde erscheint.

Rückspiegel

1
Schreibe als Potenz und berechne.
a) $2\cdot2\cdot2\cdot2\cdot2\cdot2\cdot2$ b) $3\cdot3\cdot3\cdot3\cdot3$
c) $(-7)\cdot(-7)\cdot(-7)$
d) $(-10)\cdot(-10)\cdot(-10)\cdot(-10)\cdot(-10)$
e) $\left(-\frac{2}{3}\right)\cdot\left(-\frac{2}{3}\right)\cdot\left(-\frac{2}{3}\right)\cdot\left(-\frac{2}{3}\right)$

2
Drücke in Zehnerpotenzschreibweise aus.
a) $70\,000$ b) $9\,500\,000$
c) $10\,840\,000$ d) $307\,510\,000$

3
Gib in Zehnerpotenzschreibweise an.
a) $0{,}000\,05$ b) $0{,}000\,007\,84$
c) $0{,}000\,908\,2$ d) $-0{,}000\,410\,7$

4
Berechne ohne Taschenrechner.
a) $2^3\cdot2^5$ b) $(-3)^2\cdot(-3)^3$
c) $5^4\cdot2^4$ d) $(-25)^5\cdot4^5$
e) $(-5)\cdot(-5)^3$ f) $(7\cdot10)^3$
g) $(\frac{3}{4})^5\cdot(\frac{2}{3})^5$ h) $(-\frac{1}{2})^3\cdot(-\frac{1}{2})^6$

5
a) $\frac{7^8}{7^6}$ b) $\frac{(-6)^8}{(-6)^5}$ c) $\frac{0{,}5^{11}}{0{,}5^9}$
d) $\frac{18^3}{6^3}$ e) $\frac{(-60)^4}{12^4}$ f) $\frac{148^9}{(-74)^9}$

6
Forme um.
a) $(2^3)^4$ b) $(5^6)^7$ c) $((-3)^3)^3$
d) $(3^2)^4$ e) $((-7)^6)^8$ f) $((-10)^{10})^{10}$

7
Schreibe mit positivem Exponenten.
a) 4^{-2} b) $0{,}5^{-3}$ c) x^{-6}
d) $(\frac{1}{2})^{-4}$ e) $\frac{a^{-3}}{b^{-2}}$ f) $\frac{(2x)^{-2}}{y^{-5}}$

8
Berechne ohne Taschenrechner.
a) $3^{-4}\cdot3^7$ b) $4^{38}\cdot4^{-40}$
c) $20^{-4}\cdot0{,}5^{-4}$ d) $(10\cdot2)^{-3}$
e) $\frac{64^{-4}}{16^{-4}}$ f) $\frac{3^{-3}}{3^{-5}}$
g) $\frac{0{,}2^{-6}}{0{,}2^{-4}}$ h) $(2^{-4})^{-3}$

9
Forme um.
a) $x^{-2}\cdot x^5$ b) $a^{-3}\cdot a^{-6}$
c) $z^{-5}\cdot v^{-5}$ d) $(a\cdot b)^{-7}$
e) $2y^{-3}\cdot3y^2$ f) $(2x)^{-2}\cdot(2x)$
g) $(\frac{1}{2}a)^{-2}\cdot(\frac{2}{3}b)^{-2}$ h) $(-1{,}5x)^4\cdot(-1{,}5x)^{-2}$

10
a) $\frac{x^4}{x^{-2}}$ b) $\frac{y^7}{y^{-11}}$ c) $\frac{a^{-3}}{b^{-3}}$
d) $\frac{(35a)^{-3}}{(7a)^{-3}}$ e) $\left(\frac{s}{2t}\right)^{-3}$ f) $\frac{a^{-2}\cdot b^3}{a^{-1}\cdot b^1}$

11
Wende ein Potenzgesetz an.
a) $x^n\cdot x^{n-2}$ b) $a^{m-5}\cdot b^{m-5}$
c) $y^{2n-5}\cdot y^{6-n}$ d) $(x^{4m-8})^{-2}$
e) $\frac{a^{2m-3}}{a^{m-4}}$ f) $\frac{(36x)^{n-1}}{(9x)^{n-1}}$
g) $\frac{28x^{-n-3}}{7x^{3-2n}}$ h) $(y^{-2n})^{-m}$

12
Schreibe ohne Klammern.
a) $x^2\cdot(2x+x^2)$
b) $(x^2y-xy^{-1})\cdot x^{-1}y$
c) $(2x^{n-1}+x^{n+1}-x^n)\cdot2x^{1-n}$
d) $(25a^{m-1}+24a^{m-1}):7a^m$

13
Vereinfache.
a) $x^{m+3}\cdot x^{m-1}\cdot x^{3-m}$
b) $\frac{y^{2m-4}\cdot y^{3m+5}}{y^{4m-1}}$
c) $\left(a^{m+1}\right)^{-3}\cdot\left(\frac{a}{a^m}\right)^{-3}$
d) $(x^{2a-2})^3:x^{5a-7}$
e) $\frac{x^{-2}y^{n-1}}{x^3}\cdot\frac{y^{-5}}{x^{1-n}}$
f) $(x^n)^{n+1}:(x^{n-2})^{n+3}$
g) $\left(\frac{a^{m+n}}{a^{m-n}}\right)^{-3}\cdot a^{5n}$

14
Faktorisiere zunächst.
a) $\frac{(6x+4)^2}{(3x+2)^2}$ b) $\frac{(24y-16)^{-3}}{(18y-12)^{-3}}$
c) $\frac{x^5-x^3}{x^3-x^2}$ d) $\frac{(x+1)^{-2}\cdot(x-1)^{-1}}{(x^2-1)^{-2}}$
e) $\frac{(x^2-9)^n}{(x+3)^n\cdot(x-3)^n}$ f) $\frac{2x^{m+1}+x^m}{x^{m+2}+2x^{m+3}}$

II Wurzeln. Reelle Zahlen

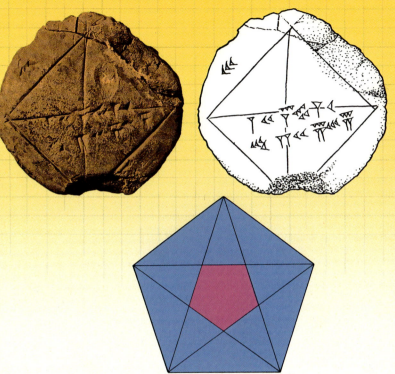

Auf einer altbabylonischen Keilschrifttafel findet man erstmals eine recht gute Annäherung für die Länge einer Quadratdiagonale. Auf der Quadratdiagonale stehen die Zeichen ⟨keilschrift⟩, was im babylonischen Sexagesimalsystem (60er-System) $1 + \frac{24}{60} + \frac{51}{3600} + \frac{10}{216000}$ bedeutet.
Im Dezimalsystem entspricht dies ungefähr der Zahl 1,41421296.

Der Geheimbund der Pythagoreer (ca. 500 v. Chr. bis 350 v. Chr.), der sich auf Pythagoras zurückführen lässt, hatte als Bundzeichen das Pentagramm, welches das Weltall, die Vollkommenheit und die Gesundheit symbolisierte. Die Pythagoreer erkannten erstmals, dass das Verhältnis der Seitenlänge des regelmäßigen Fünfecks und der Länge einer Diagonale nicht durch eine rationale Zahl angegeben werden kann.

Bereits vor Christi Geburt verwendeten die Inder das Wort „mula" und die Griechen das Wort „rhiza" für die Quadratwurzel, welches in beiden Fällen die Wurzel im pflanzlichen Sinne bedeutete und im mathematischen Sinn als Ursprung verstanden werden kann.
Boethius (ca. 500 n. Chr.) übersetzte den Begriff mit „radix" wortgetreu ins Lateinische, was mit den Wörtern „radizieren" und „Radikand" bis heute Bestand hat.

Das Wurzelzeichen veränderte sich im Laufe der Jahrhunderte ständig.

Leonardo von Pisa (1228)

Christoff Rudolff (1525)

Niccolo Tartaglia (1556)

René Descartes (1637)

Mit leistungsfähigen Computern kann man die Nachkommastellen von Wurzeln heutzutage beliebig genau bestimmen.

$\sqrt{2}$ = 1,41421356237309
50488016887242
09698078569671
87537694807317
667973...

1 Quadratzahl. Quadratwurzel

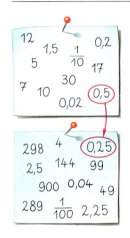

1
Wie lassen sich die Zahlen aus dem oberen und unteren Bereich einander zuordnen? Gibt es auch Zahlen, die keinen „Partner" haben? Suche gegebenenfalls die fehlenden „Zahlenpartner".

2
Das Rechteck besteht aus Quadraten. In den Quadraten steht jeweils die Maßzahl des Flächeninhalts (in mm²).
Bestimme durch Probieren die Seitenlängen der eingezeichneten Quadrate.

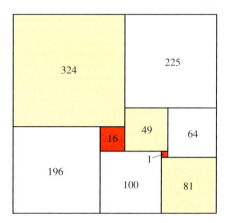

Multipliziert man eine Zahl a mit sich selbst (**Quadrieren**), erhält man das Produkt $a \cdot a = a^2$, also die **Quadratzahl** von a.
Will man zu einer vorgegebenen Quadratzahl eine Zahl bestimmen, die mit sich selbst multipliziert wieder die ursprüngliche Zahl ergibt, sucht man die **Quadratwurzel** dieser Zahl.
Für die Zahl 49 erhält man die Zahl 7 als Quadratwurzel, denn $7 \cdot 7 = 49$.

> Die **Quadratwurzel** einer positiven Zahl b ist die positive Zahl a, die mit sich selbst multipliziert b ergibt: $\quad a^2 = b$.
> Wir verwenden hierfür die Schreibweise $a = \sqrt{b}$ und sagen: „a ist die Quadratwurzel von b."

Beispiele

a) $\sqrt{25} = 5$, da $5^2 = 25$
b) $\sqrt{169} = 13$, da $13^2 = 169$
c) $\sqrt{0{,}16} = 0{,}4$, da $0{,}4^2 = 0{,}16$
d) $\sqrt{\frac{1}{4}} = \frac{1}{2}$, da $\left(\frac{1}{2}\right)^2 = \frac{1}{4}$

Bemerkung: Die Zahl unter dem Wurzelzeichen heißt **Radikand**.

e) Für den Radikanden 0 gilt: $\sqrt{0} = 0$, da $0 \cdot 0 = 0$.

Bemerkung: Für positive Zahlen ist das Wurzelziehen die Umkehrung des Quadrierens und umgekehrt. Allgemein gilt: $\sqrt{a^2} = a$ und $\left(\sqrt{a}\right)^2 = a$

f) $\sqrt{6^2} = \sqrt{36} = 6$
g) $\left(\sqrt{1{,}44}\right)^2 = 1{,}2^2 = 1{,}44$

Beachte: Die Quadratwurzel einer negativen Zahl gibt es nicht, da man keine Zahl findet, die mit sich selbst multipliziert einen negativen Wert ergibt.

Aufgaben

3
Bestimme die zugehörige Quadratzahl im Kopf.
a) 11 b) 12 c) 15 d) 16
e) 20 f) 25 g) 30 h) 40
i) 0,1 k) 0,5 l) 1,5 m) 2,5
n) $\frac{1}{2}$ o) $\frac{1}{3}$ p) $\frac{3}{4}$ q) $\frac{5}{9}$

4
Bestimme die Quadratwurzel im Kopf.
a) $\sqrt{16}$ b) $\sqrt{36}$ c) $\sqrt{49}$
d) $\sqrt{64}$ e) $\sqrt{81}$ f) $\sqrt{100}$
g) $\sqrt{144}$ h) $\sqrt{196}$ i) $\sqrt{225}$
k) $\sqrt{400}$ l) $\sqrt{625}$ m) $\sqrt{900}$

5
Bestimme die Quadratwurzeln.
a) $\sqrt{121}$ b) $\sqrt{169}$ c) $\sqrt{256}$
d) $\sqrt{289}$ e) $\sqrt{361}$ f) $\sqrt{441}$
g) $\sqrt{324}$ h) $\sqrt{576}$ i) $\sqrt{484}$

6
a) $\sqrt{0,04}$ b) $\sqrt{0,64}$ c) $\sqrt{0,09}$
d) $\sqrt{0,01}$ e) $\sqrt{0,49}$ f) $\sqrt{0,36}$
g) $\sqrt{1,21}$ h) $\sqrt{3,24}$ i) $\sqrt{2,89}$

7
a) $\sqrt{3,61}$ b) $\sqrt{6,25}$ c) $\sqrt{5,76}$
d) $\sqrt{5,29}$ e) $\sqrt{0,0025}$ f) $\sqrt{0,0004}$
g) $\sqrt{0,0081}$ h) $\sqrt{0,0144}$ i) $\sqrt{0,0196}$

8
Berechne die Seitenlänge eines Quadrats mit dem Flächeninhalt
a) 64 m² b) 121 cm² c) 484 m²
d) 2,25 km² e) 6,76 a f) 12,25 ha.

9
Ein Rechteck besitzt die Länge a und Breite b als Maße. Berechne die Seitenlänge eines dazu flächengleichen Quadrates.
a) a = 18 m; b = 8 m
b) a = 30 m; b = 7,5 m
c) a = 20 cm; b = 3,2 cm
d) a = 2,88 m; b = 0,5 m

10
a) $\sqrt{\frac{1}{4}}$ b) $\sqrt{\frac{1}{9}}$ c) $\sqrt{\frac{1}{25}}$
d) $\sqrt{\frac{4}{9}}$ e) $\sqrt{\frac{16}{25}}$ f) $\sqrt{\frac{36}{49}}$
g) $\sqrt{\frac{64}{121}}$ h) $\sqrt{\frac{36}{169}}$ i) $\sqrt{\frac{81}{100}}$

11
Kürze zuerst den Radikanden.
a) $\sqrt{\frac{5}{45}}$ b) $\sqrt{\frac{7}{28}}$ c) $\sqrt{\frac{44}{99}}$
d) $\sqrt{\frac{28}{63}}$ e) $\sqrt{\frac{54}{150}}$ f) $\sqrt{\frac{175}{252}}$

12
Stelle als Quadratwurzel dar.
Beispiel: $7 = \sqrt{7 \cdot 7} = \sqrt{49}$
a) 6 b) 14 c) 17 d) 0,2
e) 0,9 f) 1,5 g) $\frac{1}{3}$ h) $\frac{2}{7}$

13
Übertrage ins Heft und fülle die Lücken.
a) $\sqrt{\square} = 8$ b) $\sqrt{\square 1} = 9$
c) $\sqrt{1 \square 9} = 13$ d) $\sqrt{14 \square} = 12$
e) $\sqrt{1 \square 6} = \triangle 4$ f) $\sqrt{\square 21} = 1 \square$
g) $\sqrt{\frac{\square}{25}} = \frac{2}{5}$ h) $\sqrt{\frac{9}{\square}} = \frac{3}{4}$

14
Welche Ziffern muss man einsetzen?
Beispiel: $\sqrt{2 \square 6} = \triangle 6$ Für $\square$ wird 5, für $\triangle$ wird 1 eingesetzt: $\sqrt{256} = 16$
a) $\sqrt{1 \square 1} = 11$ b) $\sqrt{32 \square} = \triangle 8$
c) $\sqrt{6 \square \triangle} = 2 \triangle$ d) $\sqrt{\square 76} = 2 \triangle$
e) $\sqrt{\square 89} = \triangle 7$ f) $\sqrt{\square \square 1} = \triangle 1$

15
Die Summe der eingesetzten Ziffern ergibt 41.
a) $\sqrt{\square 4} = 8$ b) $\sqrt{1 \square \triangle} = 13$
c) $\sqrt{2 \square 9} = \triangle 7$ d) $\sqrt{3 + \square \triangle} = 4$
e) $\sqrt{54 - \square} = 7$ f) $\sqrt{72 \cdot \square} = 12$

16
Bestimme im Kopf.
a) $\sqrt{5^2}$ b) $\sqrt{0,5^2}$ c) $\sqrt{2,6^2}$
d) $\left(\sqrt{100}\right)^2$ e) $\left(\sqrt{225}\right)^2$ f) $\left(\sqrt{0,49}\right)^2$

17
Berechne ohne Taschenrechner.
a) $\left(\sqrt{81}\right)^2$ b) $\left(\sqrt{0,36}\right)^2$ c) $\left(\sqrt{3,24}\right)^2$
d) $\left(\sqrt{\frac{1}{4}}\right)^2$ e) $\left(\sqrt{\frac{36}{49}}\right)^2$ f) $\left(\sqrt{\frac{121}{196}}\right)^2$

18
Vereinfache.
a) $\sqrt{x^2}$ b) $\left(\sqrt{y}\right)^2$ c) $\left(\sqrt{2a}\right)^2$
d) $\sqrt{4z^2}$ e) $\sqrt{9a^2b^2}$ f) $\left(\sqrt{5rs}\right)^2$

Quadratzahl. Quadratwurzel

19
Wie geht's weiter? Überprüfe, indem du die Quadratwurzeln berechnest.

a) $\sqrt{16}$ b) $\sqrt{81}$ c) $\sqrt{49}$
$\sqrt{1\,156}$ $\sqrt{9\,801}$ $\sqrt{4\,489}$
$\sqrt{111\,556}$ $\sqrt{998\,001}$ $\sqrt{444\,889}$

Zu Aufgabe 20, 21, 22
Wir vereinbaren: Wird die Wurzel aus einem quadratischen Term gezogen, denken wir uns nur solche Werte aus, für die der Term positiv oder Null ist.

20
Schreibe ohne Wurzelzeichen.

a) $\sqrt{(a+b)^2}$ b) $\sqrt{(x-y)^2}$
c) $\sqrt{(2v+w)^2}$ d) $\sqrt{(0,1a-0,9b)^2}$
e) $\sqrt{(x+y+z)^2}$ f) $\sqrt{(2a-3b+4c)^2}$

21
Vereinfache und nenne einen Wert, den man für x nicht einsetzen darf.

a) $\left(\sqrt{3+x}\right)^2$ b) $\left(\sqrt{x-5}\right)^2$ c) $\left(\sqrt{0,5-x}\right)^2$
d) $\left(\sqrt{y+\tfrac{1}{4}}\right)^2$ e) $\left(\sqrt{4+x}\right)^2$ f) $\left(\sqrt{2x-8}\right)^2$

22
Verwandle den Radikanden vor dem Vereinfachen in ein Quadrat.

Beispiel: $\sqrt{x^2-6x+9} = \sqrt{(x-3)^2} = x-3$

a) $\sqrt{x^2+2x+1}$ b) $\sqrt{a^2+10a+25}$
c) $\sqrt{4y^2+20y+25}$ d) $\sqrt{100-20x+x^2}$
e) $\sqrt{49a^2+28ab+4b^2}$
f) $\sqrt{64m^2-96mn+36n^2}$

23
Berechne die Wurzel der Potenz.

Beispiel: $\sqrt{2^6} = \sqrt{2^3 \cdot 2^3} = 2^3 = 8$

a) $\sqrt{3^4}$ b) $\sqrt{5^4}$ c) $\sqrt{4^6}$
d) $\sqrt{2^8}$ e) $\sqrt{0,1^6}$ f) $\sqrt{0,3^8}$
g) $\sqrt{(\tfrac{1}{2})^8}$ h) $\sqrt{(\tfrac{5}{9})^4}$ i) $\sqrt{(\tfrac{3}{4})^6}$

24
Welche der Quadratwurzeln sind keine natürlichen Zahlen? Überprüfe ohne Taschenrechner anhand der Endstellen.

a) $\sqrt{765\,432}$ b) $\sqrt{7\,531\,357}$
c) $\sqrt{11\,108\,889}$ d) $\sqrt{12\,345\,678}$

25
Bestimme die Kantenlänge für die vorgegebene Oberfläche.

a) $O = 24 \text{ cm}^2$ b) $O = 490 \text{ cm}^2$

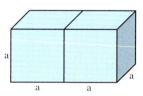

c) $O = 137,5 \text{ m}^2$

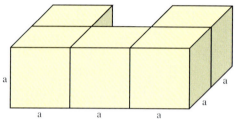

d) $O = 94,5 \text{ cm}^2$

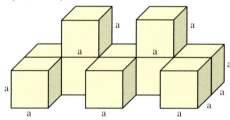

Quadrate, Quadrate ...
Die weißen Teilflächen sind Quadrate. Ihre Seitenlängen (in mm) sind eingetragen.

Sind auch die roten Teilflächen Quadrate?
Berechne den Inhalt der Gesamtfläche.

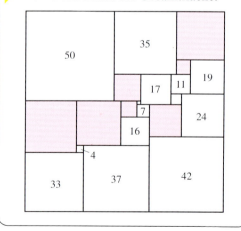

Palindrome
Bestimme die Quadratzahlen.
Was fällt dir auf?

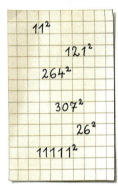

?
$\sqrt{1} = 1$
$\sqrt{1+3} = 2$
$\sqrt{1+3+5} = 3$
⋮   ⋮   ⋮

Überprüfe und setze in deinem Heft fort.

2 Bestimmen von Quadratwurzeln

1
Die quadratische Fläche eines Schwimmbeckens beträgt 240 m². Zwischen welchen beiden natürlichen Zahlen liegt die Maßzahl der Seitenlänge des Quadrats?
Versuche die Seitenlänge auf eine Nachkommastelle genau abzuschätzen.
Prüfe nach.

2
Bestimme die Quadratwurzeln von 4 und 400. Kannst du dann auch die Quadratwurzel der Zahl 40 angeben?

Quadratwurzeln von natürlichen Zahlen, die keine Quadratzahlen sind, wie z. B. $\sqrt{3}$ oder $\sqrt{10}$, sind keine natürlichen Zahlen. Bei der Quadratwurzel der Zahl 2 erkennt man sofort, dass sie zwischen 1 und 2 liegen muss, da für die Quadrate die Eingrenzung $1^2 < 2 < 2^2$ gilt. Den Bereich der Eingrenzung nennt man **Intervall**.

$\sqrt{2}$ liegt zwischen den natürlichen Zahlen 1 und 2, d. h. $\sqrt{2}$ liegt im Intervall [1;2]. Soll eine größere Genauigkeit erreicht werden, kann man durch Probieren weitere Nachkommastellen bestimmen.

Wegen $1{,}4^2 < 2 < 1{,}5^2$ liegt $\sqrt{2}$ zwischen 1,4 und 1,5, also im Intervall [1,4;1,5].

Wegen $1{,}41^2 < 2 < 1{,}42^2$ liegt $\sqrt{2}$ zwischen 1,41 und 1,42, also im Intervall [1,41;1,42].

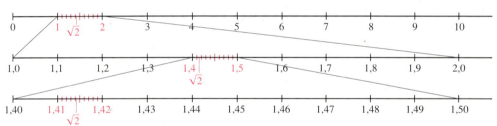

Jedes Intervall ist damit im Vorhergehenden enthalten. Die Intervalle werden auf der Zahlengeraden als Strecken dargestellt, deren Länge bei weiterer Eingrenzung kleiner wird.

> Von Quadratwurzeln aus positiven Zahlen, die keine Quadratzahlen sind, lassen sich beliebig viele Nachkommaziffern bestimmen.

Beispiele

a) Näherung für $\sqrt{20}$ auf 1 Dezimale.
$4{,}4 < \sqrt{20} < 4{,}5$ da $4{,}4^2 = 19{,}36$
und $4{,}5^2 = 20{,}25$

b) Näherung für $\sqrt{7}$ auf 2 Dezimalen.
$2{,}64 < \sqrt{7} < 2{,}65$ da $2{,}64^2 = 6{,}9696$
und $2{,}65^2 = 7{,}0225$

Bemerkung: Auch für Dezimalbrüche und Brüche lassen sich Quadratwurzeln näherungsweise angeben.

c) Näherung für $\sqrt{7{,}5}$ auf zwei Dezimalen.
$2{,}73 < \sqrt{7{,}5} < 2{,}74$ da $2{,}73^2 = 7{,}4529$
und $2{,}74^2 = 7{,}5076$

d) Näherung für $\sqrt{\frac{3}{4}}$ auf eine Dezimale.
$0{,}8 < \sqrt{\frac{3}{4}} = \sqrt{0{,}75} < 0{,}9$ da $0{,}8^2 = 0{,}64$
und $0{,}9^2 = 0{,}81$

Bestimmen von Quadratwurzeln

Aufgaben

3
Welche Quadratwurzeln lassen sich genau, welche nur näherungsweise bestimmen?
a) $\sqrt{90}$ b) $\sqrt{121}$ c) $\sqrt{111}$ d) $\sqrt{225}$
e) $\sqrt{4,5}$ f) $\sqrt{6,25}$ g) $\sqrt{0,06}$ h) $\sqrt{0,49}$

4
Grenze die Quadratwurzeln zwischen zwei natürlichen Zahlen ein.
Beispiel: $7 < \sqrt{55} < 8$, da $7^2 < 55 < 8^2$
a) $\sqrt{20}$ b) $\sqrt{40}$ c) $\sqrt{70}$ d) $\sqrt{120}$
e) $\sqrt{190}$ f) $\sqrt{350}$ g) $\sqrt{500}$ h) $\sqrt{700}$

5
Bestimme die Quadratwurzeln durch Probieren auf eine Dezimale genau.
a) $\sqrt{7}$ b) $\sqrt{10}$ c) $\sqrt{15}$
d) $\sqrt{29}$ e) $\sqrt{71}$ f) $\sqrt{104}$

6
Fülle die Lücken aus. Es sind manchmal auch mehrere Lösungen möglich.
a) $7 < \sqrt{\square 5} < 8$ b) $6 < \sqrt{4\square} < 7$
c) $12 < \sqrt{1\square 8} < 13$ d) $13 < \sqrt{\square\square 7} < 14$

7
Ein rechteckiger Bauplatz mit 25 m Länge und 18 m Breite soll gegen ein gleich großes quadratisches Grundstück getauscht werden. Bestimme die Seitenlänge des Quadrats. Runde sinnvoll.

8
Zur Durchführung physikalischer Experimente wurde in Bremen ein 110 m hoher Fallturm gebaut.
Für die Fallhöhe h gilt folgende Formel:
$h = \frac{1}{2}gt^2$, wobei die Zeit t in Sekunden gemessen wird und $g = 9,81 \frac{m}{s^2}$ die Erdbeschleunigung darstellt.
a) Aus welcher Höhe muss ein Gegenstand losgelassen werden, wenn die Fallzeit 4,0 s betragen soll?
b) Bestimme die Fallzeit eines Gegenstandes für die Gesamthöhe h = 110 m.

Turmbauten haben die Menschheit schon immer fasziniert und zahlreiche Bewunderer in ihren Bann gezogen. Ob es nun der sagenumwobene Turmbau zu Babel ist, der Leuchtturm von Alexandria auf Pharos, der schiefe Turm von Pisa, der Eiffelturm oder der Fernseh-Tower in Toronto – die magische Anziehungskraft der hoch aufragenden Bauwerke ist unbestritten.

Heron-Verfahren
Quadratwurzeln lassen sich durch verschiedene Verfahren berechnen. Ein Verfahren wurde nach Heron von Alexandria (ca. 60 n. Chr.) benannt, geht aber ursprünglich auf Eudoxos von Knidos (um 400–347 v. Chr.) zurück. Der Grundgedanke des **Heron-Verfahrens** ist die Annäherung eines Rechtecks an ein flächengleiches Quadrat.
Um die Quadratwurzel der Zahl R = 18 zu bestimmen, wählt man beispielsweise ein Rechteck mit den Seitenlängen $a_1 = 6$ cm und $b_1 = \frac{18}{6}$ cm = 3 cm, da die Quadrate der Maßzahlen $3^2 = 9$ und $6^2 = 36$ die Zahl 18 einschließen.

Nun bildet man das arithmetische Mittel
$\frac{a_1 + b_1}{2} = \frac{6+3}{2}$ cm = 4,5 cm und erhält die neue Rechteckslänge a_2.
Die Rechtecksbreite b_2 bestimmt man durch den Quotienten $\frac{R}{a_2} = \frac{18}{4,5}$ cm = 4 cm.

Setzt man das Verfahren fort, ergibt sich:
$a_3 = \frac{a_2 + b_2}{2} = \frac{4,5+4}{2}$ cm = 4,25 cm und
$b_3 = \frac{R}{a_3} = \frac{18}{4,25}$ cm $\approx$ 4,24 cm.
Vergleicht man die Eingrenzung
$[a_3; b_3] = [4,25; 4,24]$ mit der Anzeige des Taschenrechners von $\sqrt{18} = 4,2426...$, stellt man fest, dass man bereits eine gute Annäherung erzielt hat.

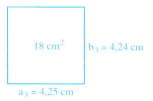

Bestimmen von Quadratwurzeln

Bestimmung von $\sqrt{18}$ mit dem Taschenrechner ohne Wurzeltaste.

4   Startwert a_1
[STO]
[+] ←
18   Radikand R
[÷]   ⎫
[RCL]   ⎬ Wiederholungsschleife
[=]   ⎪
[÷]   ⎪
2   ⎪
[=]   ⎭
[STO]

Bei manchen TR steht auf der Speichertaste [Min] statt [STO] und [MR] statt [RCL] auf der Rückruftaste.

9
Bestimme mit dem Heron-Verfahren auf 3 Dezimalen genau. Wähle einen geeigneten Startwert.
a) $\sqrt{7}$ b) $\sqrt{10}$ c) $\sqrt{30}$
d) $\sqrt{125}$ e) $\sqrt{600}$ f) $\sqrt{48,8}$

10
Setze die Bestimmung von $\sqrt{18}$ (siehe Text) um 3 weitere Schritte fort. Vergleiche mit der Taschenrechneranzeige von $\sqrt{18}$.

11
a) Bestimme $\sqrt{13}$ auf 6 Nachkommastellen genau. Wähle für $a_1 = 3$.
b) Ermittle nochmals $\sqrt{13}$ auf 6 Nachkommastellen. Nimm jedoch die Zahl 1 als Startwert. Vergleiche die Anzahl der Rechenschritte mit Teilaufgabe a).

12
Verzichtet man jeweils auf die Berechnung der Rechtecksbreite, erhält man

$$a_2 = \frac{a_1 + b_1}{2} = \frac{a_1 + \frac{R}{a_1}}{2} = \frac{1}{2}\left(a_1 + \frac{R}{a_1}\right) \text{ bzw.}$$
$$a_{n+1} = \frac{1}{2}\left(a_n + \frac{R}{a_n}\right).$$

Für die Berechnung von $\sqrt{12}$ wählt man die Seitenlänge $a_1 = 4$ cm. Dann gilt:
$a_2 = \frac{1}{2}(4 + \frac{12}{4})$ cm $= \frac{1}{2}(4 + 3)$ cm $= 3{,}5$ cm und
$a_3 = \frac{1}{2}(3{,}5 + \frac{12}{3{,}5})$ cm $= \frac{1}{2}(3{,}5 + 3{,}4285\ldots)$ cm
$\approx 3{,}46$ cm.
Vergleiche mit der Taschenrechneranzeige von $\sqrt{12}$.
Berechne auf diese Weise
a) $\sqrt{20}$ b) $\sqrt{55}$ c) $\sqrt{130}$ d) $\sqrt{325}$.

13

	A	B
1	Heron-Verfahren	
2	Zu bestimmende Wurzeln:	R
3	1. Näherungswert:	a_1
4	2. Näherungswert:	(B3 + B2/B3)*0,5
5	3. Näherungswert:	(B4 + B2/B4)*0,5
6	...	...
7	...	...

Beispiel für $\sqrt{700}$

	A	B
1	Heron-Verfahren	
2	Zu bestimmende Wurzeln:	700,0000000
3	1. Näherungswert:	20,0000000
4	2. Näherungswert:	27,5000000
5	3. Näherungswert:	26,4772727
6	...	...
7	...	...

a) Ergänze den dargestellten Teil eines Tabellenkalkulationsprogrammes zur Berechnung von Quadratwurzeln mit dem Heron-Verfahren um 3 weitere Zeilen.
b) Berechne damit selbst gewählte Quadratwurzeln. Wähle jeweils einen geeigneten 1. Näherungswert.
c) Nimm als 1. Näherungswert stets die Zahl 1. Vergleiche die Genauigkeit der jeweiligen Näherungswerte mit den Werten aus Teilaufgabe b).

3 Reelle Zahlen

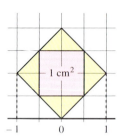

1
Übertrage die Figur und die Zahlengerade ins Heft. Trage anschließend so genau wie möglich die Seitenlänge des äußeren Quadrats mit dem Zirkel auf der Zahlengeraden ab. Welche Zahl wird durch den Punkt auf der Zahlengeraden dargestellt?

2
Corinna behauptet, der Bruch $\frac{665\,857}{470\,832}$ habe den Wert $\sqrt{2}$. Das zeigt nämlich ihr Taschenrechner an. Christian sagt: „Wenn ich den Bruch quadriere, erhalte ich $\frac{665\,857^2}{470\,832^2}$. Der Wert dieses Quotienten ist aber sicher von 2 verschieden." Überlege dazu, welche Endziffer der Zähler und der Nenner jeweils nach dem Quadrieren besitzen.

Alle rationalen Zahlen lassen sich als Brüche darstellen. Man unterscheidet zwei Arten: Abbrechende Dezimalbrüche wie z. B. $\frac{9}{20} = 0{,}45$ und periodische Dezimalbrüche wie z. B. $\frac{2}{3} = 0{,}6666666\ldots = 0{,}\overline{6}$.

Für $\sqrt{2}$ zeigt der Taschenrechner 1,414213562 an. Die Berechnung der zugehörigen Quadratzahl verdeutlicht, dass dies nur ein Näherungswert ist, da die letzte Ziffer des Produktwerts keine Null ist. Diese Überlegung gilt für alle Endziffern von 1 bis 9. Somit wissen wir, dass $\sqrt{2}$ nicht durch einen abbrechenden Dezimalbruch dargestellt werden kann.

Wenn $\sqrt{2}$ ein periodischer Dezimalbruch wäre, könnte man $\sqrt{2}$ als vollständig gekürzten, echten Bruch $\frac{p}{q}$ darstellen, wobei p und q natürliche Zahlen wären. Durch Quadrieren entsteht aus $\sqrt{2} = \frac{p}{q}$ die Gleichung $2 = \frac{p^2}{q^2}$ bzw. $2 = \frac{p \cdot p}{q \cdot q}$. Auch für den Bruch $\frac{p \cdot p}{q \cdot q}$ gilt: Zähler und Nenner besitzen keinen gemeinsamen Teiler. Somit kann man nicht kürzen; der Wert des Quotienten $\frac{p \cdot p}{q \cdot q}$ kann daher nicht die Zahl 2 sein.

Demnach ist $\sqrt{2}$ weder ein periodischer noch ein abbrechender Dezimalbruch. Man bezeichnet $\sqrt{2}$ als **irrationale Zahl**.
Wir erweitern deshalb die Menge der rationalen Zahlen $\mathbb{Q}$ zur Menge der **reellen Zahlen** $\mathbb{R}$.

> Nicht abbrechende Dezimalbrüche, die nicht periodisch sind, heißen **irrationale Zahlen**. Die Menge der rationalen Zahlen $\mathbb{Q}$ bildet zusammen mit den irrationalen Zahlen die **Menge der reellen Zahlen** $\mathbb{R}$.

Beispiele

a) $4\frac{207}{1000} = 4{,}207$ ist ein abbrechender Dezimalbruch und damit rational.

b) $2\frac{1}{3} = 2{,}\overline{3}$ ist ein periodischer Dezimalbruch und somit rational.

c) Der Dezimalbruch 0,12345678910111213... mit der Folge der natürlichen Zahlen als Nachkommaziffern ist weder periodisch noch abbrechend. Er stellt damit eine irrationale Zahl dar.

d) Mit Hilfe eines Computers kann man die Nachkommastellen von Quadratwurzeln beliebig genau berechnen: $\sqrt{5} = 2{,}2360679774997897766 2976831\ldots$

Reelle Zahlen

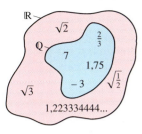

Bemerkung: Jede reelle Zahl lässt sich mit Hilfe einer Intervallschachtelung auf der Zahlengeraden darstellen.

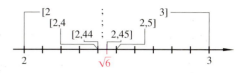

Aufgaben

3
Verwandle in einen Dezimalbruch.
a) $\frac{3}{4}$ b) $\frac{2}{5}$ c) $\frac{21}{40}$
d) $\frac{1}{3}$ e) $\frac{5}{9}$ f) $\frac{4}{7}$

4
Schreibe als gekürzten Bruch.
a) 0,75 b) 0,55 c) 3,2 d) 0,48
e) 1,40 f) 2,24 g) 2,625 h) 0,080

5
Ist der Wert der Quadratwurzel rational oder irrational?
a) $\sqrt{9}$ b) $\sqrt{11}$ c) $\sqrt{20}$ d) $\sqrt{20{,}25}$
e) $\sqrt{\frac{4}{25}}$ f) $\sqrt{\frac{10}{16}}$ g) $\sqrt{12\frac{1}{4}}$ h) $\sqrt{14\frac{1}{7}}$

6
Welche der Zahlen sind rational, welche irrational? Gib das Bildungsgesetz an.
a) 0,232323...
b) 0,122333...
c) 1,49162536...
d) 0,7142857142857...

7
Welche Quadratwurzeln gehören zu den Intervallschachtelungen? Probiere mit dem Taschenrechner.
a) [2;3], [2,4;2,5], [2,44;2,45]...
b) [6;7], [6,3;6,4], [6,32;6,33]...
c) [9;10], [9,4;9,5], [9,48;9,49]...
d) [0;1], [0,7;0,8], [0,70;0,71]...
e) [0;1], [0,5;0,6], [0,57;0,58]...

8
Die Skizze zeigt, wie $\sqrt{8}$ auf der Zahlengeraden konstruiert werden kann. Konstruiere in gleicher Weise.
a) $\sqrt{18}$ b) $\sqrt{50}$ c) $\sqrt{72}$

9
Sabine hat im Heft gemessen, dass 23 Kästchendiagonalen zusammen 16,2 cm lang sind. Matthias liest aber 16,3 cm ab. Claudia hingegen behauptet: Es gibt überhaupt keinen völlig genauen Wert. Wer hat Recht?

10
Vergleiche die Quadratwurzel mit den Brüchen
a) $\sqrt{5}$ mit $\frac{9}{4}; \frac{38}{17}; \frac{161}{72}; \frac{682}{305}$
b) $\sqrt{7}$ mit $\frac{5}{2}; \frac{8}{3}; \frac{37}{14}; \frac{45}{17}$
c) Mit dem Bildungsgesetz $\frac{Z_n}{N_n} = \frac{4 \cdot Z_{n-1} + Z_{n-2}}{4 \cdot N_{n-1} + N_{n-2}}$
kann man für $\sqrt{5}$ weitere Brüche bilden. Erkläre das Gesetz und gib 3 weitere Brüche an.

Zug um Zug

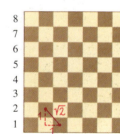

Die Dame darf beim Schachspiel auch diagonal ziehen. Dabei betrachten wir die Züge stets von Feldmitte zu Feldmitte.
Zieht nun die Dame von c1 nach b2, legt sie die Strecke $\sqrt{2}$ Längeneinheiten zurück. Begründe dies.
Welche Länge besitzt der längste Zug, den die Dame von ihrem Ausgangsfeld d1 diagonal ziehen kann?
Gib die Länge des längstmöglichen Zugs im Schachspiel an.
Ordne alle möglichen diagonalen Damenzüge nach ihrer Länge.

4 Kubikwurzel. n-te Wurzel

1
Ein Würfel besitzt ein Volumen von 216 cm³. Wie groß ist seine Kantenlänge?
Probiere mit einstelligen Zahlen. Gibt es einen Würfel mit einem Volumen von 100 cm³ und einer natürlichen Zahl als Maßzahl der Kantenlänge? Wenn dies nicht der Fall ist, zwischen welchen natürlichen Zahlen liegt dann die Kantenlänge?

2
Welche der angegebenen Zahlen lösen die Gleichungen? Probiere.

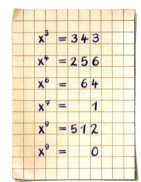

Zahlen der Form a·a·a können als 3. Potenz in der Form a^3 geschrieben werden, z. B. $4·4·4 = 4^3 = 64$. Sie heißen **Kubikzahlen**. Will man zu einer vorgegebenen Kubikzahl die Zahl bestimmen, die dreimal mit sich selbst multipliziert wieder die Kubikzahl ergibt, sucht man die **3. Wurzel** oder **Kubikwurzel** der Zahl.

$\sqrt[3]{27} = 3$ da $3·3·3 = 27$ $\sqrt[3]{0{,}008} = 0{,}2$ da $0{,}2·0{,}2·0{,}2 = 0{,}008$

Von Zahlen, die keine Kubikzahlen sind, lassen sich die zugehörigen Kubikwurzeln, z. B. durch Probieren, näherungsweise bestimmen. Für die Kubikwurzel der Zahl 50 gilt:
Wegen $3^3 < 50 < 4^3$ liegt $\sqrt[3]{50}$ zwischen 3 und 4; also im Intervall [3;4].
Wegen $3{,}6^3 < 50 < 3{,}7^3$ liegt $\sqrt[3]{50}$ zwischen 3,6 und 3,7; also im Intervall [3,6;3,7].

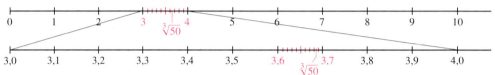

Soll eine größere Genauigkeit erreicht werden, setzt man das Verfahren fort. Die Kubikwurzel ist in diesem Fall eine irrationale Zahl.
Die 4. Wurzel, 5. Wurzel, ... einer Zahl kann in entsprechender Weise ermittelt werden. Man bezeichnet diese Wurzel allgemein als **n-te Wurzel**.

> Die **Kubikwurzel** einer positiven Zahl b ist die positive Zahl a, deren 3. Potenz gleich der Zahl b ist: $\sqrt[3]{b} = a$, wenn $a^3 = b$ und $a,b \geq 0$.
>
> Die **n-te Wurzel** einer positiven Zahl b ist die positive Zahl a, deren n-te Potenz gleich der Zahl b ist: $\sqrt[n]{b} = a$, wenn $a^n = b$ und $a,b \geq 0; n \in \mathbb{N}\setminus\{0\}$.

Beispiele
a) $\sqrt[3]{125} = 5$ da $5^3 = 125$ b) $\sqrt[3]{0{,}343} = 0{,}7$ da $0{,}7^3 = 0{,}343$
Bemerkung: Im Term $\sqrt[n]{b}$ bezeichnet man b als **Radikand** und n als **Wurzelexponent**.
Bei Quadratwurzeln verzichtet man meistens auf den Wurzelexponenten: $\sqrt[2]{7} = \sqrt{7}$.
c) $\sqrt[4]{81} = 3$ da $3^4 = 81$ d) $\sqrt[5]{32} = 2$ da $2^5 = 32$

Aufgaben

3
Berechne im Kopf.
a) $\sqrt[3]{8}$ b) $\sqrt[3]{64}$ c) $\sqrt[3]{343}$
d) $\sqrt[3]{216}$ e) $\sqrt[3]{1\,000}$ f) $\sqrt[3]{512}$

4
Bestimme die Kubikwurzeln.
a) $\sqrt[3]{0{,}001}$ b) $\sqrt[3]{0{,}027}$ c) $\sqrt[3]{0{,}125}$
d) $\sqrt[3]{\frac{1}{8}}$ e) $\sqrt[3]{\frac{1}{64}}$ f) $\sqrt[3]{\frac{8}{27}}$

Kubikwurzel. n-te Wurzel

? ? ?

$\sqrt[3]{2\frac{2}{7}} = 2 \cdot \sqrt[3]{\frac{2}{7}}$

$\sqrt[3]{3\frac{3}{26}} = 3 \cdot \sqrt[3]{\frac{3}{26}}$

$\sqrt[3]{4\frac{4}{63}} = 4 \cdot \sqrt[3]{\frac{4}{63}}$

Findest du weitere Beispiele?

5
Bestimme die 3. Wurzel durch Probieren. Gib zwei Nachkommastellen an.
a) $\sqrt[3]{6}$ b) $\sqrt[3]{10}$ c) $\sqrt[3]{20}$
d) $\sqrt[3]{60}$ e) $\sqrt[3]{90}$ f) $\sqrt[3]{140}$

6
Zwischen welchen zwei natürlichen Zahlen liegt die Kubikwurzel? Schätze zuerst.
a) $\sqrt[3]{100}$ b) $\sqrt[3]{150}$ c) $\sqrt[3]{250}$
d) $\sqrt[3]{400}$ e) $\sqrt[3]{800}$ f) $\sqrt[3]{2000}$

7
Berechne mit dem Taschenrechner. Beachte die Tastenfolge.

Beispiel: $\sqrt[3]{729}$: [729] [2nd] [y^x] [3] [=]

a) $\sqrt[3]{1331}$ b) $\sqrt[3]{1728}$ c) $\sqrt[3]{4913}$
d) $\sqrt[3]{12167}$ e) $\sqrt[3]{74088}$ f) $\sqrt[3]{85184}$

8
Berechne mit dem Taschenrechner und runde auf 3 Nachkommastellen.
a) $\sqrt[3]{7}$ b) $\sqrt[3]{9}$ c) $\sqrt[3]{13}$
d) $\sqrt[3]{19}$ e) $\sqrt[3]{12,5}$ f) $\sqrt[3]{41,7}$
g) $\sqrt[3]{0,6}$ h) $\sqrt[3]{0,25}$ i) $\sqrt[3]{0,05}$

9
Fülle im Heft die Lücken aus.
a) $\sqrt[3]{\Box} = 3$ b) $\sqrt[3]{\Box} = 12$
c) $\sqrt[3]{\Box 12} = 8$ d) $\sqrt[3]{\Box 2 \Box} = 9$
e) $\sqrt[3]{64 + \Box} = 5$ f) $\sqrt[3]{72 \cdot \Box} = 6$

10
Bestimme die Kantenlänge für das vorgegebene Volumen.

a) 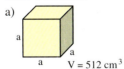 V = 512 cm³

b) 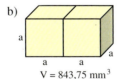 V = 843,75 mm³

c) 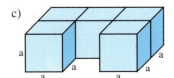 V = 40 m³

? ? ?

Vanessa sagt: „Nimm einen Taschenrechner und berechne die 5. Potenz deines Lebensalters. Sag mir die Endziffer deines Ergebnisses und ich sage dir, wie alt du bist." Probiere selbst.

11
Bestimme ohne Taschenrechner.
a) $\sqrt[4]{16}$ b) $\sqrt[4]{81}$ c) $\sqrt[5]{32}$
d) $\sqrt[5]{243}$ e) $\sqrt[4]{10000}$ f) $\sqrt[5]{1024}$
g) $\sqrt[6]{64}$ h) $\sqrt[7]{128}$ i) $\sqrt[7]{1}$
k) $\sqrt[10]{1024}$ l) $\sqrt[3]{729}$ m) $\sqrt[11]{2048}$

12
Berechne die Wurzeln mit dem Taschenrechner. Runde sinnvoll.

Beispiel: $\sqrt[5]{70}$: [70] [2nd] [y^x] [5] [=]

$\sqrt[5]{70} = 2{,}338942837\ldots \approx 2{,}34$

a) $\sqrt[4]{8}$ b) $\sqrt[4]{100}$ c) $\sqrt[4]{20,8}$
d) $\sqrt[5]{75}$ e) $\sqrt[5]{300}$ f) $\sqrt[6]{750}$
g) $\sqrt[8]{400}$ h) $\sqrt[10]{100}$ i) $\sqrt[12]{120}$

13
Welche der Wurzeln haben denselben Wert?

Kubikwurzeln annähern
Setzt man den in einer Formel errechneten Wert wieder als Startwert ein, kann sich die Genauigkeit der zu berechnenden Zahl erhöhen. Solche Verfahren nennt man **Iterationsverfahren** (lat. iterare – wiederholen).

▶ Berechne $\sqrt[3]{5}$ mit der Formel
$x_{n+1} = \frac{1}{3}(2x_n + \frac{5}{x_n^2})$.
Beginne mit $n = 0$ und $x_n = 1$. Setze dein Ergebnis wieder als x_n ein und rechne von Neuem.

▶ Vergleiche x_5 mit der Taschenrechneranzeige von $\sqrt[3]{5}$.

▶ Mit der Formel $x_{n+1} = \frac{1}{3}(2x_n + \frac{a}{x_n^2})$ kann man den Term $\sqrt[3]{a}$ berechnen. Wähle ein beliebiges a und geeignete Startwerte.

5 Multiplikation und Division von Quadratwurzeln

1 Vergleiche die Terme der linken und rechten Tafelhälfte miteinander. Was vermutest du?

2 Begründe, dass die Maßzahlen der Kantenlängen der Quadrate richtig angegeben sind. Berechne den Flächeninhalt der gelb gefärbten Rechtecksfläche mit Hilfe von Teilflächen. Vergleiche hierzu das Produkt der beiden Rechtecksseitenlängen $\sqrt{8}\cdot\sqrt{2}$. Wie groß ist der Quotient der Rechtecksseitenlängen $\frac{\sqrt{8}}{\sqrt{2}}$?

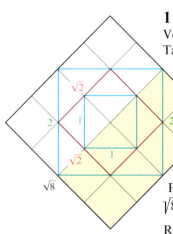

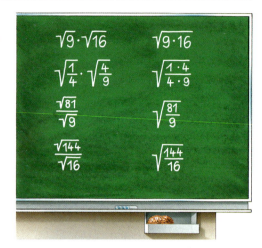

Sind die Radikanden von Quadratwurzeln, die miteinander multipliziert oder dividiert werden, Quadratzahlen, kann das **Produkt** oder der **Quotient** leicht bestimmt werden:

$\sqrt{49}\cdot\sqrt{36} = 7\cdot 6 = 42$ $\qquad\qquad \frac{\sqrt{144}}{\sqrt{9}} = \frac{12}{3} = 4$

Multipliziert oder dividiert man zunächst die Radikanden und zieht anschließend die Wurzel, bekommt man:

$\sqrt{49\cdot 36} = \sqrt{1\,764} = 42$ $\qquad\qquad \sqrt{\frac{144}{9}} = \sqrt{16} = 4$

Also gilt: $\sqrt{49}\cdot\sqrt{36} = \sqrt{49\cdot 36}$ $\qquad\qquad \frac{\sqrt{144}}{\sqrt{9}} = \sqrt{\frac{144}{9}}$

Bei der Berechnung des Produktes $\sqrt{48}\cdot\sqrt{3}$ ergeben die Näherungen einen ungenauen Wert: $\sqrt{48}\cdot\sqrt{3}\approx 6{,}93\cdot 1{,}73 \approx 11{,}99 \approx 12$.

Bestimmt man die Quadratwurzel des Produkts $48\cdot 3$, erhält man das exakte Ergebnis: $\sqrt{48\cdot 3} = \sqrt{144} = 12$.

Man erhält somit folgende Regel: $\sqrt{a}\cdot\sqrt{b} = \sqrt{a\cdot b}$. Dies lässt sich für positive a und b so begründen: Es gilt $\left(\sqrt{a\cdot b}\right)^2 = a\cdot b$, andererseits ist $\left(\sqrt{a}\cdot\sqrt{b}\right)^2 = \left(\sqrt{a}\cdot\sqrt{b}\right)\left(\sqrt{a}\cdot\sqrt{b}\right) = \sqrt{a}\cdot\sqrt{a}\cdot\sqrt{b}\cdot\sqrt{b} = a\cdot b$.

Für die Division von Quadratwurzeln gelten die Regeln entsprechend.

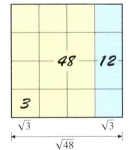

Quadratwurzeln werden multipliziert bzw. dividiert, indem man die Radikanden multipliziert bzw. dividiert und dann die Wurzel zieht.

$\sqrt{a}\cdot\sqrt{b} = \sqrt{a\cdot b} \qquad a,b \geq 0 \qquad\qquad \frac{\sqrt{a}}{\sqrt{b}} = \sqrt{\frac{a}{b}} \qquad a \geq 0;\ b > 0$

Beispiele

a) $\sqrt{5}\cdot\sqrt{20} = \sqrt{5\cdot 20} = \sqrt{100} = 10$ $\qquad$ b) $\sqrt{64\cdot 81} = \sqrt{64}\cdot\sqrt{81} = 8\cdot 9 = 72$

c) $\frac{\sqrt{175}}{\sqrt{7}} = \sqrt{\frac{175}{7}} = \sqrt{25} = 5$ $\qquad$ d) $\sqrt{\frac{9}{121}} = \frac{\sqrt{9}}{\sqrt{121}} = \frac{3}{11}$

Bemerkung: Die Wurzelgesetze kann man auch bei Termen mit mehr als zwei Wurzeln anwenden.

e) $\sqrt{3}\cdot\sqrt{6}\cdot\sqrt{2} = \sqrt{3\cdot 6\cdot 2}$
$\qquad\qquad\qquad = \sqrt{36}$
$\qquad\qquad\qquad = 6$

f) $\frac{\sqrt{24}\cdot\sqrt{33}}{\sqrt{88}} = \frac{\sqrt{24\cdot 33}}{\sqrt{88}}$
$\qquad\qquad = \sqrt{\frac{24\cdot 33}{88}} = \sqrt{9} = 3$

Multiplikation und Division von Quadratwurzeln

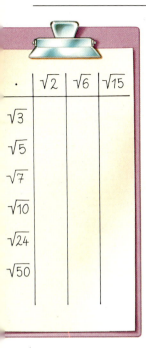

Aufgaben

3
Rechne im Kopf.
a) $\sqrt{3}\cdot\sqrt{12}$ b) $\sqrt{32}\cdot\sqrt{2}$ c) $\sqrt{27}\cdot\sqrt{3}$
d) $\sqrt{2}\cdot\sqrt{72}$ e) $\sqrt{18}\cdot\sqrt{8}$ f) $\sqrt{6}\cdot\sqrt{24}$

4
Schreibe als Produkt zweier Wurzeln und rechne im Kopf.
a) $\sqrt{36\cdot 16}$ b) $\sqrt{64\cdot 25}$ c) $\sqrt{49\cdot 9}$
d) $\sqrt{121\cdot 36}$ e) $\sqrt{100\cdot 144}$ f) $\sqrt{81\cdot 169}$

5
a) $\sqrt{0{,}49\cdot 100}$ b) $\sqrt{10}\cdot\sqrt{3{,}6}$ c) $\sqrt{3{,}2}\cdot\sqrt{5}$
d) $\sqrt{2{,}5}\cdot\sqrt{0{,}9}$ e) $\sqrt{0{,}4}\cdot\sqrt{62{,}5}$ f) $\sqrt{400\cdot 0{,}64}$

6
a) $\sqrt{\tfrac{1}{2}}\cdot\sqrt{\tfrac{9}{2}}$ b) $\sqrt{\tfrac{4}{25}\cdot\tfrac{49}{9}}$ c) $\sqrt{\tfrac{5}{2}}\cdot\sqrt{\tfrac{5}{8}}$
d) $\sqrt{\tfrac{64}{25}\cdot\tfrac{81}{4}}$ e) $\sqrt{\tfrac{2}{27}}\cdot\sqrt{\tfrac{8}{3}}$ f) $\sqrt{\tfrac{7}{11}}\cdot\sqrt{\tfrac{99}{28}}$

7
Berechne ohne Taschenrechner.
a) $\sqrt{0{,}04\cdot 121}$ b) $\sqrt{6}\cdot\sqrt{0{,}24}$ c) $\sqrt{0{,}25\cdot 0{,}09}$
d) $\sqrt{0{,}32}\cdot\sqrt{200}$ e) $\sqrt{\tfrac{1}{4}\cdot 0{,}01}$ f) $\sqrt{\tfrac{2}{5}}\cdot\sqrt{\tfrac{9}{10}}$

8
Rechne auch mit mehr als zwei Faktoren.
a) $\sqrt{7}\cdot\sqrt{21}\cdot\sqrt{3}$ b) $\sqrt{49\cdot 25\cdot 9}$
c) $\sqrt{81\cdot 36\cdot 4}$ d) $\sqrt{2}\cdot\sqrt{6}\cdot\sqrt{12}$
e) $\sqrt{3}\cdot\sqrt{54}\cdot\sqrt{2}$ f) $\sqrt{144\cdot 25}\cdot\sqrt{3}\cdot\sqrt{12}$

9
Berechne ohne Taschenrechner.
a) $\dfrac{\sqrt{75}}{\sqrt{3}}$ b) $\dfrac{\sqrt{80}}{\sqrt{5}}$ c) $\dfrac{\sqrt{72}}{\sqrt{2}}$ d) $\dfrac{\sqrt{125}}{\sqrt{5}}$
e) $\dfrac{\sqrt{3}}{\sqrt{27}}$ f) $\dfrac{\sqrt{7}}{\sqrt{63}}$ g) $\dfrac{\sqrt{176}}{\sqrt{11}}$ h) $\dfrac{\sqrt{325}}{\sqrt{13}}$

10
Schreibe zunächst als Quotient zweier Wurzeln.
a) $\sqrt{\tfrac{9}{16}}$ b) $\sqrt{\tfrac{36}{81}}$ c) $\sqrt{5\tfrac{4}{9}}$ d) $\sqrt{9\tfrac{43}{49}}$

11
Berechne.
a) $\sqrt{8}:\sqrt{2}$ b) $\sqrt{45}:\sqrt{5}$ c) $\sqrt{108}:\sqrt{3}$
d) $\sqrt{275}:\sqrt{11}$ e) $\sqrt{567}:\sqrt{7}$ f) $\sqrt{432}:\sqrt{12}$

12
Übertrage ins Heft und fülle die Lücken.
a) $\sqrt{5}\cdot\sqrt{\square}=\sqrt{100}$ b) $\sqrt{\square}\cdot\sqrt{27}=\sqrt{81}$
c) $\sqrt{\square}\cdot\sqrt{6}=12$ d) $\sqrt{7}\cdot\sqrt{\square}=14$
e) $\sqrt{0{,}5}\cdot\sqrt{\square}=0{,}5$ f) $\sqrt{1{,}25}\cdot\sqrt{\square}=0{,}5$

13
Setze für △ und □ die richtigen Ziffern ein, so dass die Gleichung stimmt.
a) $\sqrt{8\triangle}\cdot\sqrt{9}=\square 7$ b) $\sqrt{\square 6}\cdot\sqrt{36}=24$
c) $\sqrt{1\triangle 1}\cdot\sqrt{\square 00}=110$ d) $\sqrt{19\square}:\sqrt{4}=7$
e) $\sqrt{14\triangle}:\sqrt{36}=2$ f) $\sqrt{\triangle 76}:\sqrt{\square 4}=3$

14
Welcher Film läuft im Kino?
a) $\sqrt{14}\cdot\sqrt{126}=\square$ b) $\sqrt{396}:\sqrt{11}=\square$
c) $\sqrt{\square}\cdot\sqrt{289}=34$ d) $\sqrt{675}:\sqrt{\square}=15$
e) $\sqrt{117}\cdot\sqrt{\square}=39$ f) $\sqrt{\square 80}:\sqrt{5}=14$
g) $\sqrt{14\square}\cdot\sqrt{3}=21$ h) $\sqrt{50\square}:\sqrt{3}=13$
i) $\sqrt{92}\cdot\sqrt{\square 3}=46$ k) $\sqrt{396}:\sqrt{\square 4}=3$

15
Ergänze die Wurzelpyramide durch Multiplizieren bzw. Dividieren.

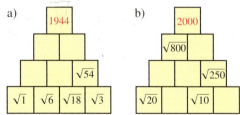

16
Schreibe mit einem einzigen Wurzelzeichen. Kürze gegebenenfalls und berechne.
a) $\dfrac{\sqrt{3}\cdot\sqrt{28}}{\sqrt{21}}$ b) $\dfrac{\sqrt{5}}{\sqrt{15}}\cdot\sqrt{75}$ c) $\sqrt{8}\cdot\sqrt{\tfrac{144}{450}}$
d) $\dfrac{\sqrt{175}}{\sqrt{3}}:\sqrt{21}$ e) $\dfrac{\sqrt{0{,}4}}{\sqrt{1{,}2}\cdot\sqrt{3}}$ f) $\sqrt{132}:\dfrac{\sqrt{66}}{\sqrt{8}}$

Multiplikation und Division von Quadratwurzeln

Der Radikand ist eine 4 mit 15 Nullen.
$\sqrt{4000000\ldots}$
Ist die Quadratwurzel eine natürliche Zahl?

17
Zerlege den Radikanden in ein Produkt, bei dem ein Faktor eine Potenz von 100 ist. Ziehe die Wurzel ohne Taschenrechner wie im Beispiel.

$\sqrt{1600} = \sqrt{16 \cdot 100} = \sqrt{16} \cdot \sqrt{100}$
$\phantom{\sqrt{1600}} = 4 \cdot 10 = 40$

a) $\sqrt{2500}$ b) $\sqrt{8100}$
c) $\sqrt{14\,400}$ d) $\sqrt{62\,500}$
e) $\sqrt{4\,000\,000}$ f) $\sqrt{36\,000\,000}$

18
Schreibe den Radikanden als Produkt und berechne ohne Taschenrechner.

Beispiel: $\sqrt{0{,}0025} = \sqrt{0{,}0001 \cdot 25}$
$= \sqrt{0{,}0001} \cdot \sqrt{25}$
$= 0{,}01 \cdot 5 = 0{,}05$

a) $\sqrt{0{,}09}$ b) $\sqrt{0{,}0016}$
c) $\sqrt{0{,}0081}$ d) $\sqrt{0{,}000049}$
e) $\sqrt{0{,}000144}$ f) $\sqrt{0{,}000225}$

19
Löse zunächst die Klammern auf. Rechne dann.

a) $\sqrt{5}(\sqrt{20}+\sqrt{45})$ b) $(\sqrt{18}-\sqrt{8})(\sqrt{2}+\sqrt{50})$
c) $\sqrt{\frac{1}{3}}\left(\sqrt{\frac{27}{16}}-\sqrt{\frac{3}{4}}\right)$ d) $\left(\sqrt{\frac{2}{3}}+\sqrt{\frac{8}{3}}\right)\left(\sqrt{\frac{8}{3}}-\sqrt{\frac{8}{27}}\right)$

20
Berechne.

a) $\sqrt{x} \cdot \sqrt{x}$ b) $\sqrt{y} \cdot \sqrt{4y}$ c) $\sqrt{2a} \cdot \sqrt{8a}$
d) $\sqrt{3c} \cdot \sqrt{27c}$ e) $\sqrt{3x} \cdot \sqrt{12x^3}$ f) $\sqrt{8y^3} \cdot \sqrt{32y}$

Löse das Rechenpuzzle mit 4 Kärtchen.

$\sqrt{22}$ $\sqrt{72}$ $\sqrt{48}$ $\sqrt{33}$

$\dfrac{\Box}{\Box} : \dfrac{\Box}{\Box} = 1$

21
Schreibe zunächst als Produkt von Wurzeln.

a) $\sqrt{64a^2b^2}$ b) $\sqrt{144x^2y^4}$
c) $\sqrt{400a^4b^4}$ d) $\sqrt{0{,}36x^2}$
e) $\sqrt{0{,}0064y^6}$ f) $\sqrt{1{,}69a^2b^4c^6}$

22
Vereinfache.

a) $\dfrac{\sqrt{28y^2}}{\sqrt{7}}$ b) $\sqrt{\dfrac{49a^2}{144}}$ c) $\dfrac{\sqrt{12a^3}}{\sqrt{3a}}$
d) $\dfrac{\sqrt{80x^5}}{\sqrt{5x}}$ e) $\sqrt{\dfrac{81y^2}{36z^2}}$ f) $\dfrac{\sqrt{121b^2}}{\sqrt{289c^4}}$

23
Berechne.

a) $\sqrt{4x^2} \cdot \dfrac{\sqrt{13}}{\sqrt{52x^2}}$ b) $\dfrac{b}{a} \cdot \sqrt{\dfrac{76a^2}{19b^2}}$
c) $\dfrac{\sqrt{112xy^2} \cdot \sqrt{45x^2y}}{\sqrt{35x^3y}}$ d) $\dfrac{\sqrt{91x}}{\sqrt{7xy}} \cdot \sqrt{13y}$

24
Vereinfache die Terme.

a) $\sqrt{\dfrac{2x}{7}} \cdot \sqrt{\dfrac{18x}{7}}$ b) $\sqrt{\dfrac{x^3}{75}} \cdot \sqrt{\dfrac{3}{x}}$
c) $\sqrt{\dfrac{54y}{15x}} \cdot \sqrt{\dfrac{35y}{56x}}$ d) $\sqrt{\dfrac{2a}{27b^2}} \cdot \sqrt{\dfrac{8a^3}{3}}$
e) $\sqrt{\dfrac{63ab^2}{88b}} : \sqrt{\dfrac{7a^3b}{22}}$ f) $\sqrt{150xyz} : \sqrt{\dfrac{3xy^3}{32z}}$

25
Forme um. Beispiel: $(\sqrt{3})^6 = ((\sqrt{3})^2)^3$
$= 3^3 = 27$

a) $(\sqrt{2})^4$ b) $(\sqrt{7})^6$ c) $(\sqrt{5})^8$
d) $(2\sqrt{3})^4$ e) $(3\sqrt{5})^6$ f) $(2\sqrt{10})^{10}$

26
Vereinfache.

a) $\sqrt{3} \cdot (\sqrt{3})^3$ b) $(\sqrt{7})^5 : (\sqrt{7})^3$
c) $(\sqrt{5})^{-2} \cdot (\sqrt{5}^4)$ d) $(\sqrt{8})^{-3} : (\sqrt{8})^{-7}$
e) $\sqrt{3^{4-2n}} \cdot \sqrt{3^{2n}}$ f) $\sqrt{2^{7-m}} : \sqrt{2^{1-m}}$

27
Vereinfache.

a) $\sqrt{2^5} \cdot \sqrt{2}$ b) $\sqrt{13^3} : \sqrt{13}$
c) $\sqrt{5^3} \cdot \sqrt{5^5}$ d) $\sqrt{3^7} : \sqrt{3^{-3}}$
e) $\dfrac{\sqrt{2^5} \cdot \sqrt{3^5}}{\sqrt{6^3}}$ f) $\dfrac{\sqrt{60^4}}{\sqrt{3^4} \cdot \sqrt{5^4}}$

28
Bringe den Term auf die einfachste Form.

a) $(3 \cdot \sqrt{x})^2$ b) $\left(\dfrac{a}{2} \cdot \sqrt{3}\right)^2$ c) $\left(\dfrac{\sqrt{2a}}{3}\right)^2$
d) $\left(\dfrac{x}{\sqrt{5}} \cdot 3\right)^3$ e) $\left(\dfrac{x}{\sqrt{2}} \cdot \dfrac{\sqrt{3}}{y}\right)^2$ f) $\left(\dfrac{x\sqrt{2}}{2} : \dfrac{2x}{\sqrt{2}}\right)^2$

29
Faktorisiere zunächst mit Hilfe der binomischen Formeln und ziehe dann die Wurzel.

a) $\sqrt{9x^2+6x+1}$ b) $\sqrt{4y^2-4y+1}$
c) $\sqrt{25a^2+70ab+49b^2}$
d) $\sqrt{144x^2-120xy+25y^2}$

6 Addition und Subtraktion von Quadratwurzeln

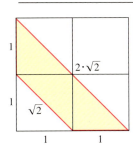

1 Berechne den Umfang des Trapezes.

2 Vergleiche die Terme auf der linken Seite mit denen auf der rechten Seite. Was stellst du fest?

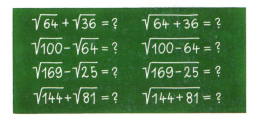

Im Gegensatz zur Multiplikation und Division von Quadratwurzeln erkennt man, dass bei der Addition zweier Quadratwurzeln die Radikanden nicht unter einem Wurzelzeichen zusammengefasst werden können.

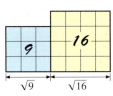

$\sqrt{9} + \sqrt{16} = 3 + 4 = 7$

Dies gilt auch für die Subtraktion:

$\sqrt{25} - \sqrt{16} = 5 - 4 = 1$

$\sqrt{9+16} = \sqrt{25} = 5$

$\sqrt{25-16} = \sqrt{9} = 3$

Quadratwurzeln mit gleichen Radikanden lassen sich mit Hilfe des **Distributivgesetzes (Verteilungsgesetzes)** zusammenfassen.

$5 \cdot \sqrt{3} + 2 \cdot \sqrt{3} = (5+2) \cdot \sqrt{3} = 7 \cdot \sqrt{3}$

oder

$7 \cdot \sqrt{3} - 2 \cdot \sqrt{3} = (7-2) \cdot \sqrt{3} = 5 \cdot \sqrt{3}$

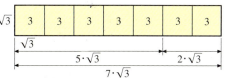

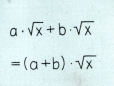

$a \cdot \sqrt{x} + b \cdot \sqrt{x} = (a+b) \cdot \sqrt{x}$

> Besitzt eine Summe bzw. Differenz Quadratwurzeln mit gleichen Radikanden, kann durch **Ausklammern** zusammengefasst werden.

Beispiele

a) $2 \cdot \sqrt{5} + 3 \cdot \sqrt{5} = (2+3) \cdot \sqrt{5}$
$= 5 \cdot \sqrt{5}$

b) $7 \cdot \sqrt{2} - 3 \cdot \sqrt{2} = (7-3) \cdot \sqrt{2}$
$= 4 \cdot \sqrt{2}$

c) $6 \cdot \sqrt{11} + 9 \cdot \sqrt{7} - 5 \cdot \sqrt{11} - 8 \cdot \sqrt{7} = 6 \cdot \sqrt{11} - 5 \cdot \sqrt{11} + 9 \cdot \sqrt{7} - 8 \cdot \sqrt{7}$
$= \sqrt{11} + \sqrt{7}$

Bemerkung: Wendet man das Distributivgesetz zum **Ausmultiplizieren** oder die binomischen Formeln an, können Rechenvorteile entstehen.

d) $\sqrt{2}(\sqrt{8} + \sqrt{18}) = \sqrt{2} \cdot \sqrt{8} + \sqrt{2} \cdot \sqrt{18}$
$= \sqrt{2 \cdot 8} + \sqrt{2 \cdot 18}$
$= \sqrt{16} + \sqrt{36}$
$= 10$

e) $(\sqrt{3} - 1)(\sqrt{3} + 3) = \sqrt{3} \cdot \sqrt{3} + 3 \cdot \sqrt{3} - 1 \cdot \sqrt{3} - 1 \cdot 3$
$= 3 + 3 \cdot \sqrt{3} - \sqrt{3} - 3$
$= 2 \cdot \sqrt{3}$

f) $(3 + \sqrt{5})^2 = 3^2 + 2 \cdot 3 \cdot \sqrt{5} + (\sqrt{5})^2$
$= 9 + 6\sqrt{5} + 5$
$= 14 + 6\sqrt{5}$

g) $(\sqrt{17} - 4)(\sqrt{17} + 4) = (\sqrt{17})^2 - 4^2$
$= 17 - 16$
$= 1$

Addition und Subtraktion von Quadratwurzeln

Aufgaben

3
Fasse im Kopf zusammen.
a) $4\sqrt{2} + 3\sqrt{2}$ b) $7\sqrt{3} + 2\sqrt{3}$
c) $5\sqrt{3} - 4\sqrt{3}$ d) $7\sqrt{6} - 3\sqrt{6}$
e) $6\sqrt{5} + \sqrt{5}$ f) $\sqrt{7} + 7\sqrt{7}$

4
Fasse zusammen.
a) $9\sqrt{3} - 7\sqrt{3}$ b) $5\sqrt{5} - \sqrt{5}$
c) $3\sqrt{11} - 4\sqrt{11}$ d) $-2\sqrt{3} + 3\sqrt{3}$

5
a) $2\sqrt{3} + 3\sqrt{3} + 4\sqrt{3} + 5\sqrt{3}$
b) $\sqrt{5} + 2\sqrt{5} + 4\sqrt{5} + 8\sqrt{5}$
c) $-\sqrt{2} + 2\sqrt{2} - 3\sqrt{2} + 4\sqrt{2}$
d) $25\sqrt{7} - 18\sqrt{7} - 9\sqrt{7} + \sqrt{7}$
e) $-\sqrt{3} - 2\sqrt{3} - 3\sqrt{3} - 4\sqrt{3} - 5\sqrt{3}$

6
Fasse die Wurzeln mit gleichen Radikanden zusammen.
a) $4\sqrt{5} + 3\sqrt{5} + 8\sqrt{3} + 2\sqrt{3}$
b) $2\sqrt{3} + 3\sqrt{2} - 2\sqrt{2} + \sqrt{3}$
c) $8\sqrt{7} - 5\sqrt{11} - 5\sqrt{7} + 4\sqrt{11}$
d) $-\sqrt{13} - 6\sqrt{17} - 6\sqrt{13} + 5\sqrt{17}$
e) $-\sqrt{3} - \sqrt{5} - \sqrt{6} - 6\sqrt{5} + 5\sqrt{6} + 6\sqrt{3}$

7
Löse die Klammern auf und vereinfache.
a) $10\sqrt{6} + (3\sqrt{7} - 2\sqrt{6}) - 5\sqrt{7}$
b) $\sqrt{5} - (3\sqrt{8} - 4\sqrt{5}) + (\sqrt{8} - 5\sqrt{5})$
c) $3\sqrt{3} - (3\sqrt{2} - 4\sqrt{3}) - (6\sqrt{3} - 2\sqrt{2})$
d) $9(\sqrt{5} - \sqrt{7}) - 2(\sqrt{7} + 4\sqrt{5})$
e) $\sqrt{2} - 2(3\sqrt{3} - 2\sqrt{2}) - 3(2\sqrt{3} - 3\sqrt{2})$

8
Vereinfache.
a) $4\sqrt{x} + 5\sqrt{x}$ b) $3\sqrt{y} + 6\sqrt{y}$
c) $11\sqrt{a} - 10\sqrt{a}$ d) $23\sqrt{c} - 24\sqrt{c}$
e) $-\sqrt{a} + 3\sqrt{a}$ f) $-\sqrt{2x} - 2\sqrt{2x}$
g) $2a\sqrt{xy} - a\sqrt{xy}$ h) $-k\sqrt{yz} - 2k\sqrt{yz}$

9
Multipliziere und vereinfache. Die Lösungen sind ganzzahlig.
a) $\sqrt{3}(\sqrt{27} + \sqrt{3})$ b) $\sqrt{5}(\sqrt{125} - 2\sqrt{5})$
c) $2\sqrt{3}(\sqrt{12} - \sqrt{3})$ d) $2\sqrt{5}(4\sqrt{5} - \sqrt{20} + \sqrt{80})$
e) $-3\sqrt{2}(4\sqrt{72} - 2\sqrt{128} - \sqrt{98})$

10
Übertrage ins Heft und fülle die Lücken.
a) $\square(\sqrt{5} + \sqrt{3}) = \sqrt{35} + \sqrt{21}$
b) $\sqrt{7}(\square + \sqrt{2}) = \sqrt{21} + \sqrt{14}$
c) $3\sqrt{11}(4 - \square) = \triangle - 3\sqrt{22}$

11
Vereinfache.
a) $\sqrt{x}(\sqrt{9x} + \sqrt{16x})$ b) $(\sqrt{81a} - \sqrt{36a}) \cdot \sqrt{a}$
c) $(\sqrt{18y} + \sqrt{2y}) \cdot \sqrt{2y}$ d) $\sqrt{3x}(\sqrt{48x} - \sqrt{75x})$
e) $\sqrt{m}(\sqrt{m} + \sqrt{n}) - \sqrt{mn}$ f) $\sqrt{x^3y}(\sqrt{xy} - \sqrt{\frac{x}{y}})$

12
Klammere gemeinsame Faktoren aus.
a) $x\sqrt{2} - y\sqrt{2} + z\sqrt{2}$
b) $3a\sqrt{7} + 7b\sqrt{3} - 2a\sqrt{7} - 6b\sqrt{3}$
c) $-2r\sqrt{3} - 3s\sqrt{3} + 3r\sqrt{3} + 2s\sqrt{3}$

13
Berechne.
a) $(19\sqrt{2} - 11\sqrt{2}) : 4$ b) $(38\sqrt{3} + 10\sqrt{3}) : 3$
c) $(20\sqrt{5} + 5\sqrt{5}) : \sqrt{5}$ d) $(-2\sqrt{6} + 4\sqrt{6}) : \sqrt{6}$
e) $(25\sqrt{3} - 7\sqrt{3}) : 6\sqrt{3}$ f) $(7\sqrt{18} - 4\sqrt{18}) : 3\sqrt{2}$

14
Wende die binomischen Formeln an.
a) $(1 + \sqrt{2})^2 - (1 - \sqrt{2})^2$
b) $(3\sqrt{2} - \sqrt{12})^2 + (2\sqrt{3} - \sqrt{8})^2$

15
Die Ergebnisse lauten 1; 2; 3 und 4.
a) $\dfrac{7\sqrt{3} + 12\sqrt{5} - 10\sqrt{3} + 3\sqrt{3}}{4\sqrt{5}}$ b) $\dfrac{5\sqrt{2} - \sqrt{3} - 9\sqrt{2} + 5\sqrt{3}}{\sqrt{3} - \sqrt{2}}$
c) $\dfrac{3(\sqrt{6} - \sqrt{2}) - (\sqrt{2} - \sqrt{6})}{2\sqrt{6} - 2\sqrt{2}}$ d) $\dfrac{(2\sqrt{2} - 1)(3\sqrt{2} + 1)}{11 - \sqrt{2}}$

???
Mit der Tastenfolge
$2\ \boxed{\sqrt{x}}\ \boxed{+}\ 2\ \boxed{=}\ \boxed{\sqrt{x}}$
$\boxed{+}\ 2\ \boxed{=}\ \ldots$
kann man den Ausdruck
$\sqrt{2 + \sqrt{2 + \sqrt{2 + \sqrt{2\ldots}}}}$
näherungsweise berechnen.
Welcher Zahl nähert sich das Ergebnis an? Rechne ebenso.
$\sqrt{6 + \sqrt{6 + \sqrt{6 + \sqrt{6\ldots}}}}$
$\sqrt{12 + \sqrt{12 + \sqrt{12 + \sqrt{12\ldots}}}}$

7 Umformen von Wurzeltermen

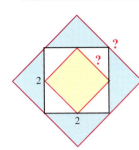

1 Übertrage die Figur ins Heft und bestimme über den Flächeninhalt des inneren und äußeren Quadrats die Maßzahlen der Seitenlängen. Vergleiche die Seitenlängen durch Messen.

2 Berechne die Terme $\frac{4}{\sqrt{2}}$ und $2\cdot\sqrt{2}$ mit dem Taschenrechner. Was erhältst du?
Werden Näherungswerte verwendet, heißen die Terme $\frac{4}{1{,}414}$ und $2 \cdot 1{,}414$.
Welcher der zwei Terme lässt sich durch eine Überschlagsrechnung leichter bestimmen?

Häufig ist es zweckmäßig, Quadratwurzeln umzuformen. Durch **teilweises Wurzelziehen** können viele Quadratwurzeln so dargestellt werden, dass sich ihr Wert leichter abschätzen lässt. Überschlägt man $\sqrt{3}$ mit 1,732, gilt nach der Regel für die Multiplikation von Quadratwurzeln: $\sqrt{300} = \sqrt{100 \cdot 3} = \sqrt{100} \cdot \sqrt{3} = 10 \cdot \sqrt{3} \approx 17{,}32$.
Der Radikand wird dazu in ein Produkt zerlegt, bei dem mindestens einer der Faktoren eine Quadratzahl ist.

> Beim **teilweisen Wurzelziehen** wird der Radikand so in ein Produkt umgewandelt, dass einer der Faktoren eine Quadratzahl ist. $\sqrt{a^2 \cdot b} = a \cdot \sqrt{b}$ $a, b \geq 0$

Beispiele

a) $\sqrt{75} = \sqrt{25 \cdot 3}$
   $= \sqrt{25} \cdot \sqrt{3}$
   $= 5 \cdot \sqrt{3}$

b) $\sqrt{63} = \sqrt{9 \cdot 7}$
   $= \sqrt{9} \cdot \sqrt{7}$
   $= 3 \cdot \sqrt{7}$

c) $\sqrt{80} = \sqrt{4 \cdot 20}$ oder $\sqrt{80} = \sqrt{16 \cdot 5}$
   $= 2 \cdot \sqrt{20}$ $= \sqrt{16} \cdot \sqrt{5}$
   $= 2 \cdot \sqrt{4} \cdot \sqrt{5}$ $= 4\sqrt{5}$
   $= 2 \cdot 2\sqrt{5} = 4\sqrt{5}$

Bemerkung: Es ist vorteilhaft, den Radikanden so zu zerlegen, dass eine möglichst große Quadratzahl als Faktor vorkommt.

Nebenrechnung
```
6000 : 1732 = 3,46...
-5196
 8040
-6928
 11120
-10392
  7280
```

Tritt bei einem Bruch eine Quadratwurzel im Nenner auf, kann die Überschlagsrechnung sehr mühsam sein.
Eine Rechnung mit Näherungswerten verdeutlicht dies: $\frac{6}{\sqrt{3}} \approx 6 : 1{,}732$.
Aus der Nebenrechnung auf dem Rand erkennen wir: $\frac{6}{\sqrt{3}} \approx 3{,}46$.
Durch geschicktes Erweitern des Bruches lässt sich die Division durch eine Quadratwurzel vermeiden, der **Nenner** des Bruchs ist dann **rational**.
$\frac{6}{\sqrt{3}} = \frac{6 \cdot \sqrt{3}}{\sqrt{3} \cdot \sqrt{3}} = \frac{6\sqrt{3}}{(\sqrt{3})^2} = \frac{6\sqrt{3}}{3} = 2 \cdot \sqrt{3} \approx 2 \cdot 1{,}732 = 3{,}464$

> Quadratwurzeln im Nenner eines Bruchs können durch Erweitern mit einer Quadratwurzel beseitigt werden. Man nennt dies **Rationalmachen des Nenners**.

Beispiele

d) $\frac{28}{\sqrt{7}} = \frac{28}{\sqrt{7}} \cdot \frac{\sqrt{7}}{\sqrt{7}}$
   $= \frac{28 \cdot \sqrt{7}}{(\sqrt{7})^2} = 4\sqrt{7}$

e) $\frac{25}{3 \cdot \sqrt{5}} = \frac{25}{3 \cdot \sqrt{5}} \cdot \frac{\sqrt{5}}{\sqrt{5}}$
   $= \frac{25 \cdot \sqrt{5}}{3 \cdot (\sqrt{5})^2} = \frac{5\sqrt{5}}{3}$

Umformen von Wurzeltermen

Aufgaben

3 Ziehe teilweise die Wurzel.
a) $\sqrt{50}$ b) $\sqrt{8}$ c) $\sqrt{18}$ d) $\sqrt{32}$
e) $\sqrt{12}$ f) $\sqrt{48}$ g) $\sqrt{20}$ h) $\sqrt{45}$

4
a) $\sqrt{\frac{3}{4}}$ b) $\sqrt{\frac{5}{9}}$ c) $\sqrt{\frac{7}{16}}$ d) $\sqrt{\frac{11}{25}}$
e) $\sqrt{\frac{4}{5}}$ f) $\sqrt{\frac{9}{10}}$ g) $\sqrt{\frac{63}{64}}$ h) $\sqrt{\frac{48}{49}}$

5
a) $\sqrt{0{,}02}$ b) $\sqrt{0{,}08}$ c) $\sqrt{0{,}18}$
d) $\sqrt{0{,}72}$ e) $\sqrt{0{,}98}$ f) $\sqrt{1{,}08}$
g) $\sqrt{2{,}88}$ h) $\sqrt{3{,}63}$ i) $\sqrt{11{,}25}$

6 Schreibe als eine Wurzel.
Beispiel: $5 \cdot \sqrt{2} = \sqrt{5^2 \cdot 2}$
$\phantom{5 \cdot \sqrt{2}} = \sqrt{25 \cdot 2} = \sqrt{50}$
a) $4 \cdot \sqrt{3}$ b) $2 \cdot \sqrt{5}$ c) $6 \cdot \sqrt{8}$
d) $0{,}3 \cdot \sqrt{2}$ e) $5 \cdot \sqrt{0{,}03}$ f) $10 \cdot \sqrt{0{,}07}$
g) $\frac{1}{2} \cdot \sqrt{10}$ h) $\frac{3}{4} \cdot \sqrt{\frac{16}{27}}$ i) $\frac{5}{7} \cdot \sqrt{\frac{21}{40}}$

7 Bringe den Faktor unter das Wurzelzeichen.
a) $x\sqrt{2}$ b) $a\sqrt{3}$ c) $y\sqrt{z}$
d) $2x\sqrt{3}$ e) $2x\sqrt{4y}$ f) $0{,}1a\sqrt{100b}$

8 Ziehe die Wurzel so weit wie möglich.
a) $\sqrt{9y}$ b) $\sqrt{81z}$ c) $\sqrt{10a^2}$
d) $\sqrt{15y^2}$ e) $\sqrt{18x^2}$ f) $\sqrt{27x^3}$
g) $\sqrt{ab^2}$ h) $\sqrt{4c^2d}$ i) $\sqrt{75a^3b}$

9
a) $\sqrt{\frac{7a^2}{b^2}}$ b) $\sqrt{\frac{a^3}{8b^2}}$ c) $\sqrt{\frac{12x^2}{9y}}$
d) $\sqrt{\frac{20z}{27a^2}}$ e) $\sqrt{\frac{32xy^2}{25y}}$ f) $\sqrt{\frac{98v}{63w^2}}$

10 Welche der Terme haben den gleichen Wert? Rechne ohne Taschenrechner.

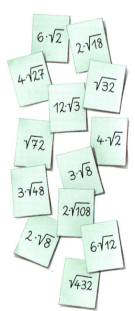

11 Kürze zuerst. Ziehe dann die Wurzel so weit wie möglich.
a) $\sqrt{\frac{2y^2}{18}}$ b) $\sqrt{\frac{3x^3}{12x^2}}$ c) $\sqrt{\frac{12x^3}{27x}}$
d) $\sqrt{\frac{24a}{8a^3}}$ e) $\sqrt{\frac{10a^4b^3}{5ab^2}}$ f) $\sqrt{\frac{88r^4s^2}{11rs}}$

12 Vereinfache und ziehe teilweise die Wurzel.
a) $\sqrt{\frac{2a}{3b}} \cdot \sqrt{\frac{24}{3b}}$ b) $\sqrt{\frac{28x^3}{3y}} \cdot \sqrt{\frac{1}{12y}}$
c) $\sqrt{\frac{5}{9x^2}} : \sqrt{\frac{12}{5y}}$ d) $\sqrt{\frac{11}{12y^2}} \cdot \sqrt{\frac{48x^2}{55}}$
e) $\sqrt{\frac{8x}{14y^3}} \cdot \sqrt{\frac{18x^2}{7y}}$ f) $\sqrt{\frac{7a}{3b^2}} : \sqrt{21a^2}$

13 Zerlege den Radikanden in ein Produkt, von dem ein Faktor eine Zehnerpotenz ist.
Beispiel: $\sqrt{70\,000} = \sqrt{10\,000} \cdot \sqrt{7}$
$\phantom{\sqrt{70\,000}} = 100 \cdot \sqrt{7}$
a) $\sqrt{300}$ b) $\sqrt{500}$
c) $\sqrt{1\,200}$ d) $\sqrt{28\,800}$
e) $\sqrt{8\,000\,000}$ f) $\sqrt{450\,000\,000}$

14 Rechne wie im Beispiel.
$\sqrt{0{,}0003} = \sqrt{0{,}0001} \cdot \sqrt{3}$
$\phantom{\sqrt{0{,}0003}} = 0{,}01 \cdot \sqrt{3}$
a) $\sqrt{0{,}07}$ b) $\sqrt{0{,}11}$
c) $\sqrt{0{,}0002}$ d) $\sqrt{0{,}0014}$
e) $\sqrt{0{,}000005}$ f) $\sqrt{0{,}000018}$

15 Zahlenzauber

$2 \cdot \sqrt{\frac{2}{3}} = \sqrt{2\frac{2}{3}}$

$3 \cdot \sqrt{\frac{3}{8}} = \sqrt{3\frac{3}{8}}$

$4 \cdot \sqrt{\frac{4}{15}} = \sqrt{4\frac{4}{15}}$

a) Prüfe mit Hilfe des Taschenrechners.
b) Gib eine Regel an und setze fort.

$\sqrt{10+\sqrt{24}+\sqrt{40}+\sqrt{60}}$
$= \sqrt{2}+\sqrt{3}+\sqrt{5}$

$2\cdot\sqrt{2-\sqrt{3}} = \sqrt{6}-\sqrt{2}$

Überprüfe die Gleichungen, indem du beide Seiten quadrierst. Löse ohne Taschenrechner.

16
Ziehe teilweise die Wurzel und vereinfache.
a) $6\sqrt{12}+4\sqrt{27}$ b) $3\sqrt{48}-11\sqrt{3}$
c) $\sqrt{54}-\sqrt{24}$ d) $5\sqrt{28}-3\sqrt{63}$

17
a) $\sqrt{27y^2}-\sqrt{12y^2}$ b) $\sqrt{32a^2}+\sqrt{8a^2}$
c) $\sqrt{80x}-\sqrt{20x}$ d) $\sqrt{108x^3}+\sqrt{147x^3}$
e) $\sqrt{125x^2y}-\sqrt{45x^2y}$ f) $\sqrt{343x^2y^3}-\sqrt{252x^2y^3}$

18
Die Ergebnisse lauten 1; 2; 3 und 4.
a) $\dfrac{\sqrt{75x}-\sqrt{48x}+\sqrt{27x}}{2\sqrt{3x}}$ b) $\dfrac{\sqrt{32y}+5\sqrt{2y}-\sqrt{98y}}{\sqrt{8y}}$
c) $\dfrac{\sqrt{27\cdot 4\sqrt{x}}+\sqrt{48x}}{2\sqrt{12x}}$ d) $\dfrac{\sqrt{4x}(\sqrt{18x}+\sqrt{27x})}{\sqrt{8x^2}+\sqrt{12x^2}}$

19
Ziehe teilweise die Wurzel, so dass der Radikand möglichst klein wird.
Beispiel: $\sqrt{3^5} = \sqrt{3^4\cdot 3}$
$= 3^2\sqrt{3} = 9\sqrt{3}$
a) $\sqrt{2^5}$ b) $\sqrt{6^7}$ c) $\sqrt{5^9}$ d) $\sqrt{7^7}$
e) $\sqrt{a^9}$ f) $\sqrt{x^{11}}$ g) $\sqrt{(2y)^5}$ h) $\sqrt{(3b)^{13}}$

20
Berechne zunächst mit den binomischen Formeln. Ziehe anschließend so weit wie möglich die Wurzel.
a) $\left(\sqrt{6}+\sqrt{8}\right)^2$ b) $\left(\sqrt{12}-\sqrt{8}\right)^2$
c) $\left(\sqrt{2}+2\sqrt{20}\right)^2$ d) $\left(10\sqrt{2}-2\sqrt{54}\right)^2$
e) $\left(2\sqrt{15}-4\sqrt{3}\right)^2$ f) $\left(7\sqrt{3}+\sqrt{63}\right)^2$

21
Faktorisiere mit Hilfe der binomischen Formeln. Klammere dazu geeignete Faktoren aus. Ziehe teilweise die Wurzel.
a) $\sqrt{3x^2+6x+3}$ b) $\sqrt{5x^2-10x+5}$
c) $\sqrt{18x^2+12x+2}$ d) $\sqrt{12y^2-36y+27}$

22
Mache den Nenner rational.
a) $\dfrac{1}{\sqrt{3}}$ b) $\dfrac{1}{\sqrt{7}}$ c) $\dfrac{2}{\sqrt{5}}$ d) $\dfrac{3}{\sqrt{2}}$
e) $\dfrac{4}{\sqrt{3}}$ f) $\dfrac{5}{\sqrt{8}}$ g) $\dfrac{3}{\sqrt{10}}$ h) $\dfrac{2}{\sqrt{19}}$

23
Mache den Nenner rational und kürze.
a) $\dfrac{4}{\sqrt{2}}$ b) $\dfrac{9}{\sqrt{3}}$ c) $\dfrac{10}{\sqrt{5}}$ d) $\dfrac{16}{\sqrt{6}}$
e) $\dfrac{18}{\sqrt{12}}$ f) $\dfrac{16}{\sqrt{20}}$ g) $\dfrac{25}{\sqrt{35}}$ h) $\dfrac{22}{\sqrt{33}}$

24
a) $\dfrac{1}{2\sqrt{3}}$ b) $\dfrac{4}{3\sqrt{2}}$ c) $\dfrac{15}{4\sqrt{5}}$ d) $\dfrac{21}{4\sqrt{7}}$
e) $\dfrac{25}{6\sqrt{10}}$ f) $\dfrac{16}{3\sqrt{8}}$ g) $\dfrac{88}{3\sqrt{11}}$ h) $\dfrac{51}{2\sqrt{17}}$

25
Schreibe mit rationalem Nenner.
a) $\dfrac{3+\sqrt{2}}{\sqrt{2}}$ b) $\dfrac{\sqrt{2}-1}{\sqrt{2}}$ c) $\dfrac{\sqrt{3}-2}{\sqrt{3}}$
d) $\dfrac{\sqrt{5}+\sqrt{10}}{\sqrt{5}}$ e) $\dfrac{\sqrt{14}+\sqrt{21}}{\sqrt{7}}$ f) $\dfrac{2\sqrt{13}-\sqrt{39}}{\sqrt{13}}$

26
a) $\dfrac{6+\sqrt{3}}{3\sqrt{3}}$ b) $\dfrac{4+\sqrt{8}}{2\sqrt{2}}$ c) $\dfrac{\sqrt{32}+\sqrt{2}}{5\sqrt{2}}$
d) $\dfrac{\sqrt{5}+\sqrt{3}}{\sqrt{3}\cdot\sqrt{5}}$ e) $\dfrac{6\sqrt{12}}{2\cdot\sqrt{2}\cdot\sqrt{3}}$ f) $\dfrac{2\sqrt{18}-\sqrt{108}}{3\cdot\sqrt{8}\cdot\sqrt{12}}$

27
Beseitige die Wurzel im Nenner.
a) $\dfrac{2}{\sqrt{x}}$ b) $\dfrac{y}{\sqrt{y}}$ c) $\dfrac{x}{3\sqrt{x}}$
d) $\dfrac{5}{\sqrt{2y}}$ e) $\dfrac{\sqrt{a}}{2\sqrt{b}}$ f) $\dfrac{\sqrt{x\cdot y}}{x\sqrt{y}}$

28
a) $\dfrac{x+1}{\sqrt{x}}$ b) $\dfrac{1+a}{\sqrt{ab}}$ c) $\dfrac{xy-y}{x\sqrt{y}}$
d) $\dfrac{2y-y\sqrt{2}}{\sqrt{2y}}$ e) $\dfrac{\sqrt{p}+\sqrt{q}}{p\sqrt{q}}$ f) $\dfrac{x\sqrt{y}-y\sqrt{x}}{\sqrt{xy}}$

29
Vereinfache so weit wie möglich.
a) $\dfrac{\sqrt{5x^2+10x+5}}{\sqrt{10x^2}}$ b) $\dfrac{(\sqrt{3x}-\sqrt{2x})(\sqrt{3x}+\sqrt{2x})}{x\sqrt{2}}$
c) $\dfrac{2x\sqrt{2}}{\sqrt{(\sqrt{7x}-\sqrt{5x})(\sqrt{7x}+\sqrt{5x})}}$ d) $\dfrac{\sqrt{108a}+\sqrt{8a}}{\sqrt{2a}}$

30
Bringe auf die einfachste Form.
a) $\dfrac{(\sqrt{3x}+\sqrt{8x})(\sqrt{4x}-\sqrt{6x})}{x\sqrt{2}}$ b) $\dfrac{a^3\sqrt{6}}{\sqrt{18a^2}}+\left(\dfrac{a}{2}\sqrt{3}\right)^2$
c) $\dfrac{3e}{\sqrt{2}}\left(\left(e\sqrt{2}\right)^2+e\sqrt{2}\cdot e\sqrt{8}+\left(e\sqrt{8}\right)^2\right)$

8 Vermischte Aufgaben

Eines der drei Kärtchen passt zur Quadratwurzel. Ordne ohne Verwendung eines Taschenrechners zu.

a) $\sqrt{4356}$

   62 66 68

b) $\sqrt{8649}$

   92 93 94

c) $\sqrt{11449}$

   107 109 111

d) $\sqrt{49284}$

   214 219 222

1
Bestimme die Quadratzahl im Kopf.
a) 13   b) 14   c) 17
d) 19   e) 31   f) 101

2
Bestimme die Quadratwurzeln ohne Taschenrechner.
a) $\sqrt{121}$ b) $\sqrt{196}$ c) $\sqrt{256}$
d) $\sqrt{361}$ e) $\sqrt{0,81}$ f) $\sqrt{2,25}$
g) $\sqrt{0,04}$ h) $\sqrt{12,25}$ i) $\sqrt{30,25}$
k) $\sqrt{\frac{16}{25}}$ l) $\sqrt{\frac{121}{144}}$ m) $\sqrt{\frac{289}{441}}$

3
Gib die Näherungswerte auf zwei Nachkommastellen genau an.
a) $\sqrt{13}$ b) $\sqrt{44}$ c) $\sqrt{91}$
d) $\sqrt{0,9}$ e) $\sqrt{0,055}$ f) $\sqrt{0,00975}$
g) $\sqrt{\frac{2}{3}}$ h) $\sqrt{\frac{7}{15}}$ i) $\sqrt{\frac{99}{111}}$

4
Setze die fehlenden Ziffern ein und bilde das Lösungswort.
Du musst die Buchstaben zuerst noch in die richtige Reihenfolge bringen.

a) $\sqrt{\Box 24} = 3^2 \cdot 2$
b) $\sqrt{2\Box 6} = 8\sqrt{4}$
c) $\sqrt{\Box 1} \cdot \sqrt{49} = 8^2 - 1$
d) $\sqrt{\Box 15} : \sqrt{35} = \sqrt{16} - 1$
e) $\sqrt{484} - \sqrt{28\Box} = 2 \cdot \sqrt{4} + 1$
f) $\sqrt{196} - \sqrt{\Box 6} \cdot \sqrt{4} = 2$
g) $3\sqrt{\Box} \cdot \sqrt{24} = 6^2$
h) $(\sqrt{12} + \sqrt{\Box 8})^2 = 108$

Buchstaben: A/1, P/3, O/3, T/8, R/4, N/2, S/0, M/6, U/5, C/9, D/7, E/3

5
Löse die angegebene Formel nach der in eckiger Klammer stehenden Variable auf.
a) $A = 4a^2$ [a]
b) $O = 6a^2 h$ [a]
c) $F = \frac{mv^2}{r}$ [v]
d) $h = \frac{v_0^2}{2g}$ [v_0]
e) $A = \frac{3}{4}a^2\sqrt{3}$ [a]
f) $x^2 + y^2 = z^2$ [y]
g) $r = \sqrt{t^2 - s^2}$ [s]
h) $\frac{T_1^2}{T_2^2} = \frac{a_1^3}{a_2^3}$ [a_2]

Intervalle schätzen
Dein Partner gibt eine dreistellige Zahl vor. Du musst nun, **ohne Verwendung des Taschenrechners**, ein Intervall der Länge 3 angeben, in dem die Quadratwurzel der vorgegebenen Zahl liegt. Prüfe anschließend mit dem Taschenrechner nach.
Beispiel: Die vorgegebene Zahl sei 755. Das geschätzte Intervall sei [24;27].
Nun gilt: $\sqrt{755} = 27,47\ldots$
Du erhältst somit keinen Punkt, dein Partner gibt wiederum eine Zahl vor. Hast du richtig geschätzt, bist du an der Reihe. Führt dasselbe auch mit Intervallen der Länge 2 durch. Probiert auch mit 4-stelligen Zahlen. Die Intervalllänge wird dann auf 4 erhöht.

Diese Art des Zahlenratens lässt sich auch in umgekehrter Weise durchführen. Ein Partner gibt im Zahlbereich von 1 bis 10 ein Intervall der Länge 0,1 vor, der andere Partner schätzt, ohne den Taschenrechner zu benutzen, die zugehörige Quadratwurzel.
Beispiel: Vorgegebenes Intervall: [5,4;5,5]
Quadratwurzel für das Intervall: $\sqrt{30}$
Da $\sqrt{30} = 5,47\ldots$ im Intervall liegt, gibt es hierfür einen Punkt.

6
Trage die Quadratwurzeln $\sqrt{2}, 2\sqrt{2}, \ldots 10\sqrt{2}$ auf dem Zahlenstrahl ab.
Welche Näherungswerte ergeben sich für $5\sqrt{2}$ bzw. $10\sqrt{2}$? Vergleiche mit den Werten des Taschenrechners.

7
Bei dem griechischen Mathematiker Heron findet man $\sqrt{p^2 + q} \approx p + \frac{q}{2p}$ als Näherungslösung für Quadratwurzeln.
Berechne und vergleiche mit dem Wert des Taschenrechners.
a) $\sqrt{5}$ für $p = 2$ und $q = 1$
b) $\sqrt{7}$ für $p = 2$ und $q = 3$
c) $\sqrt{27}$ für $p = 5$ und $q = 2$
d) $\sqrt{110}$ für $p = 10$ und $q = 10$

Vermischte Aufgaben

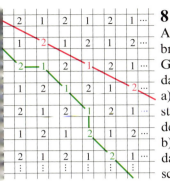

8
Aus den Ziffern im Gitter werden Dezimalbrüche gebildet. Durch die eingezeichnete Gerade ist der Dezimalbruch 1,212121 ... dargestellt.
a) Welche Art von Dezimalbrüchen entsteht auf den links oben beginnenden Geraden?
b) Auf welchen Wegen (vgl. Beispiel) durch das Gitter könnte man wohl nicht periodische Dezimalbrüche bekommen?

9
Bestimme ohne Taschenrechner.
a) $\sqrt[3]{125}$ b) $\sqrt[3]{0{,}064}$ c) $\sqrt[4]{625}$
d) $\sqrt[5]{3125}$ e) $\sqrt[8]{256}$ f) $\sqrt[9]{512}$

10
Zwischen welchen natürlichen Zahlen liegt der Wert der n-ten Wurzel? Schätze und überprüfe mit dem Taschenrechner.
a) $\sqrt[3]{65}$ b) $\sqrt[4]{129}$ c) $\sqrt[4]{500}$
d) $\sqrt[5]{50}$ e) $\sqrt[6]{1500}$ f) $\sqrt[10]{950}$

11
Bestimme mit dem Taschenrechner. Runde auf drei Nachkommastellen.
a) $8 \cdot \sqrt{3} - 2{,}5 \cdot \sqrt{7} + 3{,}8 \cdot \sqrt{11}$
b) $19 \cdot \sqrt{2{,}5} - 4{,}7 \cdot \sqrt{1{,}5} \cdot \sqrt{7{,}5}$
c) $2 \cdot \sqrt{13} - (3{,}1 \cdot \sqrt{3}) : (4{,}5 \cdot \sqrt{0{,}2}) + \sqrt{71{,}8}$

12
Die Hälfte der Summe zweier Zahlen bezeichnet man als **arithmetisches Mittel**.
Beispiel: $\frac{a+b}{2}$: $\frac{3+48}{2} = 25{,}5$
Die Wurzel des Produkts zweier Zahlen heißt **geometrisches Mittel**.
Beispiel: $\sqrt{a \cdot b}$: $\sqrt{3 \cdot 48} = \sqrt{144} = 12$
a) Berechne das geometrische Mittel von 24 und 6; von 22,5 und 2,5; von 1,25 und 1,8.
b) Für welche Zahlen stimmen das arithmetische und das geometrische Mittel überein?
c) Lies das geometrische Mittel mit Hilfe der Skala ab. Wähle dazu geeignete Zahlen und überprüfe dein Ergebnis rechnerisch.

Wurzeln in Serie
$\sqrt{676} = 26$ $\sqrt{2601} = 51$ $\sqrt{5776} = 76$
$\sqrt{576} = 24$ $\sqrt{2401} = 49$ $\sqrt{5476} = 74$
Kannst du eine Gesetzmäßigkeit erkennen? Setze entsprechend fort.

Berechne die Quadratwurzeln. Setze die Reihe der Wurzelterme fort.
a) $\sqrt{1 \cdot 3 + 1}$ b) $\sqrt{1 + 4 \cdot 2}$
   $\sqrt{2 \cdot 4 + 1}$ $\sqrt{4 + 4 \cdot 3}$
   $\sqrt{3 \cdot 5 + 1}$ $\sqrt{9 + 4 \cdot 4}$
   ...   ...

Berechne und setze fort.
a) $\sqrt{1^2 + 1 + 2}$ b) $\sqrt{1 \cdot 5 + 4}$
   $\sqrt{2^2 + 2 + 3}$ $\sqrt{2 \cdot 6 + 4}$
   $\sqrt{3^2 + 3 + 4}$ $\sqrt{3 \cdot 7 + 4}$
   ...   ...
Stelle für den Radikanden einen Term mit Variablen auf und weise nach, dass der Radikand stets eine Quadratzahl ist.

Wie geht's weiter? Berechne.
$\sqrt{1 \cdot 3 \cdot 5 \cdot 7 + 16}$
$\sqrt{2 \cdot 4 \cdot 6 \cdot 8 + 16}$
$\sqrt{3 \cdot 5 \cdot 7 \cdot 9 + 16}$
Für die obige Folge von Quadratwurzeln gilt:
$\sqrt{n(n+2)(n+4)(n+6)+16} = n(n+6)+4$
Führe den allgemeinen Nachweis, indem du die rechte Seite quadrierst und mit dem Radikanden vergleichst.

13
Berechne ohne Taschenrechner.
a) $\sqrt{3} \cdot \sqrt{75}$ b) $\sqrt{80} : \sqrt{5}$
c) $\sqrt{2{,}16} \cdot \sqrt{1{,}5}$ d) $\sqrt{1{,}6 \cdot 12 \cdot 0{,}3}$
e) $\frac{\sqrt{845}}{\sqrt{5}}$ f) $\sqrt{\frac{1024}{576}}$

14
a) $\sqrt{2y} \cdot \sqrt{50yz^2}$ b) $\frac{\sqrt{125x}}{\sqrt{5x}}$
c) $\sqrt{7x} \cdot \sqrt{28xy^2}$ d) $\sqrt{2a^2b} \cdot \sqrt{8bc^2}$
e) $\sqrt{\frac{14}{15yz}} \cdot \sqrt{\frac{30z^3}{7y}}$ f) $\sqrt{\frac{15a}{6b^2}} : \sqrt{\frac{5}{18a}}$

Vermischte Aufgaben

Wurzeln über Wurzeln

Berechne ohne Taschenrechner.

15
Vereinfache.
a) $\sqrt{45x^2y} \cdot \sqrt{5y} - \sqrt{48x^3y^2} : \sqrt{3x}$
b) $\sqrt{121x^2} + \sqrt{112x^3y} : \sqrt{7xy} - \sqrt{49x^2}$
c) $(\sqrt{24x^3} + \sqrt{54x^3}) : \sqrt{6x}$

16
Berechne auf 12 Nachkommastellen genau.
Beispiel: $\sqrt{0{,}000003} = \sqrt{0{,}000001} \cdot \sqrt{3}$
$= 0{,}001 \cdot \sqrt{3}$
$= 0{,}001732050808$

a) $\sqrt{0{,}000002}$ b) $\sqrt{0{,}000011}$
c) $\sqrt{0{,}00000005}$ d) $\sqrt{0{,}00000026}$
e) $\sqrt{0{,}0000000007}$ f) $\sqrt{0{,}0000000044}$

17
Fasse gleichartige Terme zusammen.
a) $\sqrt{5} + 5\sqrt{5} - 10\sqrt{5} + 15\sqrt{5}$
b) $3\sqrt{2x} - 2\sqrt{3x} - 3\sqrt{3x} + 2\sqrt{2x}$
c) $\sqrt{ab} + a\sqrt{b} + 2\sqrt{ab} + b\sqrt{a} + 4\sqrt{ab}$

18
Ziehe die Wurzel so weit wie möglich.
a) $\sqrt{45}$ b) $\sqrt{160}$ c) $\sqrt{68}$
d) $\sqrt{176}$ e) $\sqrt{396}$ f) $\sqrt{768}$

19
Ziehe zunächst die Wurzeln so weit wie möglich und fasse dann zusammen.
a) $\sqrt{147} + \sqrt{32} + \sqrt{27} + \sqrt{128}$
b) $\sqrt{96} + \sqrt{150} - \sqrt{294} + \sqrt{384}$
c) $\sqrt{500x} - \sqrt{320x} + \sqrt{108x} - \sqrt{27x}$

20
Mache den Nenner rational.
a) $\frac{1}{\sqrt{6}}$ b) $\frac{\sqrt{2}}{\sqrt{3}}$ c) $\frac{10\sqrt{3}}{\sqrt{5}}$
d) $\frac{1+\sqrt{2}}{\sqrt{8}}$ e) $\frac{2\sqrt{3}-2}{2\sqrt{3}}$ f) $\frac{2\sqrt{8}-3\sqrt{2}}{2\sqrt{2}}$

21
Forme so um, dass im Nenner keine Wurzel steht.
a) $\frac{z}{3\sqrt{z}}$ b) $\frac{\sqrt{12x}+9x}{\sqrt{3x}}$ c) $\frac{\sqrt{x^2y}-\sqrt{xy^2}}{\sqrt{xy}}$

22
Schwierige Aufgaben – einfache Ergebnisse.
a) $\left(\sqrt{4}-\sqrt{3}\right)\left(\sqrt{2}-\sqrt{1}\right) - \left(\sqrt{1}-\sqrt{2}\right)\left(\sqrt{3}-\sqrt{4}\right)$
b) $\left(\sqrt{5}-\sqrt{3}\right)^2 \cdot \frac{4+\sqrt{15}}{2}$
c) $\frac{(\sqrt{18}+\sqrt{8})^2 \cdot (\sqrt{3}-\sqrt{12})^2}{\sqrt{22500}}$

23
Wende die binomischen Formeln an.
a) $\sqrt{x^2+12x+36}$ b) $\sqrt{x^3+2x^2+x}$
c) $\sqrt{\frac{4}{9}a^2x + \frac{2}{3}abx + \frac{1}{4}b^2x}$ d) $\sqrt{y^2 - 2 + \frac{1}{y^2}}$

24
Vereinfache so weit wie möglich.
a) $\frac{\sqrt{5x}+\sqrt{x}}{\sqrt{x}} \cdot \left(\sqrt{5}-1\right) + \left(\sqrt{32}-\sqrt{2}\right)^2$
b) $\sqrt{128} + \frac{\sqrt{5a^2}}{\sqrt{5a}} + \frac{4\sqrt{a}-a\sqrt{2}}{\sqrt{2a}}$
c) $\frac{2\sqrt{y}+\sqrt{2y}}{\sqrt{2y}} + \frac{8\sqrt{y}-2\sqrt{2y}}{\sqrt{8y}}$

25
Mit Hilfe der Faustformel $s = \left(\frac{T}{10}\right)^2$, wobei T die Anzeige des Tachos (km/h) ist, kann man den zurückgelegten Bremsweg s (in m) auf trockener Straße näherungsweise bestimmen.
a) Berechne die Bremswege für T = 50 km/h und T = 100 km/h.
b) Welche Geschwindigkeit zeigte das Tachometer für die Bremswege s = 9 m bzw. s = 100 m an?

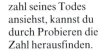

Ein Mathematik-Professor sagte auf die Frage nach seinem Alter:
„Im Jahre x war ich Wurzel aus x Jahre alt."
Er starb im Jahre 1971. Wann wurde er geboren?
Wenn du dir die Jahreszahl seines Todes ansiehst, kannst du durch Probieren die Zahl herausfinden.

Vermischte Aufgaben

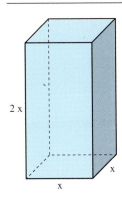

26
a) Ein Würfel besitzt eine Oberfläche von 294 e². Berechne die Kantenlänge des Würfels in Abhängigkeit von e.
b) Wie verändert sich die Kantenlänge des Würfels, wenn die Oberfläche verdoppelt wird?
c) Die Körperhöhe des quadratischen Prismas mit O = 120 e² ist doppelt so lang wie die Grundkante. Berechne die Höhe des Prismas in Abhängigkeit von e.

27
a) Für welche Zahlen ist der Radikand gleich seiner Wurzel?
b) Bei welcher Zahl ist der Radikand 10-mal so groß wie der Wert der Quadratwurzel?
c) Für welche Zahl ist der Radikand die Hälfte des Wurzelwerts?
d) Bei welchen Zahlen ist der Wert der Wurzel größer als der Radikand?
e) Bei welcher Zahl ist der Radikand $1\frac{1}{2}$-mal so groß wie die zugehörige Wurzel?

Divisionsverfahren
Wurzeln lassen sich auch „von Hand" ziehen. Dazu zerlegt man den Radikanden mit Hilfe der 1. binomischen Formel.
Wir wollen uns dies am Beispiel von $\sqrt{2\,209}$ klarmachen.
Da 2 209 zwischen 1 600 und 2 500 liegt, suchen wir die Quadratwurzel im Bereich zwischen 40 und 50.
Wegen der Endziffer 9 können nur die Einerzahlen 3 oder 7 infrage kommen. Da 2 209 größer ist als das Mittel von 1 600 und 2 500, probieren wir die Endziffer 7.
$\sqrt{2\,209} = \sqrt{1\,600 + 2 \cdot 40 \cdot 7 + 49}$
$= \sqrt{(40+7)^2} = 47$.
Mit Variablen bedeutet dies
$\sqrt{R} = \sqrt{a^2 + 2ab + b^2} = \sqrt{(a+b)^2} = a+b$.
In Kurzform kann die Rechnung etwa so geschrieben werden:

$\sqrt{22|09} = 47$
-16
609
$-609 \quad 87 \cdot 7 = (2 \cdot 40 + 7) \cdot 7$
0

Die Ziffern des Radikanden werden von rechts in Zweierbündeln zusammengefasst.

Berechne auf diese Weise.
a) $\sqrt{1\,369}$ b) $\sqrt{1\,764}$ c) $\sqrt{3\,136}$
d) $\sqrt{5\,929}$ e) $\sqrt{7\,744}$ f) $\sqrt{8\,281}$

Setzt man das Verfahren fort, können auch größere Wurzeln errechnet werden.
a) $\sqrt{15\,129}$ b) $\sqrt{772\,641}$
c) $\sqrt{43\,996\,689}$ d) $\sqrt{97\,535\,376}$

Das Divisionsverfahren lässt sich auch anwenden, wenn die Radikanden keine Quadratzahlen sind.

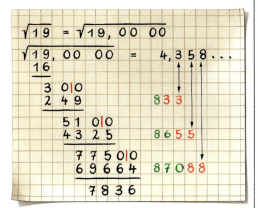

Eine „Rezeptur" hierzu:
1. Bilde beim Radikanden, vom Komma aus, Zweierpäckchen nach links und rechts.
2. Suche die größte Quadratzahl, die ins erste, linke Päckchen passt.
3. Bilde die Differenz.
4. Ziehe das nächste Päckchen herunter.
5. Schneide die Endziffer ab und prüfe, wie oft das Doppelte des bis dahin bestimmten Quotienten enthalten ist.
6. Schreibe diese Zahl in die Kästchen und berechne das Produkt.
7. Übernimm diese Zahl in den Quotienten.
8. Beginne wieder mit Schritt 4.

a) Berechne auf drei Stellen nach dem Komma.
$\sqrt{27,4}$ $\sqrt{40,4}$ $\sqrt{558,5}$ $\sqrt{7924}$

b) Bestimme mit dem Divisionsverfahren den ganzzahligen Teil der Wurzel.
$\sqrt{1\,450}$ $\sqrt{746\,500}$ $\sqrt{12\,809\,250}$

Rückspiegel

1
Ziehe die Quadratwurzel.
a) $\sqrt{36}$ b) $\sqrt{484}$ c) $\sqrt{0{,}49}$
d) $\sqrt{1{,}69}$ e) $\sqrt{10{,}24}$ f) $\sqrt{20{,}25}$
g) $\sqrt{\frac{4}{9}}$ h) $\sqrt{\frac{64}{361}}$ i) $\sqrt{\frac{729}{961}}$

2
Bestimme mit dem Taschenrechner auf drei Nachkommastellen genau.
a) $\sqrt{23{,}5}$ b) $\sqrt{57}$ c) $\sqrt{9\,754{,}5}$
d) $\sqrt{3{,}236}$ e) $\sqrt{0{,}06}$ f) $\sqrt{0{,}0089}$

3
Berechne mit dem Taschenrechner auf zwei Nachkommastellen genau.
a) $\sqrt[3]{17}$ b) $\sqrt[3]{65{,}8}$ c) $\sqrt[4]{150}$
d) $\sqrt[5]{335{,}5}$ e) $\sqrt[6]{0{,}2}$ f) $\sqrt[7]{0{,}09}$

4
Berechne ohne Taschenrechner.
a) $\sqrt{6} \cdot \sqrt{24}$ b) $\sqrt{99} \cdot \sqrt{11}$
c) $\sqrt{196 \cdot 121}$ d) $\sqrt{0{,}25 \cdot 1{,}44}$

5
a) $\frac{\sqrt{72}}{\sqrt{8}}$ b) $\sqrt{\frac{625}{900}}$
c) $\frac{\sqrt{153}}{\sqrt{17}}$ d) $\frac{3\sqrt{128}}{8\sqrt{8}}$

6
a) $\sqrt{2x} \cdot \sqrt{8x}$ b) $\sqrt{49x^2 \cdot 225y^2}$
c) $\sqrt{7a} \cdot \sqrt{28ab^2}$ d) $12\sqrt{a} \cdot 3\sqrt{4a}$

7
a) $\frac{\sqrt{175x^3}}{\sqrt{7x}}$ b) $\frac{\sqrt{63a^5b}}{\sqrt{7ab^3}}$
c) $\sqrt{\frac{289y^3z}{400yz}}$ d) $\frac{6 \cdot \sqrt{98x^5}}{\sqrt{2x}}$

8
Vereinfache.
a) $\sqrt{2z} \cdot \frac{\sqrt{56z}}{\sqrt{7}}$ b) $\sqrt{\frac{11a}{41b}} \cdot \frac{\sqrt{164b^3}}{\sqrt{99a}}$
c) $\sqrt{\frac{16x^3}{49y}} : \sqrt{\frac{4x}{196y^3}}$ d) $\sqrt{\frac{162v^2w}{6vw}} : \sqrt{3v}$

9
Fasse zusammen.
a) $\sqrt{5} - 7\sqrt{5} + 12\sqrt{5} - 5\sqrt{5}$
b) $9\sqrt{19} - 9\sqrt{13} + 7\sqrt{19} + 10\sqrt{13}$
c) $3\sqrt{a} - 5\sqrt{b} - 4\sqrt{a} + 6\sqrt{b}$
d) $x\sqrt{yz} - y\sqrt{xz} + 2x\sqrt{yz} + 2y\sqrt{xz}$

10
Ziehe die Wurzel so weit wie möglich.
a) $\sqrt{72}$ b) $\sqrt{96}$ c) $\sqrt{240}$
d) $\sqrt{49y^3}$ e) $\sqrt{112x^2y}$ f) $\sqrt{432x^3y^5z^2}$

11
Ziehe teilweise die Wurzel und fasse zusammen.
a) $\sqrt{18} + \sqrt{12} - \sqrt{72} + \sqrt{75}$
b) $\sqrt{108} - \sqrt{48} + \sqrt{147} + \sqrt{300}$
c) $\sqrt{8x^2} - \sqrt{98x^2} + \sqrt{128x^2}$
d) $5\sqrt{45y^3} + 15y\sqrt{20y} - 6y\sqrt{125y}$

12
Mache den Nenner rational.
a) $\frac{1}{\sqrt{7}}$ b) $\frac{7}{2\sqrt{21}}$ c) $\frac{\sqrt{2}+1}{2\sqrt{2}}$
d) $\frac{3a}{\sqrt{a}}$ e) $\frac{x+1}{2\sqrt{x}}$ f) $\frac{\sqrt{p}-\sqrt{q}}{p \cdot \sqrt{q}}$

13
Vereinfache den Term so weit wie möglich.
a) $(3\sqrt{2x} + \sqrt{50x})^2$
b) $\left(\frac{15\sqrt{x}}{\sqrt{5x}} - \sqrt{180}\right)^2$
c) $\frac{\sqrt{a^3 + 6a^2 + 9a}}{\sqrt{2a^3 + 12a^2 + 18a}}$
d) $\frac{a\sqrt{12}}{2\sqrt{a}} + \sqrt{48a} - \sqrt{5a} \cdot \sqrt{15}$

14
Ein quadratisches Baugrundstück mit 506,25 m² Flächeninhalt soll an zwei Quadratseiten mit Sträuchern bepflanzt werden. Wie viele Sträucher werden benötigt, wenn man für einen Strauch 2,5 m Platz rechnet?

III Quadratische Funktion. Quadratische Gleichung

Parabeln

Nicht so sehr die geraden Linien, sondern insbesondere auch die Parabelbögen sind die gestaltenden Elemente in Natur und Technik. Bei jedem Springbrunnen sind sie zu sehen; die Wassertropfen bewegen sich auf einer parabelförmigen Bahn. Bei Brücken und Gebäuden übernehmen parabelförmige Bauteile Aufgaben der Statik und Gestaltung.

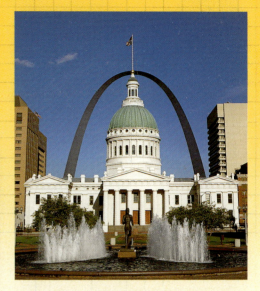

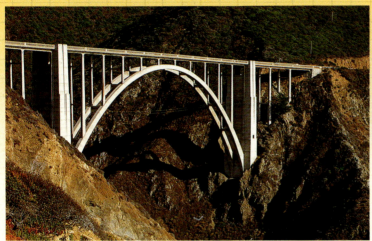

1 Die quadratische Funktion $y = x^2$

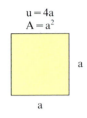

u = 4a
A = a²

a (cm)	1	2	3	4	5	..
u (cm)	4	8	12			..
A (cm²)	1	4	...			

1
Berechne jeweils Umfang und Flächeninhalt eines Quadrats für die Seitenlängen 1 cm, 2 cm, 3 cm, ..., 10 cm.
Vergleiche die Werte und stelle die Zusammenhänge in einem geeigneten Koordinatensystem dar.

2
Wenn ein Becherglas mit Wasser rotiert, ergibt sich dieses Bild.
Lies die Koordinaten der eingezeichneten Punkte A, B, C, D und E ab.

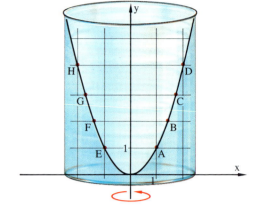

Neben den bekannten linearen Funktionen gibt es noch andere Funktionen. So lassen sich viele Vorgänge aus Natur und Technik, wie zum Beispiel der Verlauf des Wasserstrahls eines Springbrunnens oder die Form einer Hängebrücke, nicht mit einer linearen Funktion beschreiben. Hier handelt es sich oft um Funktionen, bei denen die Variable im Quadrat vorkommt. Sie werden deshalb als **quadratische Funktionen** bezeichnet. Die Schaubilder sind gekrümmte Linien, sie heißen **Parabeln**.

> Die Funktionsgleichung $y = x^2$ beschreibt die einfachste **quadratische Funktion**.
> Ihr Schaubild heißt **Normalparabel**.

Zum Zeichnen des Schaubildes von $y = x^2$ wird eine Wertetabelle erstellt.
Für das Intervall $-3 \leq x \leq 3$ gilt:

x	-3	-2	-1	0	1	2	3
y	9	4	1	0	1	4	9

Um den Kurvenverlauf genauer zeichnen zu können, sind einige Zwischenwerte hilfreich.

x	-2,5	-1,5	-0,5	0,5	1,5	2,5
y	6,25	2,25	0,25	0,25	2,25	6,25

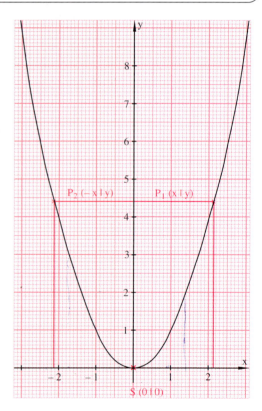

Den tiefsten Punkt der Normalparabel S(0|0) bezeichnet man als **Scheitel**.
Da das Quadrat einer negativen Zahl einen positiven Wert hat, sind alle y-Werte außer Null positiv. Zu entgegengesetzten x-Werten gehören dieselben y-Werte, da die Beziehung $(-x)^2 = x^2$ gilt.
Die Punkte $P_1(x|y)$ und $P_2(-x|y)$ liegen symmetrisch, dabei ist die y-Achse die Symmetrieachse.

Die quadratische Funktion $y = x^2$

Beispiel
Da man die Normalparabel zum Zeichnen oft benötigt, gibt es fertige Schablonen als Zeichenhilfe. Man kann eine Schablone auch selbst herstellen. Um den Kurvenverlauf zwischen $x = -1$ und $x = 1$ besser darstellen zu können, ist dieser Teil einmal vergrößert gezeichnet. Als Schrittweite wird 0,1 gewählt.

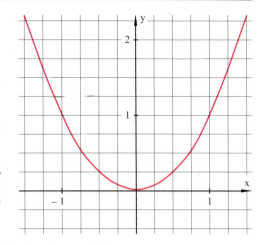

x	0,1	0,2	0,3	0,4	0,5	0,6	0,7	0,8	0,9	1
y	0,01	0,04	0,09	0,16	0,25	0,36	0,49	0,64	0,81	1

Wegen der Symmetrieeigenschaft der Funktion erhält man für negative x-Werte dieselben y-Werte.

Aufgaben

3

Herstellen einer Zeichenschablone
Zeichne die Normalparabel möglichst genau auf Millimeterpapier. Wähle das Intervall $-3 \leq x \leq 3$ und die Schrittweite 0,2. Klebe das Schaubild auf Pappe und schneide die Parabel aus.

4
Zeichne das Schaubild der Funktion $y = x^2$ mit der Einheit
a) 2 cm b) 0,5 cm
jeweils in ein Koordinatensystem.

5
Die Punkte P_1 bis P_9 sind Punkte auf der Normalparabel. Ergänze den fehlenden y-Wert durch Ablesen aus dem Schaubild von Seite 62 so genau wie möglich.
a) $P_1(2|\square)$ b) $P_4(-1|\square)$ c) $P_7(-1,9|\square)$
$P_2(1,4|\square)$ $P_5(-2,1|\square)$ $P_8(1,8|\square)$
$P_3(0,3|\square)$ $P_6(-0,7|\square)$ $P_9(-2,6|\square)$

6
Die Punkte P_1 bis P_9 sind Punkte auf der Normalparabel. Ermittle den fehlenden x-Wert auf eine Dezimale durch Ablesen aus der Zeichnung von Seite 62.
a) $P_1(+\square|1,5)$ b) $P_4(-\square|5)$ c) $P_7(+\square|0,6)$
$P_2(+\square|4,5)$ $P_5(-\square|6)$ $P_8(-\square|5,1)$
$P_3(+\square|6,5)$ $P_6(-\square|7)$ $P_9(-\square|8,3)$

7
Liegt der Punkt P auf der Normalparabel, oberhalb der Kurve oder unterhalb? Löse zunächst, ohne zu zeichnen, und überprüfe dann dein Ergebnis mit dem Schaubild.
a) $P(2,5|6,25)$ b) $P(-2,4|5,76)$
c) $P(1,4|2,1)$ d) $P(0,9|1,0)$
e) $P(-0,4|0,4)$ f) $P(-1,8|3,1)$

8
Stelle ohne Schaubild fest, ob der Punkt auf der Normalparabel liegt. Benutze dazu die Taschenrechnertasten $\boxed{x^2}$ oder $\boxed{\sqrt{x}}$.
a) $A(17|289)$ b) $B(-4|-16)$
c) $C(4,5|20)$ d) $D(-3,5|12,25)$
e) $E(1,1|1,2)$ f) $F(0,8|0,6)$
g) $G(-0,5|0,25)$ h) $H(24|580)$

9
Ergänze die Wertetabelle für die quadratische Funktion $y = x^2$ in deinem Heft (Genauigkeit: 1 Dezimale).

x	1,5	$+\square$	4,6	$-\square$	0,7	$+\square$	$-\square$
y	$\square$	5,2	$\square$	3,9	$\square$	11,2	13,5

10
Erstelle eine Wertetabelle für die Funktion $y = -x^2$ und zeichne das Schaubild. Vergleiche mit der Normalparabel.

2 Die quadratische Funktion y = ax² + c

1
Ein Becherglas mit Wasser rotiert mit unterschiedlicher Geschwindigkeit.
Beschreibe die Form der Wasserstände.

2
Erstelle eine Wertetabelle, zeichne die Schaubilder der Funktionen und vergleiche.

$y = x^2$ $\qquad$ $y = 3x^2$
$y = x^2 + 3$ $\qquad$ $y = \frac{1}{3}x^2$
$y = x^2 - 3$ $\qquad$ $y = \frac{1}{3}x^2 + 3$

Addiert oder subtrahiert man zu den y-Werten der Normalparabel einen gleichbleibenden Wert, so verschiebt sich das Schaubild in y-Richtung, die Form bleibt erhalten.

Multipliziert man die y-Werte der Funktion $y = x^2$ mit einem konstanten Faktor, so verändert sich die Form der Normalparabel. Sie wird breiter oder schlanker.

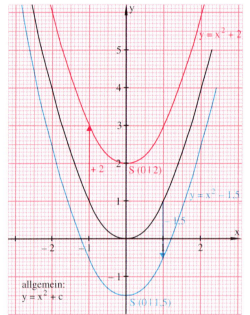

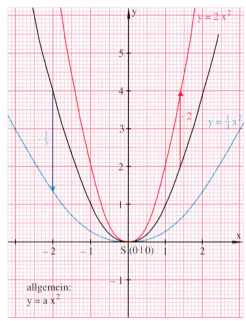

Die Schaubilder der Funktionen **y = x² + c** entstehen aus der Normalparabel durch Verschiebung in y-Richtung. Der Summand c bestimmt dabei die Länge und die Richtung der Verschiebung:
c > 0 Verschiebung nach oben,
c < 0 Verschiebung nach unten.
Dadurch verändert sich auch die Lage des **Scheitels** S.
Er liegt stets auf der y-Achse und hat die Koordinaten S(0|c).

Die Schaubilder der Funktionen **y = ax²** kann man aus der Normalparabel durch Multiplikation ihrer y-Werte mit dem Faktor a erzeugen, dabei bestimmt a die Änderung der Form:
$\quad$ a > 1 Parabel wird schlanker,
0 < a < 1 Parabel wird breiter.
Bei negativem a ist die Parabel nach unten geöffnet.
−1 < a < 0 $\quad$ breite $\quad$ Parabel
$\quad$ a < −1 schlanke Parabel

Die quadratische Funktion y = ax² + c

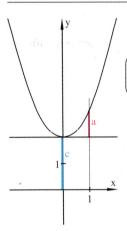

Die Schaubilder der Funktionen $y = ax^2 + c$ sind in der Form veränderte Normalparabeln, die zusätzlich in y-Richtung verschoben sind.

> Die Schaubilder der Funktionen **$y = ax^2 + c$** heißen Parabeln. Dabei bestimmt der Faktor a die Form der Parabel, der Summand c die Lage. Der Scheitel ist der Punkt S(0|c).

Beispiele

a) Das Schaubild der Funktion $y = \frac{1}{2}x^2 + \frac{3}{2}$ kann man mit Hilfe einer Wertetabelle zeichnen.

x	−3	−2	−1	0	1	2	3
y	6	3,5	2	1,5	2	3,5	6

b) Die Schaubilder der Funktionen $y = -\frac{1}{2}x^2 + 2$ und $y = -\frac{1}{8}x^2 - \frac{1}{2}$ sind nach unten geöffnete Parabeln. Liegt der Scheitel oberhalb der x-Achse, so ergeben sich Schnittpunkte mit der x-Achse.

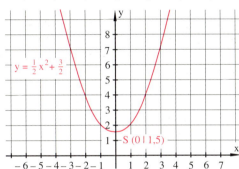
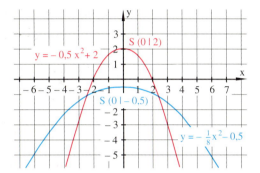

Aufgaben

3
Zeichne mit Hilfe der Normalparabel das Schaubild der Funktion.
a) $y = x^2 + 2$ b) $y = x^2 - 3$
c) $y = x^2 + 1,6$ d) $y = x^2 - 2,1$
e) $y = x^2 - \frac{1}{2}$ f) $y = x^2 + \frac{8}{5}$

4
Zeichne das Schaubild der Funktion. Multipliziere dazu die y-Werte der Normalparabel mit dem entsprechenden Faktor.
a) $y = 2x^2$ b) $y = \frac{1}{2}x^2$
c) $y = 3x^2$ d) $y = \frac{1}{4}x^2$
e) $y = \frac{5}{2}x^2$ f) $y = -2x^2$

5
Welche Parabeln verlaufen (außer im Scheitel) oberhalb, welche unterhalb der Normalparabel?
a) $y = 5x^2$ b) $y = \frac{1}{5}x^2$ c) $y = 1,5x^2$

6
Zeichne das Schaubild der Funktion.
a) $y = 2x^2 + 1$ b) $y = \frac{1}{2}x^2 - 4$
c) $y = 3x^2 - 4$ d) $y = \frac{1}{3}x^2 + 2$
e) $y = \frac{5}{2}x^2 + 2$ f) $y = 1,5x^2 - 3$

7
Zeichne die drei Schaubilder für jede Teilaufgabe in ein Koordinatensystem und vergleiche die Parabeln.

a) $y = x^2 + 3$
   $y = x^2 - 3$
   $y = x^2$

b) $y = x^2$
   $y = 2x^2$
   $y = x^2 + 2$

c) $y = x^2 + 2$
   $y = 2x^2 + 2$
   $y = \frac{1}{2}x^2 + 2$

d) $y = \frac{1}{2}x^2 + 2$
   $y = \frac{1}{3}x^2 + 3$
   $y = \frac{1}{4}x^2 + 4$

e) $y = 2x^2 + 3$
   $y = 3x^2 + 2$
   $y = x^2 + 2,5$

f) $y = -x^2 - 1$
   $y = -x^2 + 1$
   $y = -x^2$

Die quadratische Funktion y = ax² + c

8
Es sind Funktionsgleichungen und Schaubilder quadratischer Funktionen gegeben. Welches Schaubild gehört zu welcher Funktionsgleichung?

a) $y = 3x^2$
b) $y = 2x^2 - 3$
c) $y = \frac{1}{2}x^2 - 3$
d) $y = \frac{1}{3}x^2$
e) $y = -x^2 + 2$
f) $y = x^2 + 2$
g) $y = -2x^2 + 3$
h) $y = -\frac{1}{3}x^2 + 3$

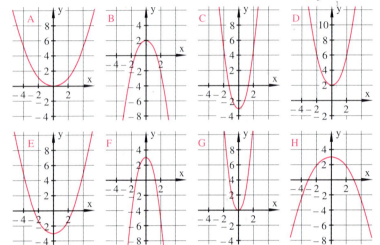

9
Gib die Koordinaten des Scheitels der Parabel ohne zu zeichnen an.

a) $y = x^2 + 1$
   $y = x^2 + 3$
   $y = x^2 + 5$
b) $y = x^2 - 1$
   $y = x^2 - 2$
   $y = x^2 - 3$
c) $y = 3x^2 - 3$
   $y = 4x^2 - 2$
   $y = 3x^2 + 3$

10
Beschreibe den Kurvenverlauf des Schaubildes der Funktion, ohne zu zeichnen, mit folgenden Merkmalen:
- schlanker/breiter
- nach oben/nach unten verschoben
- nach oben/nach unten offen

Als Vergleich dient die Normalparabel.

a) $y = 2x^2$
b) $y = \frac{1}{2}x^2 - 4$
c) $y = 3x^2 + 2$
d) $y = \frac{1}{3}x^2 + \frac{1}{2}$
e) $y = \frac{5}{2}x^2 - 1$
f) $y = 2{,}5x^2 - 2{,}5$
g) $y = x^2 + \frac{1}{4}$
h) $y = -x^2 - 4$
i) $y = -2x^2 + 1$
k) $y = -\frac{1}{2}x^2 - 7$

11
Welcher Punkt liegt auf welcher Parabel?

A(1|2) $y = \frac{1}{2}x^2 + 4$
B(2|6) $y = x^2 - 2$
C(−2|2) $y = 2x^2 - 4$
D(1|−2) $y = -2x^2 + 4$

12
Haben die beiden Parabeln gemeinsame Punkte? Bestätige deine Antwort durch die grafische Darstellung (Skizze genügt).

a) $y = 2x^2 + 3$
   $y = 2x^2 - 3$
b) $y = x^2 + 3$
   $y = 2x^2$
c) $y = 2x^2 + 3$
   $y = x^2 + 3$
d) $y = 2x^2 - 3$
   $y = \frac{1}{2}x^2 + 3$
e) $y = 2x^2 - 3$
   $y = -2x^2 + 3$
f) $y = -\frac{1}{2}x^2$
   $y = 2x^2 + \frac{1}{2}$

13
Zeichne das Schaubild der quadratischen Funktion, bestimme die Koordinaten der Schnittpunkte mit der x-Achse und miss die Strecke, die auf der x-Achse ausgeschnitten wird.

a) $y = x^2 - 5$
b) $y = \frac{1}{2}x^2 - 5$
c) $y = 2x^2 - 5$
d) $y = -x^2 + 3$
e) $y = -\frac{1}{3}x^2 + 3$
f) $y = -3x^2 + 3$

14
Zeichne die Schaubilder der quadratischen Funktion $y = ax^2 - a$ für $a = \frac{1}{2}; 1; \frac{3}{2}; 2; \frac{5}{2}; 3$ in ein Koordinatensystem.

15
a) Wie groß muss a sein, damit der Punkt P(3|3) auf der Parabel $y = ax^2$ liegt?
b) Wie groß muss c für die Parabel $y = x^2 + c$ gewählt werden, damit der Punkt P(−1|−1) auf der Kurve liegt? Wo liegt dann der Scheitel?
c) Wie groß muss a sein, damit der Punkt P(−1|5) auf der Parabel $y = ax^2 + 3$ liegt?
d) Wo liegt der Scheitel der Parabel $y = -x^2 + c$, die die x-Achse in den Punkten $P_1(3|0)$ und $P_2(-3|0)$ schneidet?

3 Die rein quadratische Gleichung – grafische Lösung

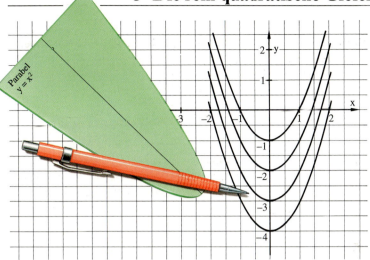

1
Zeichne die verschobenen Normalparabeln
$y = x^2 - 1$, $y = x^2 - 2$, $y = x^2 - 3$, $y = x^2 - 4$
und $y = x^2 - 5$. Lies aus der Zeichnung die
x-Werte und die y-Werte der Schnittpunkte
der Parabeln mit der x-Achse ab.

Gleichungen wie $x^2 - 4 = 0$, $2x^2 - 4,5 = 0$ oder $x^2 + 4 = 13$, in denen die Gleichungsvariable nur im Quadrat vorkommt, nennt man **rein quadratische Gleichungen**.

Für die Gleichung $x^2 - 4 = 0$ können die Lösungen durch Probieren ermittelt werden. Da $(+2)^2 = 4$ und $(-2)^2 = 4$ ist, hat diese Gleichung zwei Lösungen: $x_1 = 2$ und $x_2 = -2$.
Betrachtet man das Schaubild der verschobenen Normalparabel $y = x^2 - 4$, so erkennt man, dass die x-Werte der Schnittpunkte mit der x-Achse, der Geraden mit $y = 0$, gerade die Lösungen der Gleichung $x^2 - 4 = 0$ sind.

Für die Gleichung $2x^2 - 4,5 = 0$ sind die Lösungen nicht unmittelbar erkennbar. Aus dem Schaubild der Funktion $y = 2x^2 - 4,5$ kann man die x-Werte der Schnittpunkte mit der x-Achse ablesen: $x_1 = 1,5$ und $x_2 = -1,5$.
Diese beiden Werte erfüllen die Gleichung $2x^2 - 4,5 = 0$. Sie sind also Lösungen der Gleichung. Setzt man die Werte in die Funktionsgleichung ein, erhält man für y jeweils den Wert Null.

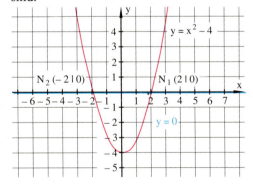
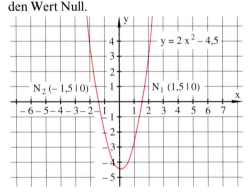

> **Rein quadratische Gleichungen** der Form $ax^2 + c = 0$ lassen sich grafisch lösen, indem man die Schnittpunkte der Parabel $y = ax^2 + c$ mit der x-Achse ermittelt.
> Die x-Werte der Schnittpunkte sind die Lösungen der Gleichung.

Bemerkung: Die x-Werte der Schnittpunkte mit der x-Achse heißen auch **Nullstellen** der Funktion, weil für diese x-Werte der zugehörige y-Wert Null ist.

Die rein quadratische Gleichung – grafische Lösung

Die x-Werte lassen sich ungefähr auf Millimeter genau ablesen. Bei einer Einheit von 1 cm bedeutet dies eine Genauigkeit von einer Nachkommaziffer.

Beispiele

a) Die Lösungen der Gleichung $x^2 - 3 = 0$ ergeben sich näherungsweise aus den Schnittpunkten der verschobenen Normalparabel $y = x^2 - 3$ mit der x-Achse.

b) Damit zum Lösen der Gleichung $\frac{1}{2}x^2 - 2 = 0$ die Normalparabel verwendet werden kann, wird die Gleichung vorher umgeformt: $\frac{1}{2}x^2 - 2 = 0 \quad |\cdot 2$
$x^2 - 4 = 0$

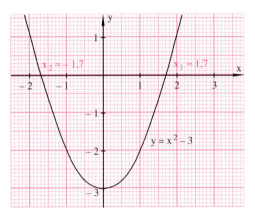

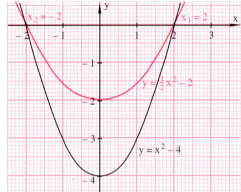

Aufgaben

2
Zeichne das Schaubild der Funktion, bestimme die Schnittpunkte mit der x-Achse und gib die Nullstellen an.

a) $y = x^2 - 1$ b) $y = x^2 - 2{,}25$
c) $y = x^2 - 6$ d) $y = x^2 - 3{,}5$
e) $y = \frac{1}{2}x^2 - 3$ f) $y = \frac{1}{3}x^2 - 4$
g) $y = 2x^2 - 5$ h) $y = 3x^2 - 2$

3
Bestimme die Lösungen der Gleichung zeichnerisch.

a) $x^2 - 9 = 0$ b) $x^2 - 6{,}25 = 0$
c) $x^2 - 2 = 0$ d) $x^2 - 5 = 0$
e) $2x^2 - 8 = 0$ f) $\frac{1}{2}x^2 - 4{,}5 = 0$
g) $3x^2 - 6 = 0$ h) $\frac{1}{3}x^2 - 2 = 0$

4
Forme die Gleichung vor dem grafischen Lösen um.

a) $x^2 = 4$ b) $x^2 = 2{,}25$
c) $2x^2 = 18$ d) $3x^2 = 15$
e) $\frac{1}{2}x^2 = 3{,}5$ f) $\frac{1}{3}x^2 = 1$
g) $4x^2 = 10$ h) $\frac{1}{4}x^2 = 0{,}8$

5
Hier sind die zeichnerischen Lösungen von einigen quadratischen Gleichungen abgebildet. Finde heraus, um welche Gleichungen es sich handelt.

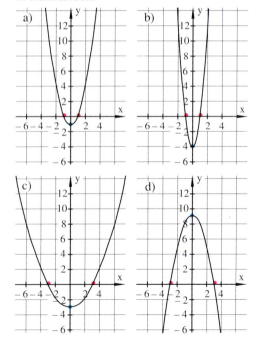

4 Die rein quadratische Gleichung – rechnerische Lösung

1
Wenn man vom Quadrat einer Zahl 16 subtrahiert, erhält man 65. Wie heißt die Zahl? Findest du auch eine negative Zahl, die diese Bedingung erfüllt?

2
Die Terrasse eines Hauses ist mit gleich großen, quadratischen Platten ausgelegt. Die Gesamtfläche beträgt 10,8 m². Welche Seitenlänge hat eine Platte, wenn es insgesamt 30 Platten sind?

Nicht alle quadratischen Gleichungen lassen sich zeichnerisch exakt lösen. Mit rechnerischen Lösungsverfahren ist dies aber möglich.

Rein quadratische Gleichungen können immer so umgeformt werden, dass das Quadrat der Lösungsvariablen isoliert steht.
Aus dem Quadrat einer Zahl erhält man durch Wurzelziehen die Zahl selbst. Es gibt aber zwei Zahlen, deren Quadrat 36 ergibt. Die Gleichung hat also zwei Lösungen, die mit x_1 und x_2 bezeichnet werden.

$$5x^2 + 12 = 192 \quad | -12$$
$$5x^2 = 180 \quad | :5$$
$$x^2 = 36$$
$$x_{1,2} = \pm\sqrt{36}$$
$$x_{1,2} = \pm 6$$
$$x_1 = 6$$
$$x_2 = -6$$

Für die Lösungsmenge schreibt man auch:
$L = \{6; -6\}$.

> **Rein quadratische Gleichungen** werden rechnerisch gelöst, indem man die Gleichung nach x^2 umstellt und dann die Wurzel zieht. Bei positivem Radikanden ergeben sich immer zwei Lösungen, bei negativem Radikanden gibt es keine Lösung. Ist der Radikand Null, gibt es eine Lösung.

Beispiele

a) Lösung der quadratischen Gleichung:
$$5x^2 - 7 = 73 \quad | +7$$
$$5x^2 = 80 \quad | :5$$
$$x^2 = 16$$
$$x_{1,2} = \pm\sqrt{16}$$
$$x_1 = 4$$
$$x_2 = -4$$
$$L = \{4; -4\}$$

b) Die Lösungen der Gleichung
$3x^2 + 4 = 19$ müssen gerundet werden, wenn man sie als Dezimalzahl angeben will.
$$3x^2 + 4 = 19 \quad | -4$$
$$3x^2 = 15 \quad | :3$$
$$x^2 = 5$$
$$x_{1,2} = \pm\sqrt{5}$$

Auf zwei Nachkommastellen gerundet:
$$x_1 = 2{,}24$$
$$x_2 = -2{,}24$$
$$L = \{2{,}24; -2{,}24\}$$

Bemerkung: Wenn die Lösungen in der Dezimalschreibweise angegeben werden, runden wir in der Regel auf zwei Nachkommaziffern. Bei Anwendungsaufgaben werden die Ergebnisse aufgrund der vorgegebenen Sachsituation mit sinnvoller Genauigkeit angegeben. Negative Ergebnisse sind hier in der Regel nicht sinnvoll.

Die rein quadratische Gleichung – rechnerische Lösung

Aufgaben

3
Löse die Gleichung im Kopf.
a) $x^2 = 25$ b) $x^2 = 196$
c) $x^2 = 1{,}44$ d) $x^2 = 0{,}36$
e) $x^2 - 16 = 0$ f) $x^2 - 49 = 0$
g) $x^2 - 1{,}69 = 0$ h) $x^2 - 6{,}25 = 0$
i) $x^2 = \frac{4}{9}$ k) $x^2 = \frac{16}{25}$

4
Gib die Lösungen auf zwei Stellen nach dem Komma an.
a) $x^2 = 10$ b) $x^2 = 112$
c) $x^2 = 1{,}8$ d) $x^2 = 0{,}9$
e) $x^2 = \frac{1}{3}$ f) $x^2 = \frac{16}{7}$
g) $x^2 - 7 = 0$ h) $x^2 - 4{,}5 = 0$

5
Löse die Gleichung. Runde sinnvoll.
a) $5x^2 = 200$ b) $7x^2 = 91$
c) $\frac{1}{2}x^2 = 45$ d) $\frac{2}{3}x^2 = 21$
e) $2x^2 - 48 = 0$ f) $3x^2 - 100 = 0$
g) $6x^2 - 17 = 28$ h) $1{,}5x^2 - 0{,}16 = 0{,}08$

6
a) $15x^2 - 2 = 6x^2 - 1$
b) $39x^2 + 3 = 3x^2 + 4$
c) $10x^2 - 8 = -6x^2 + 1$
d) $8x^2 - 21 = -x^2 - 5$

7
a) $4x^2 - 13 + x^2 = 4(3 - x^2)$
b) $(4x + 1)(2x + 2) = 10x + 20$
c) $(8x - 8)(5x + 5) = 40 - 85x^2$
d) $34x^2 - 14 = (7x + 3)(14x - 6)$

8
a) $(10x + 6)^2 = 120x + 40$
b) $(5x + 1)^2 = 10x + 5$
c) $(4x - 6)^2 = 45 - 48x$
d) $(7x - 2)^2 = -28x + 8$

9
a) $(3x + 1)(3x - 1) = 15$
b) $(x - 1)(x + 1) = 199 - 287x^2$
c) $(4x - 5)(4x + 5) = -184x^2 + 47$

10
Hier kommen Brüche vor.
a) $\frac{x^2}{3} = 12$ b) $\frac{1}{4}x^2 = 25$
c) $\frac{2x^2}{5} = 10$ d) $\frac{2x^2}{3} = 6$
e) $\frac{x^2}{5} + 3 = 8$ f) $\frac{x^2}{4} - 3 = 1$
g) $\frac{x^2 + 5}{6} = 5$ h) $\frac{x^2 - 1}{5} = 16$

11
a) $\frac{x}{4} = \frac{16}{x}$ b) $\frac{3}{x} = \frac{x}{27}$
c) $\frac{1}{x} - x = 0$ d) $x - \frac{5}{x} = 0$
e) $x - 1 = \frac{1}{x+1}$ f) $\frac{27}{x-3} = x + 3$

12
a) Wenn man vom Quadrat einer Zahl 17 subtrahiert, erhält man 127. Wie heißt die Zahl?
b) Multipliziert man das Quadrat einer Zahl mit 5, so erhält man 45. Welche natürliche Zahl ist das?
c) Addiert man zum Quadrat einer Zahl 32, so erhält man dasselbe Ergebnis wie, wenn man das Quadrat der Zahl mit 3 multipliziert.

13
Ein quadratisches Grundstück wird auf einer Seite um 8 m verlängert und auf der anderen Seite um 8 m verkürzt. Das neue rechteckige Grundstück hat einen Flächeninhalt von 512 m². Welche Seitenlänge hatte das quadratische Grundstück?

14
a) Breite und Länge eines Rechtecks stehen im Verhältnis 4:5. Der Flächeninhalt beträgt 180 cm². Bestimme die Länge und Breite des Rechtecks.
b) Der Flächeninhalt eines Quadrats ist um 8 cm² kleiner als der Flächeninhalt eines Rechtecks, dessen Länge dreimal so groß wie die Quadratseite und dessen Breite halb so groß wie die Quadratseite ist. Berechne die Seitenlängen.

Für bärenstarke Rechner und Rechnerinnen!

$(2x - 3)(2x + 3) - x(x - 5) = -x^2 - 5(1 - x)$

$(3x + 2)^2 - (4x - 5)(4x + 5) = 66 - (4x - 1)^2 + 4x$

$(\frac{1}{5}x - \frac{1}{4})^2 - 6(\frac{2}{3}x - \frac{1}{12}) = \frac{1}{16} - \frac{1}{4}(x - 9) - (4x - \frac{1}{2})$

$(0{,}5x - 0{,}4)^2 - (0{,}2x + 0{,}3)(0{,}2x - 0{,}3) = 4(1 - \frac{x}{10}) + 0{,}16(1 - \frac{1}{4}x^2) + 0{,}09$

Die rein quadratische Gleichung – rechnerische Lösung

Fallunterscheidungen

Es gibt rein quadratische Gleichungen, die zwei, eine oder keine Lösung haben.

Grafische Lösung:

$x^2 - 4 = 0$ $x^2 = 0$ $x^2 + 1 = 0$

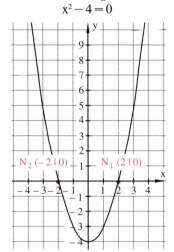 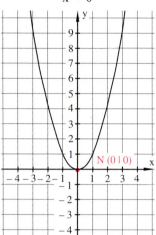 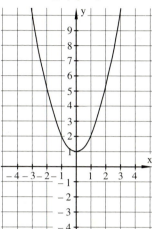

Die Parabel **schneidet** die x-Achse **in zwei Punkten**: Die Gleichung hat **zwei Lösungen:** $x_1 = 2$ und $x_2 = -2$.

Die Parabel **berührt** die x-Achse **in einem Punkt**: Die Gleichung hat **eine Lösung:** $x = 0$.

Die Parabel hat **keinen gemeinsamen Punkt** mit der x-Achse: Die Gleichung hat **keine Lösung**.

Rechnerische Lösung:

$x^2 - 4 = 0$
$x^2 = 4$
$x_{1,2} = \pm\sqrt{4}$

Der **Radikand** ist **positiv**; also hat die Gleichung **zwei Lösungen**:
$x_1 = 2$
$x_2 = -2$

$x^2 = 0$

$x_{1,2} = \pm\sqrt{0}$

Der **Radikand** hat den Wert **Null**; also hat die Gleichung nur **eine Lösung**:
$x = 0$

$x^2 + 1 = 0$
$x^2 = -1$
$x_{1,2} = \pm\sqrt{-1}$

Der **Radikand** ist **negativ**; also hat die Gleichung **keine Lösung**.

Aufgaben

15
Prüfe durch Rechnung, ob die Gleichung nur eine oder keine Lösung hat, und bestätige dies durch ein skizziertes Schaubild.

a) $2x^2 + 2 = 0$
b) $3x^2 + 3 = 3$
c) $\frac{1}{2}x^2 - \frac{1}{2} = 0$
d) $2x^2 + 2 = 3x^2 + 3$
e) $x(x + 2) = 2x$
f) $2x(x - 2) = 1 - 4x$

16
Welche Zahlen kann man für a einsetzen, so dass die Gleichung zwei, eine oder keine Lösung hat?

a) $x^2 - a = 0$ b) $4x^2 = a$
c) $3x^2 + 3a = 0$ d) $\frac{1}{2}x^2 - 2a = 0$

17
Welche Zahlen kann man für k einsetzen, so dass die Gleichung $x^2 = k(k - 1)$ zwei, eine oder keine Lösung hat?

5 Vermischte Aufgaben

1
Zeichne die Normalparabel $y = x^2$ mit der Einheit 1 cm. Die Punkte P_1 bis P_9 liegen auf der Parabel.
Lies aus dem Schaubild die fehlenden Koordinaten auf eine Dezimale genau ab.
a) $P_1(3|\square)$ b) $P_4(+\square|5)$ c) $P_7(-2,8|\square)$
$P_2(1,5|\square)$ $P_5(-\square|3)$ $P_8(-\square|3,9)$
$P_3(-2|\square)$ $P_6(+\square|4,5)$ $P_9(+\square|6,2)$

2
Prüfe durch Rechnung, welche Punkte auf der Normalparabel liegen.
$A(6|36)$; $B(-25|620)$; $C(21|441)$; $D(3|-9)$

3
Zeichne die Schaubilder der drei Funktionen in ein Koordinatensystem.
a) $y = x^2 + 3$ b) $y - 3,4 = x^2$
$y = x^2 - 2,4$ $x^2 + 1,8 = y$
$y = x^2 + \frac{3}{5}$ $4,2 + y = x^2$
c) $y = \frac{1}{3}x^2$ d) $y = 2x^2 + 1,5$
$y = \frac{2}{3}x^2$ $y = \frac{3}{2}x^2 + 2$
$y = -\frac{2}{3}x^2$ $y = -2x^2 - 1,5$

4
Ermittle die Koordinaten des Scheitels, ohne zu zeichnen.
a) $y = x^2 - 9$ b) $y = x^2 + 2$ c) $y = -x^2 + 3$
$y = x^2 + 9$ $y = 2x^2 + 4$ $y = -x^2 - 3$
$y = 2x^2 - 9$ $y = 3x^2 + 6$ $y = -2x^2 + 3$

5
Ermittle aus der Zeichnung die Koordinaten der Schnittpunkte mit der x-Achse.
a) $y = x^2 - 6$ b) $y = x^2 - 4,8$
c) $y = 2x^2 - 2$ d) $y = -x^2 + 4$
e) $y = 2x^2 - 5$ f) $y = -x^2 + 6,5$

6
Beschreibe den Kurvenverlauf des Schaubildes, ohne zu zeichnen.
a) $y = 10x^2$ b) $y = x^2 - 100$
c) $y = \frac{1}{10}x^2 + 10$ d) $y = 100x^2 - 100$
e) $y = -x^2 + 100$ f) $y = -0,01x^2 + 10$
g) $y = -10x^2 + 10$ h) $y = -\frac{1}{10}x^2 - 10$

7
In welchen Punkten schneidet die Parabel die x-Achse? Rechne.
a) $y = x^2 - 9$ b) $y = x^2 - 6,25$
c) $y = x^2 - 1$ d) $y = x^2 - 900$
e) $y = 2x^2 - 8$ f) $y = \frac{1}{2}x^2 - 8$
g) $y = -\frac{1}{3}x^2 + 3$ h) $y = -x^2 + 25$

8
Bestimme den Scheitel und die Funktionsgleichung der quadratischen Funktion $y = x^2 + c$, deren Schaubild die x-Achse in den Punkten N_1 und N_2 schneidet.
a) $N_1(2|0)$ und $N_2(-2|0)$
b) $N_1(2,5|0)$ und $N_2(-2,5|0)$
c) $N_1(0,8|0)$ und $N_2(-0,8|0)$

9
Der Punkt P liegt auf der Parabel $y = ax^2$. Bestimme die Parabelgleichung.
a) $P(2|4)$ b) $P(-1|4)$ c) $P(-3|-4)$

10
Ermittle aus dem Schaubild die Schnittpunkte der beiden Parabeln.
a) $y = x^2 - 3$ b) $y = x^2 - 2$
$y = -x^2 + 5$ $y = 2x^2 - 3$

11
Die beiden Parabeln $y = 2x^2 - 5$ und $y = -2x^2 + 5$ schneiden sich auf der x-Achse.
a) Zeichne die beiden Schaubilder in ein Koordinatensystem und ermittle die Schnittpunkte.
b) Überprüfe die zeichnerisch gefundenen Werte durch Rechnung.

12
Die Gerade schneidet die Parabel in zwei Punkten. Zeichne Parabel und Gerade in ein Koordinatensystem und lies die Koordinaten der Schnittpunkte aus dem Schaubild ab.
a) $y = x^2 + 1$ b) $y = x^2 - 4$
$y = x + 1$ $y = x - 2$
c) $y = x^2 - 2$ d) $y = -x^2 + 5$
$y = -x$ $y = 2x + 5$

13
Bestimme die Lösungen zeichnerisch.
a) $x^2 - 5 = 0$ b) $x^2 = 7,5$
c) $3 - x^2 = 0$ d) $2x^2 - 12 = 0$
e) $\frac{1}{2}x^2 - 3,5 = 0$ f) $-x^2 + 9 = 0$

14
Löse die Gleichung rechnerisch.
a) $x^2 - 75 = 0$ b) $3x^2 = 102$
c) $2x^2 - 30 = 0$ d) $\frac{1}{2}x^2 - \frac{7}{4} = 0$

15
a) $6x^2 + 3 = 5x^2 + 19$
b) $12x + 10,5 - 16x - 2x^2 = 8x^2 - 4x - 12$
c) $2(2x^2 - 5) + 12 = 3x^2 + 5$
d) $x^2 + 10x + 7(x + 10) = 10x^2 + 17x - 20$

16
a) $6x^2 + 10x + 4 = (x + 1)(7x + 3)$
b) $(16x - 4)(8x + 2) = 3(x^2 + 4)$
c) $(12x + 3)^2 = 72x + 13$
d) $(8x + 3)(8x - 3) = 32x^2 + 9$
e) $250 - (x + 5)^2 = (x - 5)^2$
f) $(5x + 3)^2 + (5x - 3)^2 = 218$

17
a) $\frac{x^2}{4} = \frac{1}{9}$ b) $\frac{3x^2 + 5}{12} - 1 = \frac{2x^2 - 5}{6}$
c) $\frac{5}{5 - x^2} + 4 = 0$ d) $\frac{x}{x - 1} + \frac{x}{x + 1} = 4$

18
a) Quadriert man die Hälfte einer Zahl und addiert 9, so erhält man 25.
b) Dividiert man 64 durch eine Zahl, so erhält man das Vierfache der Zahl.

19
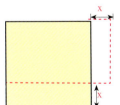
Eine quadratische Tischplatte mit der Seitenlänge 1 m soll an einer Seite um so viel gekürzt werden, wie sie auf der anderen Seite verlängert wird. (Bezeichne diese Strecke mit x.)
a) Für welchen Wert von x wird der Flächeninhalt der entstehenden rechteckigen Platte 0,96 m² bzw. 0,75 m² groß?
b) Warum ist der Flächeninhalt des Rechtecks immer kleiner als der des Quadrats?

Parabeln zeichnen – einmal anders
Zeichne am unteren Ende eines DIN-A4-Blattes eine Gerade g und in der Mitte den Punkt A etwa 10 mm von g entfernt. Nun wird das Geodreieck so angelegt, dass der rechte Winkel die Gerade g berührt und eine der kurzen Seiten durch den Punkt A geht. An der anderen kurzen Seite wird nun eine Gerade gezeichnet. Dies wird einige Male auf beiden Seiten von A wiederholt. Auf diese Weise entsteht als **Hüllkurve** eine Parabel. Wie verändert sich die Zeichnung, wenn der Abstand von A zu g variiert wird?

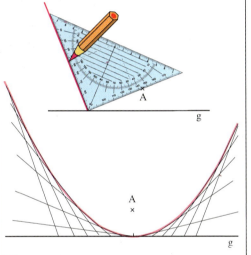

Ein anderer Weg zur Parabel führt über zwei gleich lange Strecken (z.B. 10 cm), die in einem Winkel aufeinander treffen. Nun werden die Strecken in jeweils 10 gleiche Abschnitte unterteilt und Punkt 10 der einen Geraden mit Punkt 1 der anderen Geraden verbunden; und weiter 9 mit 2, 8 mit 3, 7 mit 4, ...
Probiere mit verschiedenen Winkeln, in denen die Geraden aufeinander treffen.

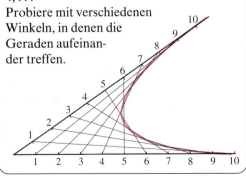

BRÜCKEN

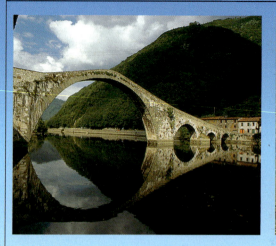

Im Verkehrswesen und in der Baukunst hatten Brücken schon immer eine sehr große Bedeutung. Dabei haben sich Form und Material ständig verändert. Während bei den Römern die steinernen Bogenbrücken noch halbkreisförmige Bögen hatten, finden wir bei modernen Brücken häufig die Form von Parabeln. Die Belastung tritt bei Hängebrücken in Form von Zugkräften, bei Bogenbrücken in Form von Druckkräften auf. Zur Unterstützung dieser Kräfte werden zusätzlich Türme und Kabel angebracht.

Die Tragseile und das Hauptkabel von Hängebrücken beschreiben Parabeln. Legt man den Scheitel des Bogens in den Ursprung des Koordinatensystems, so hat die Parabel die Gleichung $y = ax^2$.

1

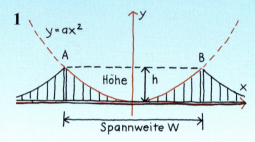

Für einige Brücken sind die Werte für h und w gegeben.
Brooklyn-Bridge: w = 486 m; h = 88 m
Golden Gate Bridge: w = 1 280 m; h = 144 m
Verrazano-Narrows-Bridge: w = 1 298 m; h = 122 m
Ermittle die Koordinaten der Punkte A und B und bestimme die Gleichung der Parabel, indem du die Koordinaten eines Punktes in die Gleichung $y = ax^2$ einsetzt.

2

Von einer Hängebrücke ist die Gleichung des parabelförmigen Bogens mit $y = \frac{1}{120}x^2$ bekannt.
Berechne die Spannweite der Brücke, wenn die Höhe 90 m beträgt.
Wie ändert sich die Spannweite bei einer Bogenhöhe von 45 m?

UND PARABELN

Wenn man die Form der Bogenbrücken mit einer Funktionsgleichung beschreiben will, so erhält man $y = -ax^2$, wobei der Scheitel des Bogens im Ursprung des Koordinatensystems liegt.

3

Das rechte Foto zeigt die Müngstener Brücke der Bahnstrecke zwischen Solingen und Remscheid.
Die Parabel, mit der sich der Bogen beschreiben lässt, hat die Gleichung $y = -\frac{1}{90}x^2$. Berechne die Spannweite für eine Bogenhöhe von 69 m.

4

Dieses Foto zeigt eine Bogenbrücke, deren Fahrbahn am Hauptbogen aufgehängt ist.

5

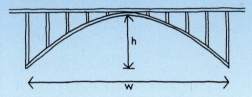

Bestimme die Parabelgleichung für h = 25 m und w = 100 m und berechne die Länge der Stützen, wenn der Abstand 10 m beträgt.

6

In der Konstruktionszeichnung ist der Hauptbogen einer Eisenbahnbrücke dargestellt.

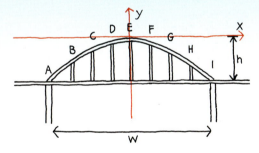

a) Bestimme die Parabelgleichung für eine Spannweite w = 80 m und Höhe h = 20 m.
b) Der Abstand der Träger ist immer gleich. Berechne mit Hilfe der Parabelgleichung die Koordinaten der Punkte A bis I. (Wähle den Punkt E im Ursprung des Koordinatensystems.) Wie lang sind die einzelnen Träger?

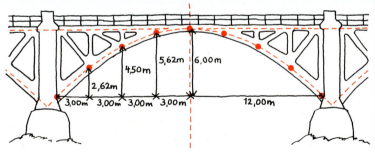

a) Bestimme mit den angegebenen Maßen die Parabelgleichung $y = -ax^2$.
b) Rechne mit der gefundenen Gleichung und den übrigen Angaben nach, ob die Punkte auf der Parabel liegen.

Rückspiegel

1
Prüfe durch Rechnung, welche Punkte auf der Normalparabel liegen.

$P_1(-1|1)$ $P_3(1|-1)$ $P_5(-\frac{1}{2}|\frac{1}{4})$
$P_2(2,5|6,2)$ $P_4(3,2|10,24)$ $P_6(-0,8|-0,64)$

2
Zeichne das Schaubild der Funktion mit Hilfe der Normalparabel. Forme, wenn nötig, die Gleichung um.

a) $y = x^2 + 4$
$y = x^2 - 1$
$y = x^2 - 2,8$

b) $y - 2,5 = x^2$
$y - x^2 = 1,5$
$x^2 - y = \frac{3}{4}$

3
Ergänze die Wertetabelle und zeichne das Schaubild der Funktion in dem angegebenen Intervall.

a) $y = \frac{1}{4}x^2$

x	-4	-3	-2	-1	0	1	2
y							

b) $y = 2x^2 - 3$

x	-2	-1	-0,5	0	0,5	1	2
y							

4
Zeichne das Schaubild der Funktion und ermittle die Schnittpunkte mit der x-Achse auf eine Dezimale genau.

a) $y = x^2 - 5$ b) $y = 2x^2 - 7$
c) $y = \frac{1}{2}x^2 - 3$ d) $y = -x^2 + 6$

5
Gib die Koordinaten des Scheitels der Parabel an, ohne zu zeichnen.

a) $y = x^2 + 5$ b) $y = 2x^2 - 10$ c) $y = -x^2 + 5$
$y = x^2 + 10$ $y = \frac{1}{2}x^2 - 10$ $y = -x^2 - 5$

6
a) Der Punkt $P(-1|5)$ liegt auf der Parabel $y = x^2 + c$. Bestimme c und die Gleichung der Parabel.
b) Der Punkt $Q(2|2)$ liegt auf einer Parabel der Form $y = ax^2$. Bestimme a und die Gleichung der Parabel.

7
Zeichne die Parabel und die Gerade und ermittle die Koordinaten der Schnittpunkte aus der Zeichnung.

a) $y = x^2 - 3$
$y = x - 1$

b) $y = x^2 + 1$
$y = -\frac{3}{2}x + 2$

8
Löse die Gleichung zeichnerisch auf eine Nachkommaziffer.

a) $x^2 - 2,5 = 0$ b) $x^2 = 4,5$
c) $\frac{1}{2}x^2 - 2,5 = 0$ d) $2x^2 - 6 = 0$

9
Löse die Gleichung rechnerisch.

a) $x^2 - 25 = 0$ b) $2x^2 = 98$
c) $\frac{1}{2}x^2 = 18$ d) $-x^2 + 100 = 0$
e) $x^2 = \frac{64}{81}$ f) $x^2 - 0,01 = 0$

10
a) $4x^2 - 15 = 2x^2 + 3$
b) $5x^2 + 6x - 44 = 2x^2 + 6x + 4$
c) $4x^2 + 3(x^2 - 2x) = x^2 - 6x + 294$
d) $x(x + 3) + 53 = 3x^2 + 4x - (x - 3)$

11
a) $(x + 5)^2 + 11 = 10(x + 10)$
b) $(3 - 3x)(8x + 8) = 12x^2 + 20$
c) $(x + 3)^2 + (x - 3)^2 = 90$
d) $(x + 4)(x - 4) - 8x = (2x - 2)^2 - 47$

12
a) $\frac{x^2}{4} + \frac{x^2}{3} = 21$ b) $\frac{x^2 + 4}{5} = \frac{x^2 - 4}{4}$
c) $\frac{5}{x} = \frac{x}{180}$ d) $x + 2 = \frac{12}{x - 2}$

13
a) Addiert man zum Quadrat einer Zahl 47, so erhält man 216. Wie heißen die Zahlen?
b) Quadriert man das Doppelte einer Zahl und subtrahiert 48, so erhält man das Quadrat der Zahl.

14
Länge und Breite eines 4 m² großen Rechtecks stehen im Verhältnis 3 : 2. Wie lang sind die Seiten? Berechne auf cm genau.

IV Zentrische Streckung

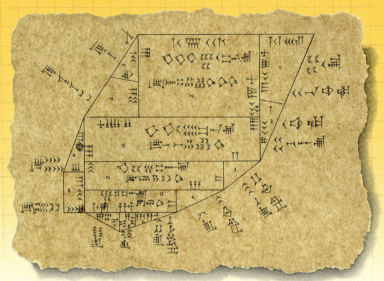

Der Beamte in Babylon, der vor 4400 Jahren den Felderplan zeichnete, war noch mit einer Darstellung zufrieden, die der Wirklichkeit nur annähernd entsprach.
Heute ist jeder Bauplan, jede Schnittzeichnung ein formtreues Abbild der Wirklichkeit: Die Längen werden mit einem konstanten Faktor verkürzt, Längenverhältnisse und Winkel werden treu wiedergegeben.

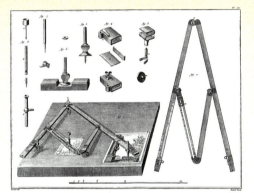

Der Jesuit Christoph Scheiner machte im Jahr 1631 den Pantograph bekannt, ein Zeichengerät, das ähnliche Bilder herstellt. Die Abbildung aus einem Buch über Zeichengeräte des Jahres 1795 demonstriert eine etwas ungewöhnliche Verwendung.

Heute ist die Ähnlichkeit in neuer Gestalt wieder aktuell geworden: Eine Figur kann zu einem Teil ihrer selbst ähnlich sein. Zum Zeichnen solcher selbstähnlicher Figuren sind unendlich viele Schritte notwendig; die Figuren existieren also streng genommen nur in der Idee. Man untersucht sie in einem neuen Zweig der Geometrie, der fraktalen Geometrie, und nutzt beim Zeichnen den Computer. Ob der Künstler, der den „Turm der grauen Pferde" geschaffen hat, auch an Selbstähnlichkeit dachte?

1 Streckungen im Gitter

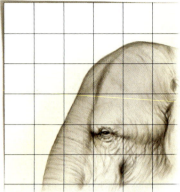

1
Will man eine Figur in vierfacher Größe zeichnen, kann man ein Quadratgitter darüber legen und sie nach Augenmaß in ein Gitter der vierfachen Größe übertragen. Zeichne den Elefanten ins Heft.

2
Zeichne im Karogitter ein Rechteck mit den Seiten 6 cm und 5 cm und ein Rechteck mit den Seiten 9 cm und 7,5 cm.
In welchem Verhältnis stehen die Diagonalen der zwei Rechtecke?

Vergrößerungen und Verkleinerungen sind auf Karopapier leicht ausführbar. Wenn man alle Strecken einer Figur, die auf Gitterlinien liegen, mit demselben Faktor vervielfacht, werden auch alle anderen Strecken mit diesem Faktor vervielfacht.

Dasselbe gilt für das Teilen von Strecken. Vergrößerungen und Verkleinerungen bezeichnen wir als **Streckungen**. Der **Streckfaktor k** ist bei Vergrößerungen größer als 1, bei Verkleinerungen liegt er zwischen 0 und 1.

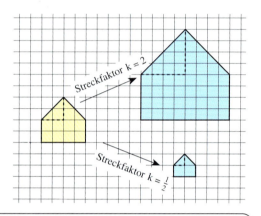

> Bei einer Streckung werden alle Streckenlängen mit demselben Faktor k multipliziert.

Bemerkung: Streckfaktoren können auch Brüche oder Dezimalbrüche sein. Bei einer Streckung mit dem Faktor $\frac{3}{2}$ oder 1,5 wird aus einer 6 cm langen Strecke eine Strecke mit der Länge 1,5·6 cm, also 9 cm.

Beispiele
a) Das Rechteck A'B'C'D' ist eine Vergrößerung des Rechtecks ABCD, denn seine Seiten sind doppelt so lang wie die des Rechtecks ABCD.
Das Rechteck A"B"C"D" ist nicht durch eine Streckung aus dem Rechteck ABCD entstanden, denn es ist 1,5-mal so lang wie das Rechteck ABCD, aber nicht 1,5-mal so breit.

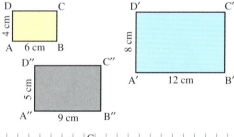

b) Das Viereck ABCD wird mit dem Streckfaktor $k = \frac{2}{3}$ gestreckt.
Der Eckpunkt A' kann beliebig festgelegt werden. Das Bild des Eckpunkts C bekommt man, indem man Gitterlinien zu Hilfe nimmt.

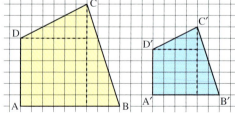

Streckungen im Gitter

Aufgaben

3
Welche der Rechtecke sind Streckbilder des gelben Rechtecks?

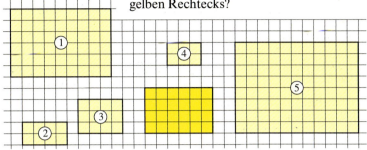

4
Welche der Dreiecke sind Streckbilder des gelben Dreiecks?

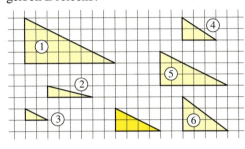

5
Übertrage ins Heft und vervollständige das Streckbild.

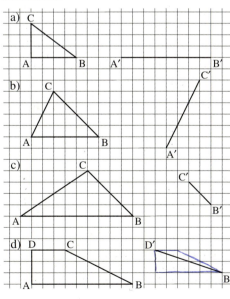

6
Übertrage die Figur ins Heft und zeichne sie mit dem angegebenen Faktor gestreckt.

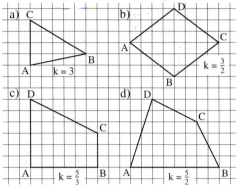

7
Zeichne die Figur und verkleinere sie mit dem angegebenen Faktor.

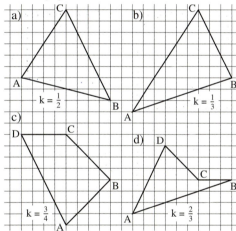

8
Zeichne eine Serie von Streckbildern mit demselben Eckpunkt A′ = A.

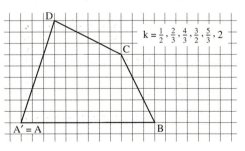

??
Wie groß wird ein Winkel von 10,5°, wenn man ihn durch eine Lupe mit 5facher Vergrößerung betrachtet?

Streckungen im Gitter

9
Zeichne das Rechtecksgitter mit dem gegebenen Basisrechteck, trage die Figur ein und strecke sie mit dem Faktor k = 2.

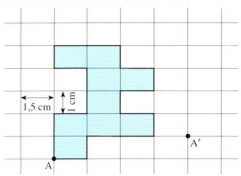

10
Parallelogrammgitter kann man mit Hilfe des Quadratgitters im Heft leicht zeichnen. Strecke mit dem angegebenen Faktor k.

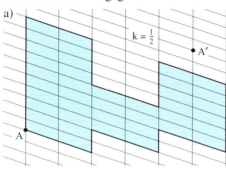

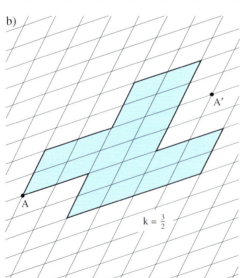

11
Ein Gitter aus gleichseitigen Dreiecken bekommt man am einfachsten, wenn man ein großes gleichseitiges Dreieck unterteilt. Strecke die Gitterfiguren.

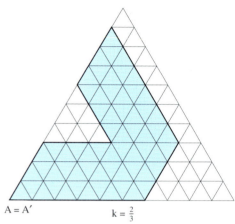

$A = A'$ $k = \frac{2}{3}$

12
Ein Kreis-Geraden-Gitter macht beim Zeichnen schon mehr Arbeit. Strecke vom Mittelpunkt aus mit dem Streckfaktor k = 2. Beispiel:

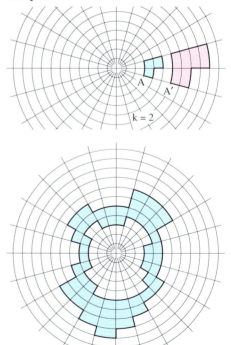

2 Zentrische Streckung. Konstruktion

Bausatz · Befestigungsstift · Führungsstift · Zeichenansicht

1 Mit einem selbst gefertigten Storchschnabel kann man Zeichnungen der Größe nach verdoppeln. Der Befestigungsstift Z hält das Gerät auf der Unterlage fest, mit dem Führungsstift wird die Zeichnung abgefahren, und der Zeichenstift liefert das Bild. Überlege auch, warum das Gerät funktioniert.

Die Vergrößerung oder Verkleinerung von einem festen Punkt Z aus heißt **zentrische Streckung**.
Die Bildstrecke $\overline{ZA'}$ entsteht aus der Originalstrecke $\overline{ZA}$ durch Vervielfachen mit dem Streckfaktor k.

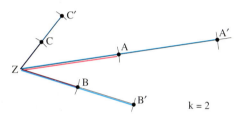

k = 2

> Bei der **zentrischen Streckung** wird der Bildpunkt A' des Punktes A in folgenden Schritten konstruiert:
> 1. Miss die Strecke $\overline{ZA}$.
> 2. Multipliziere die Länge von $\overline{ZA}$ mit k.
> 3. Trage von Z aus die Strecke $\overline{ZA'}$ mit der Länge k·$\overline{ZA}$ auf der Halbgeraden ZA ab.

Beispiele

a) Das Dreieck ABC wird vom Streckzentrum Z aus mit dem Faktor 2 gestreckt.

b) Das Dreieck ABC wird vom Streckzentrum Z = A aus mit dem Faktor $\frac{2}{3}$ gestreckt.

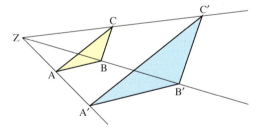

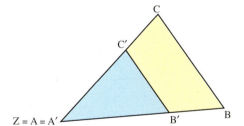

c) Das Dreieck ABC wird mit dem **negativen Streckfaktor** −2 gestreckt. Den Bildpunkt A' von A erhält man, indem man eine Strecke der Länge 2·$\overline{ZA}$ nicht auf der Halbgeraden ZA, sondern auf der entgegengesetzten Halbgeraden abträgt.

Das Streckzentrum liegt außerhalb des Dreiecks.

Das Streckzentrum ist ein Eckpunkt des Dreiecks.

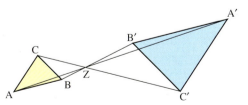

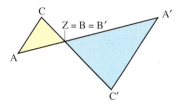

Aufgaben

2
Strecke das Dreieck von Z aus mit dem Streckfaktor 2.

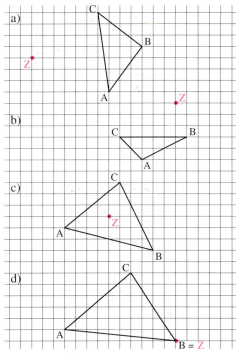

3
Strecke das Dreieck ABC von Z aus mit dem Streckfaktor k.

	Z	k	A	B	C
a)	(2|3)	3	(4|2)	(5|3)	(3|4)
b)	(1|8)	2,5	(2|6)	(5|6)	(4|7)
c)	(9|1)	$\frac{5}{3}$	(6|1)	(7,5|4)	(9|4)
d)	(6|6)	1,5	(5|3)	(8|8)	(3|7)
e)	(4|1)	2,5	(4|1)	(7|2)	(3|3)
f)	(5|7)	1,8	(3,5|5)	(8,5|6)	(4|9)

4
Hier ist der Streckfaktor kleiner als 1.

	Z	k	A	B	C
a)	(3|3)	$\frac{1}{2}$	(11|6)	(11|10)	(4|11)
b)	(10|3)	$\frac{2}{3}$	(1|6)	(11,5|7,5)	(7|9)
c)	(6,5|4,5)	$\frac{1}{3}$	(2|3)	(11|1,5)	(5|10,5)
d)	(1|1)	$\frac{3}{4}$	(1|1)	(11|3)	(3|7)

5
Strecke das Viereck.

	Z	k	A	B	C	D
a)	(6|1)	2	(4|4)	(8|4)	(7|6)	(5|6)
b)	(9|9)	$\frac{1}{2}$	(2|0)	(6|3)	(2|6)	(1|3)
c)	(6|6)	$\frac{1}{4}$	(6|1)	(9|8)	(6|4)	(3|8)
d)	(9|6)	1,6	(4|5)	(11|3)	(11|6)	(6|9)
e)	(8|6)	2,5	(6|4)	(10,5|5)	(10,5|7)	(5|7,5)
f)	(6|3,5)	$\frac{1}{3}$	(3|2)	(12|2)	(10,5|6,5)	(6|6,5)

6
Die Bildfigur kann sich auch mit der Originalfigur überschneiden.

	Z	k	A	B	C	D
a)	(3|3)	2	(4|4)	(7|4)	(4|7)	–
b)	(6|2)	$\frac{2}{3}$	(3|2)	(5|6)	(1|4)	–
c)	(9|3)	$\frac{3}{2}$	(2|6)	(4|4)	(6|6)	(4|7)
d)	(8|8)	$\frac{3}{5}$	(2|2)	(7|1)	(9|4)	(3|7)

7
Strecke das Rechteck ABCD in einer einzigen Figur von jedem der drei Zentren aus mit dem Faktor $\frac{1}{2}$.

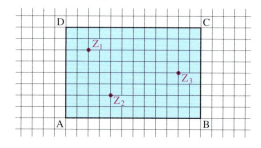

8
Strecke mit negativem Streckfaktor.

	Z	k	A	B	C	D
a)	(5|4)	–2	(2|2)	(4|1)	(2|4)	–
b)	(7|5)	$-\frac{3}{2}$	(10|4)	(9|9)	(6|8)	–
c)	(8|3)	$-\frac{1}{2}$	(5|1)	(7|6)	(4|9)	–
d)	(3|3)	–3	(0,5|1)	(2|1)	(3|2)	(1|3)
e)	(5|4,5)	–1	(2,5|1)	(4|2,5)	(2|5)	(0,5|1,5)
f)	(7|7)	$-\frac{1}{2}$	(3|3)	(11|3)	(9|10)	(5|10)
g)	(5|4)	$-\frac{1}{2}$	(1|2)	(11|2)	(11|7)	(7|10)

Zentrische Streckung. Konstruktion

9
Die Punkte A' und B' sind durch eine zentrische Streckung aus den Eckpunkten A und B des Dreiecks ABC entstanden. Konstruiere das fehlende Zentrum und das Bild des Dreiecks.

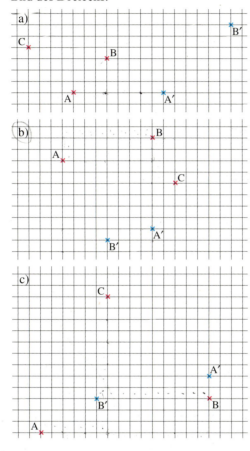

10
Strecke in einer einzigen Figur das Dreieck ABC mit A(3|4), B(6|5), C(5|8)
mit Zentrum A und Streckfaktor $k = -1$,
mit Zentrum B und Streckfaktor $k = -\frac{1}{2}$,
mit Zentrum C und Streckfaktor $k = -2$.

11
Strecke in einer einzigen Figur das Quadrat ABCD mit
A(2|2), B(4|2), C(4|4), D(2|4)
vom Zentrum Z(0|0) aus mit den Streckfaktoren $\frac{1}{3}, \frac{1}{2}, \frac{5}{6}, 2, 3$.

12
Strecke den Stern vom Mittelpunkt aus mit den Faktoren $\frac{1}{2}$ und 2. Überlege vor dem Zeichnen, wie viel Platz die Figur braucht.

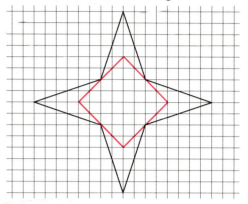

13
Strecke das Dreieck ABC mit A(1|1), B(3|1), C(1|3) von Z(0|0) aus mit dem Faktor $\frac{3}{2}$, sein Bild wieder von Z aus mit $\frac{3}{2}$ und dessen Bild ebenso.
Die Figur besteht also insgesamt aus vier Dreiecken.

14
Zeichne ein beliebiges Parallelogramm ABCD und wähle einen Punkt P. Konstruiere das Bild von P bei den Streckungen mit Zentren A, B, C und D mit demselben beliebigen Streckfaktor. Was fällt auf?

Dreimal gestreckt – nichts erreicht!
Strecke das Dreieck ABC mit
A(4|5,5), B(6,5|5,5), C(3,5|7)
am Zentrum $Z_1(3|4,5)$ mit dem Streckfaktor $k_1 = 3$.
Strecke das Bilddreieck an $Z_2(12|0)$ mit $k_2 = \frac{2}{3}$.
Strecke das zweite Bilddreieck an $Z_3(0|6)$ mit $k_3 = \frac{1}{2}$.
Welcher besondere Zusammenhang besteht zwischen den Streckfaktoren? Wie liegen die Zentren?
Bilde auch ein selbst gewähltes Dreieck durch die drei Streckungen ab.

3 Zentrische Streckung. Eigenschaften

1
In welchen Fällen ist die gelb gefärbte Figur nicht durch zentrische Streckung aus der blau gefärbten entstanden? Begründe deine Antwort.

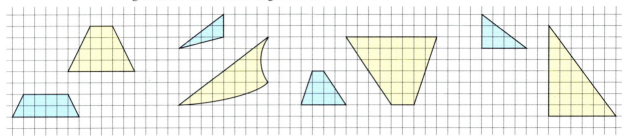

2
Die Strecken $\overline{AB}$ und $\overline{BC}$ sind gleich lang. Wie muss man die Gerade h um den Punkt P drehen, damit auch auf ihr zwei gleich lange Strecken ausgeschnitten werden?

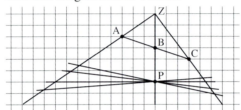

3
Auf den fünf Strahlen wird mit unterschiedlichen Faktoren gestreckt. Zeichne die Bilder der Punkte A, B, C, D, E.

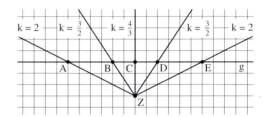

Die zentrische Streckung hat viele wichtige Eigenschaften. Am leichtesten begründen lassen sie sich, wenn man den Streckfaktor k = 2 wählt.

In der Figur haben A, B und der Mittelpunkt M von $\overline{AB}$ die Bildpunkte A′, B′ und M′. Wir überlegen, ob der Streckenzug von A′ über M′ nach B′ in M′ geknickt sein könnte: Am Parallelogramm ZAM′B und an den kongruenten Dreiecken sieht man: Bei M′ kommen Winkel mit der Summe 180° zusammen. Daher ist der Streckenzug nicht geknickt und M′ liegt auf der Strecke $\overline{A'B'}$.
Die Figur zeigt auch:
Es gilt: $\overline{A'B'} \parallel \overline{AB}$ und $\overline{A'B'} = 2 \cdot \overline{AB}$.

Beachte:
$\overline{MZ} = \overline{MM'}$
$\overline{MA} = \overline{MB}$

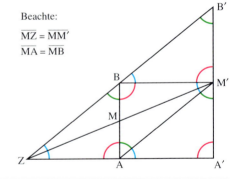

Die zentrische Streckung mit dem Streckfaktor k hat folgende Eigenschaften:
– Jede Gerade hat als Bild wieder eine Gerade.
– Die Bildgerade ist parallel zur Originalgeraden.
– Jede Bildstrecke ist k-mal so lang wie ihre Originalstrecke.
  Ist k negativ, wird die Streckenlänge mit |k| vervielfacht.
– Jeder Winkel hat als Bild einen gleich großen Winkel.

Bemerkung: Wir bezeichnen die zentrische Streckung mit dem Zentrum Z und dem Streckfaktor k mit S(Z;k).

Zentrische Streckung. Eigenschaften

Die Strecke $\overline{AB}$ wird durch den Punkt T geteilt. Das **Streckenverhältnis** ist hier
$\overline{AT} : \overline{TB} = 4\text{ cm} : 3\text{ cm} = 4 : 3$.
Durch die zentrische Streckung $S(Z; \frac{3}{2})$ erhält man
$\overline{A'T'} = \frac{3}{2} \overline{AT} = \frac{3}{2} \cdot 4\text{ cm} = 6\text{ cm}$ und
$\overline{T'B'} = \frac{3}{2} \overline{TB} = \frac{3}{2} \cdot 3\text{ cm} = 4{,}5\text{ cm}$.
Das Streckenverhältnis der Bildstrecken ist
$\overline{A'T'} : \overline{T'B'} = 6\text{ cm} : 4{,}5\text{ cm} = 12 : 9 = 4 : 3$.
Das Streckenverhältnis bleibt also gleich.

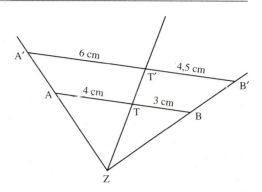

> Wird eine Strecke $\overline{AB}$ durch einen Punkt T geteilt, so wird die Bildstrecke $\overline{A'B'}$ durch T' im selben Verhältnis geteilt: $\overline{A'T'} : \overline{T'B'} = \overline{AT} : \overline{TB}$.

Beispiele

a) Das Viereck ABCD wird durch $S(Z; \frac{4}{3})$ abgebildet.
Der Punkt A' wird als Streckbild von A konstruiert: $\overline{ZA'} = \frac{4}{3} \overline{ZA} = \frac{4}{3} \cdot 3\text{ cm} = 4\text{ cm}$.

Da die Seiten des Bildvierecks parallel zu den Seiten des Originalvierecks sind, kann man die Bildpunkte B', C' und D' durch Parallelenkonstruktion erhalten. Damit erspart man sich das Abmessen und Vervielfachen der Strecken $\overline{ZB}$, $\overline{ZC}$ und $\overline{ZD}$.

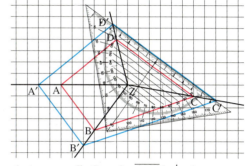

b) Aus $\overline{AC} = 9\text{ cm}$, $\overline{BC} = 6\text{ cm}$ und $\overline{B'C'} = 5\text{ cm}$ kann man die Strecke $\overline{A'C'}$ berechnen:
$\overline{A'C'} = \overline{B'C'} \cdot \frac{\overline{AC}}{\overline{BC}} = 5\text{ cm} \cdot \frac{9\text{ cm}}{6\text{ cm}} = 7{,}5\text{ cm}$.

Aufgaben

4
Konstruiere das Bild des Vierecks oder Dreiecks wie in Beispiel a) jeweils mit Streckzentrum Z(5|5).

	k	A	B	C	D
a)	2	(3|5)	(7|3)	(8|6)	(4|7)
b)	$\frac{3}{2}$	(3|5)	(5,5|3,5)	(8,5|7,5)	(4,5|7,5)
c)	$\frac{4}{3}$	(5|2)	(7|5)	(3|7,5)	–
d)	$\frac{1}{2}$	(5|0)	(8,5|4)	(5|2,5)	(1,5|4)
e)	$\frac{4}{3}$	(6,5|3,5)	(9|5,5)	(5|6,5)	–
f)	$\frac{4}{5}$	(0|0)	(7|1)	(7|7)	(0|6)
g)	0,6	(0,5|8)	(10,5|6)	(9,5|10)	(6|10)
h)	$\frac{5}{7}$	(1,5|1,5)	(7|1)	(9|5,5)	(3,5|6)
i)	$-\frac{5}{7}$	(1,5|1,5)	(7|1)	(9|5,5)	(3,5|6)

5
Die Strecken $\overline{AB}$ und $\overline{CD}$ gehen durch zentrische Streckung in $\overline{A'B'}$ und $\overline{C'D'}$ über. Übertrage die Tabelle ins Heft und fülle sie aus (Längen in cm).

	$\overline{AB}$	$\overline{CD}$	$\overline{A'B'}$	$\overline{C'D'}$
a)	8	4		6
b)	6,3	2,1		4
c)	2,5	4,5		3,6
d)	3	6	7	
e)	4,8	1,2	5,2	
f)	5,5	7,5	4,4	
g)		9	6	7,5
h)	8,4		5,2	3,9

Zentrische Streckung. Eigenschaften

6
Benachbarte Punkte auf der Geraden sind jeweils gleich weit voneinander entfernt. Jeder Punkt kann Zentrum, Originalpunkt oder Bildpunkt einer zentrischen Streckung sein. Fülle die Tabelle im Heft aus.

A B C D E F G H I K L M N O

Zentrum	A	E	H	G	D	B	B	D			
Streckfaktor	2	3	$\frac{1}{2}$	-2	$\frac{1}{2}$	1,5		2	-3	$\frac{1}{3}$	$\frac{5}{2}$	$\frac{3}{2}$
Originalpunkt	B	F	D	K		C	F	E	L	B	C	H
Bildpunkt					F	L	F	G	G	C	H	F	K

7
Konstruiere das Streckbild des Vierecks ABCD mit A(2|2), B(9|3), C(7|9), D(3|7) und den Bildpunkten B′(11|2), C′(8|11).

8
Welche der folgenden Rechtecke können nicht durch Streckung eines Rechtecks mit den Seiten 8 cm und 5 cm entstehen?

1. Seite in cm	7	7,2	4,4	13	21,20
2. Seite in cm	4	4,5	2,75	8	13,25

9
Strecke das Vieleck durch Parallelenkonstruktion a) mit $k = \frac{5}{3}$ b) mit $k = -\frac{5}{3}$.

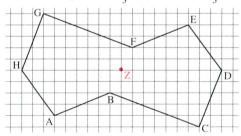

10
a) Konstruiere ein Quadrat PQRS, dessen Ecken auf den Seiten eines Dreiecks ABC mit a = 7 cm, b = 9 cm, c = 10 cm liegen.
b) Konstruiere ein Rechteck PQRS mit dem Seitenverhältnis 2 : 1, dessen Eckpunkte auf den Seiten des Dreiecks aus a) liegen.
c) Lässt sich auch in das Dreieck ABC mit a = 8 cm, b = 16 cm, c = 10 cm ein Quadrat wie in a) einbeschreiben?

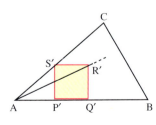

Wenn der Platz nicht reicht

Das Dreieck ABC ist so groß, dass es nicht auf das Zeichenblatt passt. Man sieht aber genug von ihm, so dass man sein verkleinertes Bild unter der Streckung $S(A; \frac{1}{2})$ konstruieren kann.
Wie lang ist die Seite $\overline{AB}$?

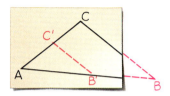

Hier sind nur noch Teile der Seiten und ein Eckpunkt des Dreiecks ABC zu sehen. Trotzdem kannst du die Seitenlängen bestimmen!

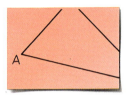

Jetzt fehlen sogar alle Eckpunkte. Aber man muss ja nicht von einem Eckpunkt aus strecken!

Auch vom Viereck ABCD ist nicht viel zu sehen. Wenn dir die Bestimmung der Seitenlängen zu leicht ist, kannst du den Diagonalenschnittpunkt konstruieren.

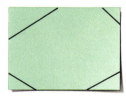

4 Strahlensätze

	Sonne	Mond
Entfernung von der Erde	150 Mill. km	384 000 km
Durchmesser	1,4 Mill. km	3 400 km

1
Sonne und Mond erscheinen von der Erde aus etwa gleich groß. Ermittle aus der Tabelle zwei etwa gleich große Streckenverhältnisse.

2
Der Punkt A geht durch die Streckung $S(Z; \frac{147}{89})$ in A' über. Wie konstruiert man das Bild B' von B geschickt?

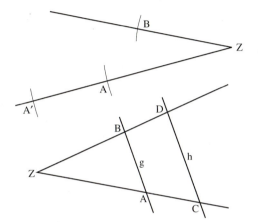

In der Figur schneiden die zwei Parallelen g und h zwei von Z ausgehende Strahlen in den Punkten A, B bzw. C, D. Setzt man $k = \frac{\overline{ZC}}{\overline{ZA}}$ so geht g bei der Streckung S(Z;k) in die Parallele durch C über, also in h.
Es gilt also C = A' und D = B' und damit:
$\frac{\overline{ZB'}}{\overline{ZB}} = \frac{\overline{ZD}}{\overline{ZB}} = \frac{\overline{ZC}}{\overline{ZA}} = \frac{\overline{ZA'}}{\overline{ZA}}$.

Werden zwei Strahlen mit Anfangspunkt Z von zwei parallelen Geraden in den Punkten A und B bzw. A' und B' geschnitten, so gelten zwei **Strahlensätze**:

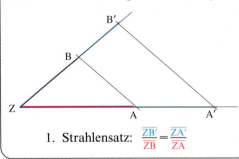 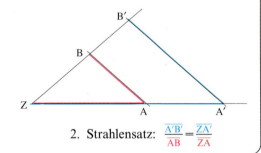

1. Strahlensatz: $\frac{\overline{ZB'}}{\overline{ZB}} = \frac{\overline{ZA'}}{\overline{ZA}}$ 2. Strahlensatz: $\frac{\overline{A'B'}}{\overline{AB}} = \frac{\overline{ZA'}}{\overline{ZA}}$

Bemerkung: Die Strahlensätze gelten auch dann, wenn der Punkt Z zwischen den Geraden g und h liegt.

Beispiele
a) Die Strecke $\overline{ZB'}$ lässt sich nach dem 1. Strahlensatz aus den Strecken $\overline{ZA}$, $\overline{ZA'}$ und $\overline{ZB}$ berechnen:
$\frac{\overline{ZB'}}{\overline{ZB}} = \frac{\overline{ZA'}}{\overline{ZA}}$ $\overline{ZB'} = \frac{9\,cm}{5\,cm} \cdot 6\,cm$
$\overline{ZB'} = \frac{\overline{ZA'}}{\overline{ZA}} \cdot \overline{ZB}$ $\overline{ZB'} = 10{,}8\,cm$

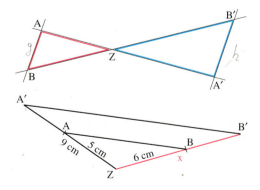

Strahlensätze

b) Die Strecke x wird nach dem 2. Strahlensatz berechnet:

$$\frac{x}{4{,}8\ cm} = \frac{4{,}5\ cm}{2{,}7\ cm}$$

$$x = 4{,}8 \cdot \frac{4{,}5}{2{,}7}\ cm$$

$$x = 8{,}0\ cm$$

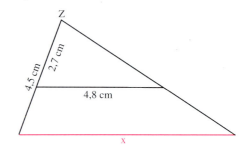

c) In der Figur hat die Strecke c nicht den Endpunkt Z. Im 2. Strahlensatz ist deshalb $x + c$ statt c einzusetzen:

$$\frac{x+c}{x} = \frac{b}{a} \quad |\cdot ax$$

$$a(x+c) = bx$$

$$ax + ac = bx \quad |-ax$$

$$ac = bx - ax$$

$$ac = (b-a)x$$

$$x = \frac{ac}{b-a}$$

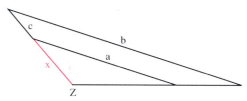

Aufgaben

3
Schreibe Gleichungen zwischen Streckenverhältnissen auf, die nach dem 1. und 2. Strahlensatz gelten.

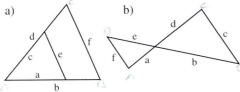

4
Suche in der Figur gleiche Streckenverhältnisse. Es gilt $g_1 \| g_4$ und $g_2 \| g_3 \| g_5$.

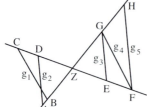

5
Berechne die Strecke x.
(Alle Maße bedeuten cm. Runde, wenn nötig, auf mm.)

a) b)

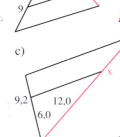 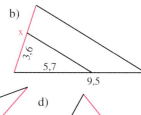

c) d)

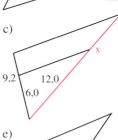 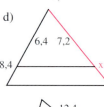

e) f)

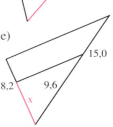 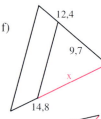

g) h)

 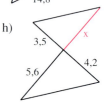

GESUCHT!
Umformungen von
$$\frac{a}{b} = \frac{c}{d}$$
aber Vorsicht!

$$\frac{a}{c} = \frac{\square}{\square}$$
$$\frac{b}{\square} = \frac{\square}{c}$$
$$\frac{d}{b} = \frac{\square}{\square}$$
$$\frac{c}{\square} = \frac{d}{\square}$$
$$\frac{\square}{c} = \frac{\square}{a}$$
$$\frac{b}{d} = \frac{\square}{\square}$$
$$\frac{\square}{\square} = \frac{b}{c}$$

Strahlensätze

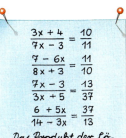

6
Berechne die Strecke x.
(Alle Maße bedeuten cm. Runde, wenn nötig, auf mm.)

a) 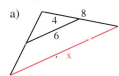   b)

c) 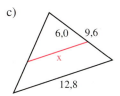   d)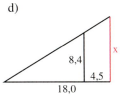

e) 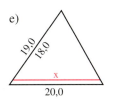   f)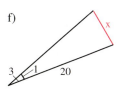

g) 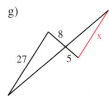   h)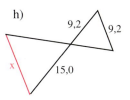

7
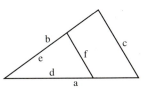

Übertrage die Tabelle mit den in cm angegebenen Streckenlängen ins Heft und fülle sie aus.

	a	b	c	d	e	f
a)	5	8		4		6
b)	4	8	6		5	
c)	7			6	8	8
d)		10		4	7	9
e)	4,6	13,2		2,5		6,0
f)	6,5		8,2		5,1	4,8
g)		5,2	5,2	2,5		2,5

8
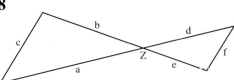

Übertrage die Tabelle ins Heft und fülle sie aus. (Alle Maße in cm.)

	a	b	c	d	e	f
a)	9	6	12	8		
b)	8	4		6		5
c)	6		11	4,8	6,4	
d)	5,1	7,2			4,3	2,9
e)		9,8	12,1	5,9	3,9	
f)	6,3		6,3		4,1	4,1

9
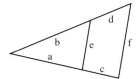

Fülle die Tabelle im Heft aus. (Alle Maße in cm.)

	a	b	c	d	e	f
a)	6	10	3		8	
b)	3	4		8		15
c)	6	5	4,8			18
d)	3,5	5,6			7	10
e)			10	14	120	130

10
Berechne die Strecke x. Beachte Beispiel c).

a) 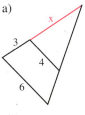   b)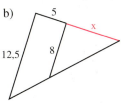

c) 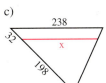   d)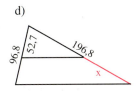

11
Mit Hilfe des 1. Strahlensatzes kann man eine gegebene Strecke $\overline{AB}$ in eine bestimmte Anzahl gleich großer Teile teilen.

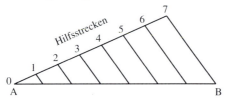

Teile wie im Beispiel:

	a)	b)	c)	d)	e)	f)
$\overline{AB}$ in cm	7	9	8,7	10	10	3,1
Anzahl der Teile	3	5	4	9	11	8

12

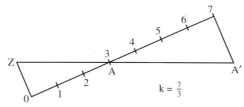

Die Figur zeigt, wie man das Zentrum einer zentrischen Streckung konstruieren kann, wenn die Verbindungsstrecke $\overline{AA'}$ eines Punktes mit seinem Bildpunkt und der Streckfaktor k gegeben sind. Konstruiere Z.

	a)	b)	c)	d)	e)
$\overline{AA'}$ in cm	5	8	4,5	12	3,8
k	$\frac{5}{3}$	$\frac{4}{5}$	$\frac{8}{5}$	$\frac{1}{6}$	$\frac{5}{2}$

13
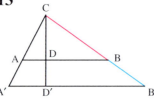

a) Es gilt: $\dfrac{\overline{CD'}}{\overline{CD}} = \dfrac{\overline{A'B'}}{\overline{AB}}$.

Berechne die fehlende Strecke.

$\overline{AB}$	$\overline{A'B'}$	$\overline{CD}$	$\overline{CD'}$
7,9 cm	6,1 cm	8,4 cm	
14,2 cm	9,4 cm		7,5 cm

b) Begründe die Formel in a).

14
Bestimme x und y. (Maße in cm.)

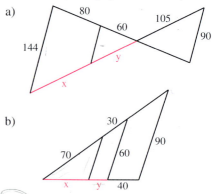

15
Wenn man eine Seite des Trapezes in geeigneter Weise verschiebt, kann man die Strecke x berechnen. (Maße in cm.)

a)
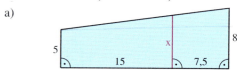

b)
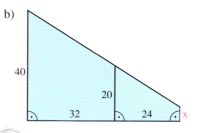

16
In das rechtwinklige Dreieck bzw. in das Trapez ist ein Quadrat einbeschrieben. Berechne seine Seitenlänge. (Maße in cm.)

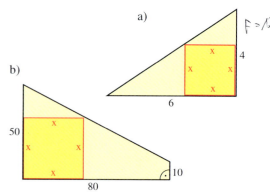

Strahlensätze

Unzugängliche Entfernungen

17
Bestimme die Breite des Flusses aus $\overline{ZA} = 100$ m, $\overline{ZC} = 25$ m, $\overline{CD} = 20$ m.
Beschreibe auch das Messverfahren.

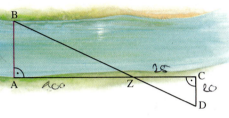

18
Berechne die Strecke über den See.

a)

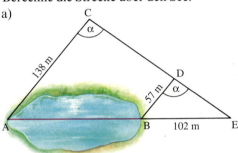

b)

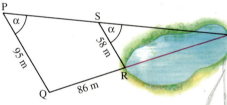

19
Wie hoch muss eine unmittelbar hinter der Mauer stehende Stange mindestens sein, wenn ihr oberes Ende vom Punkt A aus gerade noch sichtbar sein soll?

20

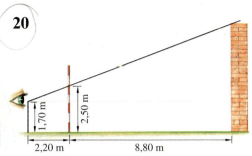

Eine Mauer wird aus der Augenhöhe von 1,70 m über eine Messlatte anvisiert.
Wie hoch ist die Mauer?
Hinweis: Lege eine Horizontale in Augenhöhe.

21
Zwei Berggipfel A und B sind 1 480 m bzw. 1 320 m hoch. Ihre Horizontalentfernung beträgt 800 m.
Verlängert man auf der Landkarte die Verbindungsstrecke der den Gipfeln entsprechenden Punkte A' und B' über B' hinaus, so trifft sie eine Brücke. Diese liegt 1 020 m hoch, und ihre Horizontalentfernung zum Gipfel B' beträgt 1 200 m.
a) Zeichne eine Karte im Maßstab 1 : 10 000.
b) Zeichne ein Profil in geeignetem Maßstab.
c) Ist die Brücke vom Gipfel A aus sichtbar?
d) Wie hoch müsste ein Turm auf dem Gipfel A sein, damit man von seiner Plattform aus die Brücke sehen könnte?

22
Ein Mast steht in 90 m Entfernung von einer 8 m hohen Mauer.
Steht man 45 m weit hinter der Mauer, so sieht man einen doppelt so großen Teil des Masts über die Mauer ragen, wie wenn man 15 m weit hinter der Mauer steht.
a) Welche Höhe ergibt sich für den Mast, wenn man die Augenhöhe nicht berücksichtigt?
b) Die Augenhöhe beträgt 1,70 m. Wie hoch ist der Mast?

Strahlensätze

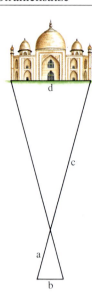

Über den Daumen gepeilt

23

Schaust du abwechselnd mit dem linken und dem rechten Auge den am ausgestreckten Arm hochgereckten Daumen an, springt dieser vor dem Hintergrund scheinbar hin und her.
a) In welcher Beziehung stehen dein Augenabstand b, die Entfernung Auge–Daumen a und die Strecken c und d? (Miss die Strecken.)
b) Wie weit bist du von einem großen Gebäude entfernt, dessen Breite von 65 m gerade deinem Daumensprung entspricht?

24

Der Förster kann mit einem ganz einfachen Gerät in Form eines gleichschenklig rechtwinkligen Dreiecks die Höhe von Bäumen grob bestimmen. Wie muss er dazu vorgehen?

25

Ist die Entfernung eines Turms bekannt, so lässt sich seine Höhe mit Hilfe eines Lineals bestimmen, das man mit ausgestrecktem Arm hochhält: Man peilt den Turm an und misst seine scheinbare Höhe auf dem Lineal.

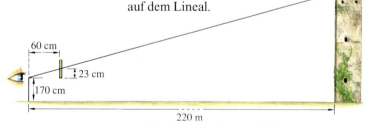

a) Wie hoch ist der abgebildete Turm?
b) Welche Ungenauigkeit entsteht durch einen Ablesefehler von 1 cm?
c) Welche weiteren Ungenauigkeiten hat das Verfahren?

Aus der Optik

26

Die Lochkamera bildet Gegenstände verkleinert und auf dem Kopf stehend ab.

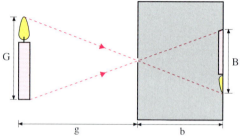

Stelle eine Formel auf, in der die Gegenstandsgröße G, die Bildgröße B, die Gegenstandsweite g und die Bildweite b miteinander verbunden sind.

27

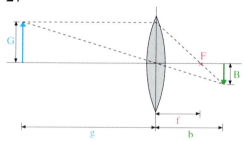

a) In der Linsenformel sind die Gegenstandsweite g, die Bildweite b und die Brennweite f einer Linse miteinander verbunden. Leite diese Formel mit Hilfe zweier Gleichungen her, deren linke Seite jeweils $\frac{G}{B}$ lautet.
b) Ein 8 m hohes Haus wird aus 25 m Entfernung mit einer Kamera der Brennweite f = 50 mm aufgenommen. Berechne die Bildgröße B.
c) Der Turm des Ulmer Münsters ist 161 m hoch. Er soll mit einer Kamera mit f = 50 mm aufgenommen werden, und die Bildgröße soll 36 mm betragen. Wie weit muss sich die Fotografin vom Turm entfernen?

Strahlensätze

Alte Messverfahren

28

In einem alten chinesischen Buch wird beschrieben, wie man die Höhe eines Felsens misst, dessen Fuß unzugänglich ist: Seine Spitze wird über zwei gleich hohe Stangen anvisiert, die mit ihr in Linie liegen.

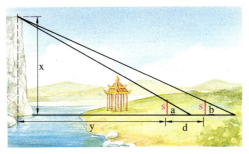

Gemessen wurden: s = 2,0 m, a = 2,4 m, b = 2,8 m, d = 42,0 m.
Stelle ein lineares Gleichungssystem für x und y auf und berechne daraus die Höhe x.

29

Ein mittelalterliches Gerät zur Höhenmessung ist der Jakobsstab. In ein Brett sind Löcher gebohrt, in die ein Stab hineingesteckt werden kann (siehe Abb.). Der Vermesser sucht zwei Orte, von denen aus der anvisierte Turm so hoch erscheint wie der Stab in zwei benachbarten Positionen auf dem Brett.

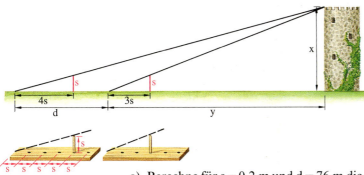

a) Berechne für s = 0,2 m und d = 76 m die Höhe x aus einem Gleichungssystem für x und y.
b) Was hätte sich ergeben, wenn man statt 4s und 3s die Längen 3s und 2s (oder 5s und 4s) setzt? Ist also das Ergebnis in a) Zufall?

30

Der Mathematiker Heron von Alexandria lehrt in einem um 50 n. Chr. erschienenen Lehrbuch eine Methode, mit der man messen kann, wie weit ein herankommendes Schiff noch vom Hafen entfernt ist.
Benutzt wurden Markierungsstäbe und Messbänder und dazu ein Gerät, das Groma, mit dem man sich in Geraden einmessen und Senkrechte visieren konnte.

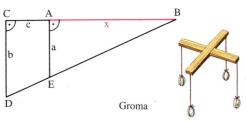

Groma

In der Planskizze ist A der Standort des Hafenkapitäns. Das Schiff befindet sich in B. Auf der Verlängerung von $\overline{AB}$ wird ein Punkt C gewählt. Von dort aus wird eine Senkrechte $\overline{CD}$ beliebiger Länge abgetragen. Von D aus wird das Schiff nochmals angepeilt, und E wird als Schnittpunkt dieser Linie mit der Senkrechten in A bestimmt.
a) Berechne die Entfernung x in Stadien, in Fuß und in m aus
a = 136 Fuß, b = 140 Fuß, c = 115 Fuß
(1 Fuß = 0,32 m, 1 Stadion = 600 Fuß)
b) Gib eine Formel zur Berechnung von x an.
c) Um wie viel ändert sich x, wenn sich der Vermesser bei der Strecke b um 1 Fuß nach oben oder nach unten irrt?
d) Wie viele Leute waren nötig, wenn die Messung sehr schnell gehen musste?
e) Konnte auch eine einzige Person die Punkte C, D und E bestimmen, wenn das Schiff vor Anker lag?

5 Ähnliche Figuren

Maurice Cornelis Escher (1898–1972)

1 Maurice Cornelis Eschers Holzschnitt „Quadratlimit" zeigt ein scheinbares Gewirr von Fischen unterschiedlicher Lage und Größe.
Worin sind sich aber alle Fische gleich?

2 Lege einen halben Bogen DIN A 4 so auf einen ganzen Bogen DIN A 4, dass zwei Eckpunkte A und A' zusammenfallen und die lange Seite des kleinen Bogens auf der langen Seite des großen liegt.
Wie liegen die Eckpunkte C und C'?
Vergleiche auch andere Rechtecke auf diese Weise.

Das Dreieck ABC geht durch eine zentrische Streckung S(Z;k) in das Dreieck A'B'C' über.
Das Dreieck A″B″C″ ist zwar zum zweiten Dreieck kongruent, aber kein Streckbild des ersten Dreiecks.
Es stimmt mit dem ersten Dreieck nur noch der Form nach überein.
Für die Winkel gilt $\alpha = \alpha'$, $\beta = \beta'$, $\gamma = \gamma'$.
Für die Seiten a″ und b″ gilt
$a'' = a' = ka$ und $b'' = b' = kb$, also
$\frac{a''}{b''} = \frac{ka}{kb} = \frac{a}{b}$.

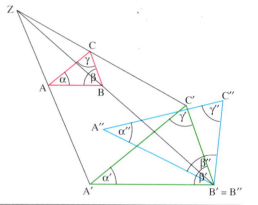

Zwei Figuren heißen **ähnlich**, wenn sie durch zentrische Streckung und Kongruenzabbildung ineinander übergeführt werden können.

Ähnliche Figuren stimmen überein
– in entsprechenden Winkeln,
– in den Verhältnissen entsprechender Seiten.

Beispiele

a) Die zwei rechtwinkligen Dreiecke D_1 und D_2 werden auf Ähnlichkeit untersucht.
Da entsprechende Winkel ähnlicher Figuren gleich sind, müssten die an den rechten Winkeln anliegenden Seiten einander entsprechen.
Für die zwei größeren Seiten gilt $\frac{d}{a} = \frac{8 \text{ cm}}{4 \text{ cm}} = 2$,
für die kleineren aber $\frac{c}{b} = \frac{6,3 \text{ cm}}{3 \text{ cm}} = 2,1$.
Die zwei Dreiecke sind also nicht ähnlich.

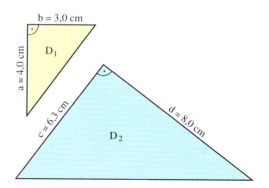

Ähnliche Figuren

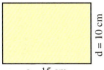

b) Um nachzuweisen, dass zwei Rechtecke ähnlich sind, bildet man das Verhältnis der großen und der kleinen Seiten:
$\frac{c}{a} = \frac{15\,cm}{6\,cm} = \frac{5}{2}$ und $\frac{d}{b} = \frac{10\,cm}{4\,cm} = \frac{5}{2}$.

Diese Verhältnisse sind gleich, also sind die Rechtecke ähnlich.
Man kann auch die Seitenverhältnisse der einzelnen Rechtecke miteinander vergleichen:
$\frac{a}{b} = \frac{6\,cm}{4\,cm} = \frac{3}{2}$ und $\frac{c}{d} = \frac{15\,cm}{10\,cm} = \frac{3}{2}$.

Bemerkung: In Beispiel b) war $\frac{c}{a} = \frac{d}{b} = \frac{5}{2}$. Man nennt dieses Verhältnis entsprechender Seiten den **Längenabbildungsmaßstab** k. Für die Flächeninhalte A und A′ gilt
$\frac{A'}{A} = \frac{cd}{ab} = \frac{c}{a} \cdot \frac{d}{b} = \frac{5}{2} \cdot \frac{5}{2} = (\frac{5}{2})^2$. Also gilt $A' = (\frac{5}{2})^2 \cdot A$.

Allgemein ergibt sich der **Flächenabbildungsmaßstab** als Quadrat des Längenabbildungsmaßstabs: $A' = k^2 \cdot A$.

Aufgaben

3
Je drei der Rechtecke sind zueinander ähnlich. Entscheide, ohne zu messen.

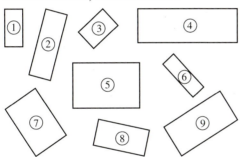

4
Welche rechtwinkligen Dreiecke sind zueinander ähnlich, welche nicht?

a)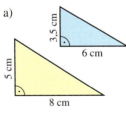

b)

c)

d)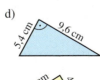

Ist der innere Rand des Bilderrahmens zum äußeren Rand ähnlich?

5
Berechne die fehlenden Seiten der ähnlichen Figuren.

a)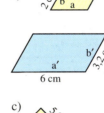

b)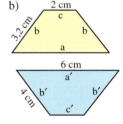

c)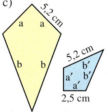

d)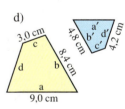

6
Zeichne ein Rechteck mit den Seiten
a) $a = 8\,cm$, $b = 4\,cm$
b) $a = 9\,cm$, $b = 6\,cm$
c) $a = 9\,cm$, $b = 3\,cm$
d) $a = 108\,mm$, $b = 54\,mm$
und trenne ein Teilrechteck ab, das zum ganzen Rechteck ähnlich ist.

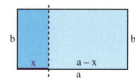

Ähnliche Figuren

7
Zerlege ein Rechteck mit den Seiten
a) a = 10 cm, b = 4 cm
b) a = 10 cm, b = 3 cm
c) a = 14,5 cm, b = 5 cm
d) a = 20,5 cm, b = 10 cm
in zwei zueinander ähnliche Rechtecke. Berechne dazu die zwei Seitenverhältnisse für x = 1 cm, 2 cm, ..., bis sich zweimal derselbe Wert ergibt.

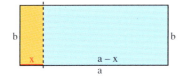

8
a) Bestimme das Seitenverhältnis eines Fernsehbildschirms (als Rechteck betrachtet). Prüfe nach, ob dein Ergebnis nahe bei einem der Normwerte 4:3 oder 16:9 liegt.
b) Zeichne zwei Rechtecke mit der Länge 8 cm und den Seitenverhältnissen 4:3 und 16:9.

9
Fülle die Tabelle im Heft aus.

Längenabb.-maßstab	2	10		0,5		10^{-3}	
Flächenabb.-maßstab			9		0,81	10^4	2

10
Zwei Quadrate sind immer ähnlich. Übertrage die Tabelle ins Heft und fülle sie aus (Längen in cm, Flächeninhalte in cm²).

Längenabb.-maßstab	2	2				
Flächenabb.-maßstab			4		2	9
Seitenlänge a	5		3			
Seitenlänge a'		6	12			6
Flächeninh. A		16		25		144
Flächeninh. A'				36	2	81

11
Viele Fotokopiergeräte können verkleinern und vergrößern. Der Längenabbildungsmaßstab wird dabei in % angegeben.
a) Eine Zeichnung wird mit 141 % vergrößert. Wie groß ist, sinnvoll gerundet, der Flächenabbildungsmaßstab?
b) Wie groß ist der Flächenabbildungsmaßstab bei einer Verkleinerung von 71 %?

12
Alle Papierbögen im Format DIN A entstehen aus dem Bogen DIN A 0 mit der Länge 1 189 mm und der Breite 841 mm durch fortgesetztes Halbieren. Die Halbierungslinie liegt parallel zur kurzen Seite.
a) Berechne auf mm genau die Maße der Bögen von DIN A 1 bis DIN A 4 und deren Seitenverhältnisse. Was fällt auf?
b) Wie groß ist der Flächenabbildungsmaßstab, wenn man auf dem Kopierer von DIN A 4 auf DIN A 3 vergrößert? Wie groß ist der Längenabbildungsmaßstab?

13
Das Negativ eines Kleinbildfilms hat das Format 24 mm × 36 mm. Die üblichen Formate von Abzügen sind (in cm) 7 × 10; 9 × 13; 10 × 15; 13 × 18.
a) Welche Formate der Abzüge sind dem Format des Negativs ähnlich?
b) Ein Negativ soll so auf 9 × 13 abgezogen werden, dass die kurzen Seiten einander genau entsprechen.
Passt das ganze Bild auf den Abzug?

6 Ähnlichkeitssätze

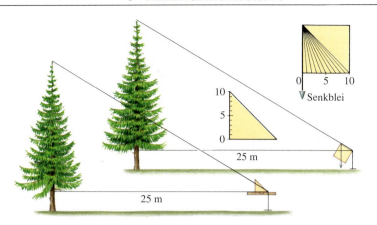

1
Um die Höhe eines Baums zu bestimmen, kann man ein Dreieck mit Skala benutzen, das auf einer Wasserwaage horizontal gehalten wird.
Der Förster verwendet aber ein praktischeres Gerät, nämlich ein Dreieck mit Skala und Senkblei.
Warum ist der Baum etwa $(\frac{6}{10} \cdot 25 + 2)$ m hoch, wenn das Senkblei auf dem 6. Teilstrich steht?

Die abgebildeten Dreiecke ABC und A'B'C' stimmen in zwei Winkeln überein.
Das Dreieck ABC wird so gestreckt, dass die Seite $\overline{AB}$ dieselbe Länge wie die Seite $\overline{A'B'}$ erhält. Nach dem Kongruenzsatz wsw ist das Bilddreieck zum Dreieck A'B'C' kongruent. Also sind die Dreiecke ABC und A'B'C' ähnlich.

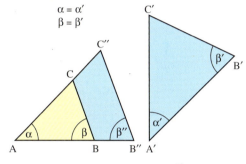

Die Dreiecke ABC und A'B'C' stimmen in einem Winkel und dem Verhältnis der anliegenden Seiten überein. Das Dreieck ABC wird mit dem Faktor $\frac{3}{2}$ gestreckt. Nach dem Kongruenzsatz sws ist das Bilddreieck zum Dreieck A'B'C' kongruent. Also sind die Dreiecke ABC und A'B'C' ähnlich.
Auch aus dem Kongruenzsatz sss ergibt sich ein solcher Ähnlichkeitssatz.

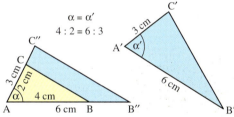

1. Ähnlichkeitssatz
Zwei Dreiecke sind ähnlich, wenn sie in zwei Winkeln übereinstimmen.

2. Ähnlichkeitssatz
Zwei Dreiecke sind ähnlich, wenn sie in einem Winkel und dem Verhältnis der anliegenden Seiten übereinstimmen.

3. Ähnlichkeitssatz
Zwei Dreiecke sind ähnlich, wenn sie in zwei Seitenverhältnissen übereinstimmen.

Beispiele
a) Die zwei Dreiecke ABC und ADE sind nach dem 1. Ähnlichkeitssatz ähnlich, weil sie im rechten Winkel und im Winkel α übereinstimmen.
Beachte, dass hier die Seite $\overline{AB}$ der Seite $\overline{AE}$ und die Seite $\overline{AC}$ der Seite $\overline{AD}$ entspricht.

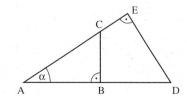

Ähnlichkeitssätze

b) Gegeben sind zwei Dreiecke:
△ABC mit α = 40°, b = 6 cm, c = 8 cm
△A'B'C' mit α' = 40°, b' = 9 cm, c' = 12 cm
Es gilt: α = α'
$$\frac{b}{c} = \frac{6}{8} = \frac{3}{4}$$
$$\frac{b'}{c'} = \frac{9}{12} = \frac{3}{4}$$
Also sind die Dreiecke nach dem 2. Ähnlichkeitssatz ähnlich.

c) Gegeben sind zwei Dreiecke:
△ABC mit a = 4 cm, b = 8 cm, c = 6 cm
△DEF mit d = 12 cm, e = 6 cm, f = 9 cm
Vor dem Berechnen der Seitenverhältnisse werden die Seiten nach ihrer Länge geordnet:
△ABC: 8 cm, 6 cm, 4 cm
△DEF: 12 cm, 9 cm, 6 cm
Wegen $\frac{8}{6} = \frac{12}{9}$ und $\frac{6}{4} = \frac{9}{6}$ sind die Dreiecke nach dem 3. Ähnlichkeitssatz ähnlich.

Aufgaben

2 Suche ähnliche Dreiecke und nenne die entsprechenden Seiten.

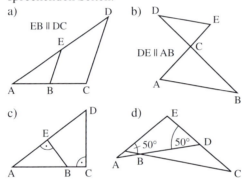

3 Sind die Dreiecke ABC und A'B'C' ähnlich?
a) α = 60°, b = 4 cm, c = 10 cm
   α' = 60°, b' = 6 cm, c' = 15 cm
b) α = 105°, b = 6,5 cm, c = 5,2 cm
   α' = 105°, b' = 4,0 cm, c' = 3,2 cm
c) β = 38°, a = 14,0 cm, c = 9,8 cm
   β' = 38°, a' = 10,0 cm, c' = 7,0 cm

4 Prüfe die Dreiecke ABC und DEF mit den Seiten a, b, c und d, e, f auf Ähnlichkeit. (Angaben in cm)

	a	b	c	d	e	f
a)	4	8	10	6	12	15
b)	4	6	9	18	8	12
c)	5,6	5,2	8,0	3,9	4,5	4,2
d)	4,8	7,2	10,8	12,2	7,2	10,8
e)	8	10	14	12	15	17,4

5 Prüfe die Dreiecke ABC und DEF auf Ähnlichkeit. Ordne die Seiten zuvor nach ihrer Größe.
a) α = 45°, b = 6 cm, c = 9 cm
   δ = 45°, d = 15 cm, e = 10 cm
b) β = 100°, a = 9,3 cm, c = 6,6 cm
   ε = 100°, f = 7,5 cm, d = 10,5 cm
c) α = 65°, b = 6 cm, c = 8 cm
   δ = 65°, d = 6 cm, e = 4,5 cm

6 Das rechtwinklige Dreieck wird durch die Höhe in zwei Teildreiecke zerlegt. Begründe, dass diese zueinander und zum ganzen Dreieck ähnlich sind.

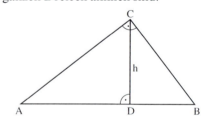

7

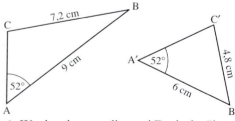

a) Worin stimmen die zwei Dreiecke überein?
b) Sind die Dreiecke ähnlich?

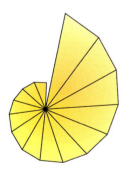

13-mal wird mit k = 1,1 vergrößert. Wird insgesamt mit 13·1,1 vergrößert?

8
Die Dreiecke ABC und A'B'C' sind ähnlich. Berechne die Strecken x und y. Runde auf mm, wenn nötig.

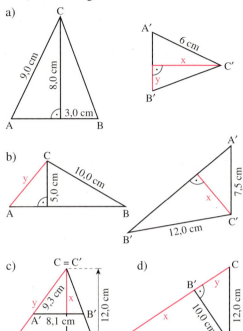

11

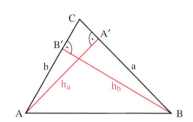

Begründe mit Hilfe des 1. Ähnlichkeitssatzes: $h_a : h_b = b : a$.

12
a) Wo treten beim Försterdreieck aus Aufgabe 1 ähnliche Dreiecke auf?
b) Wie hoch sind die Bäume, für die folgende Werte abgelesen wurden?

Teilstrich-Nr.	7	6	6	8	5
Entfernung in m	30	30	45	50	80

c) Wann ergeben verschiedene Wertepaare dieselbe Höhe?

13

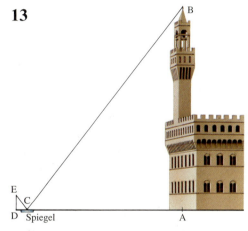

9

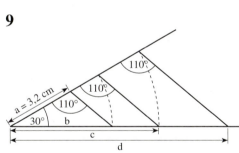

Konstruiere die Figur. Zeichne dann ein Dreieck mit den Seiten a, b und c und ein Dreieck mit den Seiten b, c und d.
Was fällt auf? Begründe deine Beobachtung.

10
„Zwei gleichschenklige Dreiecke sind ähnlich, wenn sie in einem Winkel übereinstimmen."
Warum ist diese Aussage falsch?
Wie kann man sie richtig stellen?

In einem alten Geometriebuch wird dargestellt, wie man die Höhe eines Turms mit Hilfe eines Spiegels messen kann.
a) Warum sind die Dreiecke ACB und DCE ähnlich?
b) Wie hoch ist der Turm, wenn $\overline{AC} = 40$ m und $\overline{CD} = 1{,}50$ m gemessen wurden und die Augenhöhe $\overline{ED}$ etwa 1,80 m betrug?
c) Wie kann eine solche Messung praktisch ausgeführt werden? Kannst du dir Situationen vorstellen, in denen man die Höhe mit dem Spiegel, aber nicht durch direktes Anvisieren des Turms messen kann?

7 Vermischte Aufgaben

1
Strecke das Dreieck ABC von Z aus mit dem Streckfaktor k.

	Z	k	A	B	C
a)	(5|5)	3	(4|3,5)	(7|4)	(3,5|6,5)
b)	(2|2)	$\frac{3}{2}$	(5|1)	(6|5)	(1|4)
c)	(6|3)	−2	(7|2)	(10|3)	(8|4)
d)	(5|3)	$\frac{2}{3}$	(2|1,5)	(11|6)	(3,5|7,5)
e)	(7|4)	1,6	(4,5|2)	(8|3)	(6|7)
f)	(4|7,5)	$-\frac{1}{2}$	(2|5,5)	(10|3,5)	(1|9,5)
g)	(6|6)	−0,8	(3|3)	(9|1)	(6|6)

2
Zeichne das Bild des Vierecks ABCD unter der Streckung S(Z;k) mit Z(7|5) und dem angegebenen Faktor k. Benutze dabei für die Eckpunkte B, C und D die Parallelenkonstruktion.

	k	A	B	C	D
a)	$\frac{4}{3}$	(4|2)	(11,5|3,5)	(8,5|8)	(2,5|6,5)
b)	0,7	(1|1)	(10|2)	(8,5|10)	(4|8)

3
Übertrage die Tabelle ins Heft und fülle sie vollständig aus. (Alle Streckfaktoren sind positiv.)

Streckenlänge $\overline{ZA}$ in mm	10		28		42	
Streckenlänge $\overline{ZA'}$ in mm	30	45		36		50
Streckfaktor k		3	$\frac{1}{2}$	$\frac{1}{3}$	2,5	0,75

4
Strecke das Dreieck ABC in einer einzigen Figur von allen Zentren aus mit dem Streckfaktor $\frac{1}{2}$.

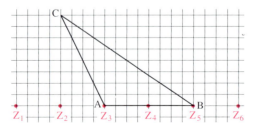

5
Strecke den Drachen ABCD von Z aus
a) erst mit dem Faktor 2, dann sein Bild mit dem Faktor −1,
b) erst mit dem Faktor −1, dann sein Bild mit dem Faktor −2.

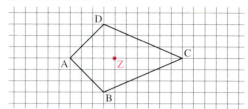

6
Die Punkte A′ und B′ sind Streckbilder der Punkte A und B. Konstruiere das Bild des Dreiecks ABC.

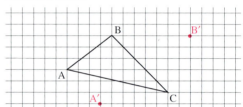

7
Das Fünfeck ABCDE mit A(2|2), B(8|2), C(9,5|6,5), D(3,5|8), E(2|5) geht durch eine Streckung in das Fünfeck A′B′C′D′E′ mit A′(1|1) und B′(9|1) über.
Konstruiere das Bildfünfeck, ohne Strecken abzumessen.

8
a) Konstruiere die Bilder A_1, A_2, A_3, A_4 des Punkts A bei den Streckungen an den vier Zentren Z_1, Z_2, Z_3, Z_4 jeweils mit dem Streckfaktor k = 2. Zeichne das Viereck $A_1A_2A_3A_4$.
b) Wiederhole die Konstruktion mit dem Streckfaktor k = 3. Was fällt auf?

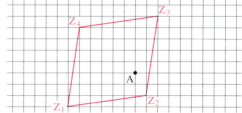

Vermischte Aufgaben

9 Berechne die Strecke x. Runde auf mm.

a)  b)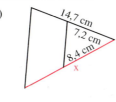

c) 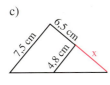 d)

10 Fülle die Tabelle im Heft aus.
(Streckenlängen in cm; runde auf mm.)

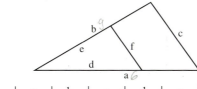

	a	b	c	d	e	f
a)	6	9		5		7
b)		6,2	4,5	5,0		3,5
c)	14,0			9,0	12,0	8,0

11 Berechne die Strecke x.
(Streckenlängen in cm; runde auf mm.)

a) 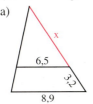 b)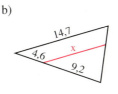

c) 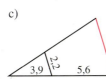 d)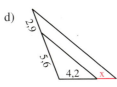

12 Teile eine Strecke
a) von 11 cm Länge in 7 gleiche Teile
b) von 18 cm Länge in 11 gleiche Teile.

13 Berechne die Strecken x und y.

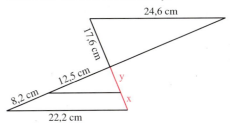

14 Welche der Rechtecke mit den Seiten a und b bzw. c und d sind ähnlich?

	a	b	c	d
a)	28 mm	21 mm	96 mm	72 mm
b)	65 mm	52 mm	92 mm	115 mm
c)	70 mm	80 mm	90 mm	100 mm
d)	10 m	1 mm	1 km	1 dm

15 Berechne die fehlenden Seiten der zwei ähnlichen Vierecke.

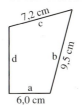 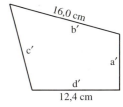

16 Prüfe die zwei Dreiecke ABC und DEF auf Ähnlichkeit. (Seitenlängen in cm.)

	a	b	c	d	e	f
a)	7,0	5,6	9,8	24,5	17,5	14,0
b)	5,0	10,5	7,5	15,6	11,0	23,1
c)	10,8	16,2	7,2	10,8	4,8	7,2

17 Berechne die Strecken x und y in den zwei ähnlichen Dreiecken. (Seitenlängen in cm.)

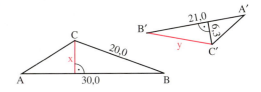

?? Was sollen diese schwarzen Streifen?

Viele Mess- und Zeichengeräte arbeiten nach dem Prinzip der zentrischen Streckung oder der Strahlensätze. Schon einfache selbst gefertigte Modelle aus Karton und Musterklammern zeigen die Wirkungsweise. Haltbarer und exakter sind Modelle aus Holz, Kunststoff oder aus den vorgefertigten Teilen eines Technikbaukastens.

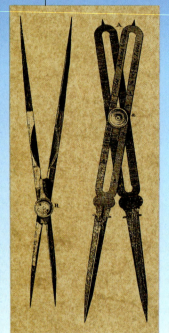

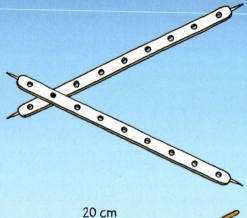

1

Der **Proportionalzirkel** verkleinert oder vergrößert Strecken in einem festen Verhältnis, das man einstellen kann. Der Zirkel in der Abbildung ist auf 8 : 2 gestellt.
Welche anderen Verhältnisse sind möglich?

2

Mit der **Messzange** kann man die Dicke eines dünnen Blechs messen. Die Skala ist kreisbogenförmig, aber nicht ganz gleichmäßig geteilt. Sie zeigt nämlich nicht die Länge des Kreisbogens, sondern die Länge der Sehne an. In der Beschriftung wird der Umrechnungsfaktor gleich berücksichtigt, damit man die Dicke unmittelbar ablesen kann.
Mit welchem Faktor vergrößert die abgebildete Messzange die abgegriffenen Längen?

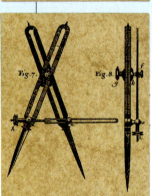

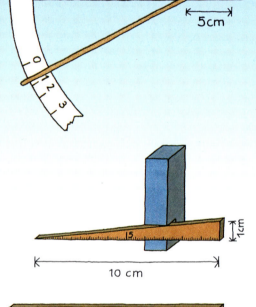

3

Mit dem **Messkeil** kann man die lichte Weite enger Öffnungen messen.
Welche Weite hat die Öffnung in dem abgebildeten Werkstück?
Wie würde man zweckmäßig eine Skala beschriften, wenn das Seitenverhältnis 1 : 20 wäre?

4

Schneidet man aus einem Brett einen Messkeil aus, bleibt eine **Messlehre** übrig. Man misst mit ihr die Dicke von Drähten.
Wie dick ist der Draht in der Abbildung?
Misst das Gerät eigentlich genau den Durchmesser?

UND ZEICHNEN

5
Aus sechs Leisten kann man ein Gerät herstellen, das Zeichnungen vergrößert und verkleinert. Wir nennen es **Doppelraute**. Die Leisten sind in den Punkten Z, A und A' drehbar miteinander verbunden. Durch Z wird ein Nagel gesteckt, der das Gerät auf der Unterlage drehbar festhält. In A steckt ein Nagel als Führstift, in A' eine Kugelschreibermine als Zeichenstift.
Je mehr Spiel in den Lagern ist, desto ungenauer arbeitet das Gerät. Unterlegscheiben können die Funktion verbessern.
Das abgebildete Modell verdreifacht alle Längen. Wie ist dies zu erklären?
Wie bekommt man andere Vergrößerungsverhältnisse?
Kann man mit der Doppelraute auch verkleinern?
Wie arbeitet sie, wenn man den Kreuzungspunkt der zwei langen Leisten festhält?

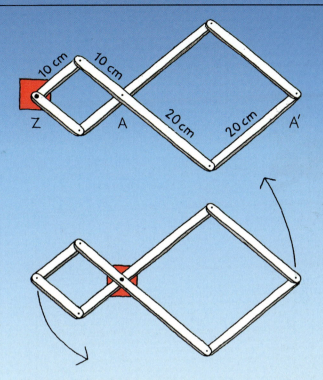

Der **Storchschnabel** oder **Pantograph**, der „Alleszeichner", arbeitet nach demselben Prinzip wie die Doppelraute. Die Abbildung zeigt ein Modell aus dem Jahr 1894 und einen Ausschnitt aus der Gebrauchsanleitung.
Die Leisten sind etwa 50 cm und 25 cm lang.
Will man mit dem Faktor 4 vergrößern, steckt man den Haltestift in Loch 4 auf der langen Leiste, den Führstift in Loch 4 auf der kurzen Leiste und den Zeichenstift in Loch 0 auf der langen Leiste.
Beachte, dass diese drei Löcher auf einer Geraden liegen.
Umgedreht bietet das Gerät noch weitere Vergrößerungs- und Verkleinerungsmöglichkeiten.

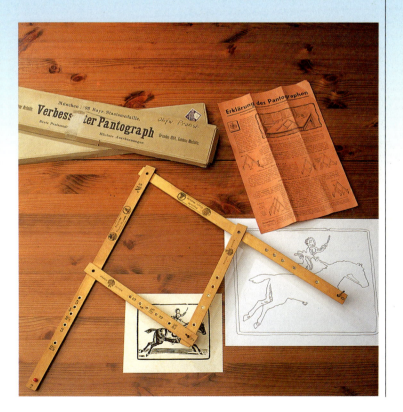

Rückspiegel

1
Strecke das Dreieck ABC.

	Z	k	A	B	C
a)	(5|5)	2	(3|3)	(8|4)	(6|7)
b)	(3|2)	$\frac{2}{3}$	(9|0,5)	(10,5|9,5)	(0|6,5)
c)	(7|5)	$-\frac{3}{2}$	(2|1)	(9|5)	(5|9)

2
Strecke das Viereck mit A(3|3), B(9|1,5), C(8,5|8), D(2|8) an Z(6|6) mit $k=\frac{4}{3}$.

3
Strecke die Figur an Z mit $k=-\frac{4}{3}$.

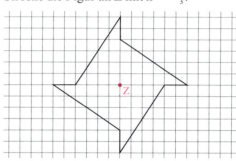

4
Ein Quadrat wird gestreckt. Übertrage die Tabelle ins Heft und fülle sie aus.

Längenabb.-maßstab k	3		
Flächenabb.-maßstab k²		2,25	0,25
Seite a	7 cm		
Seite a′		6 cm	
Flächen-inhalt A		16 cm²	9 cm²
Flächen-inhalt A′			36 cm²

5
Berechne die Strecke x auf mm gerundet.

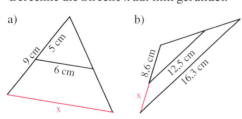

6
Berechne die Strecken x und y.

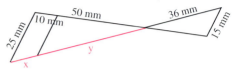

7
Sind die Rechtecke mit den Seiten a und b bzw. c und d ähnlich?

	a	b	c	d
a)	3 cm	4,5 cm	4,2 cm	2,8 cm
b)	6,4 cm	4,6 cm	8,0 cm	5,4 cm
c)	15,0 cm	18,0 cm	27,0 cm	32,4 cm

8
Sind die Dreiecke ABC und DEF ähnlich?
a) $\alpha = 70°$, b = 9 cm, c = 12 cm
   $\delta = 70°$, e = 6 cm, f = 8 cm
b) $\beta = 105°$, a = 8,4 cm, c = 7,7 cm
   $\varepsilon = 105°$, d = 8,8 cm, f = 9,6 cm
c) a = 6 cm, b = 10 cm, c = 8 cm
   d = 8 cm, e = 12 cm, f = 10 cm
d) a = 9,3 cm, b = 15,5 cm, c = 6,2 cm
   d = 18,6 cm, e = 27,9 cm, f = 46,5 cm

9
Berechne die Strecke x.

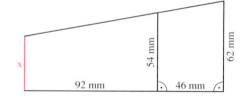

10
Berechne die Entfernung der zwei Orte.

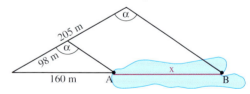

11
Wie groß sind der Flächen- und der Längenabbildungsmaßstab bei einer Vergrößerung von DIN A 4 auf DIN A 3?

V Satzgruppe des Pythagoras

Pythagoras in mittelalterlichen Darstellungen auf einem Relief am Dom von Florenz und beim Experimentieren mit Glocken und Gläsern

Erste gedruckte Ausgabe des Mathematikbuchs von Euklid in deutscher Sprache (1555)

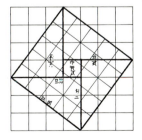

Der bekannteste aller mathematischen Sätze ist nach einem Mann benannt, von dem nur wenig bekannt ist. Man weiß nicht einmal, ob Pythagoras „seinen" Satz überhaupt entdeckt hat!

Pythagoras wurde 600 v. Chr. (auch 570 v. Chr. wird angenommen) auf der Insel Samos geboren. Auf langen Reisen nach Babylon und Ägypten machte er sich in Mathematik und Philosophie kundig. Nach seiner Rückkehr gründete er im damals griechischen Unteritalien eine religiöse Gemeinschaft, die sich um ein Leben nach den Gesetzen der inneren Harmonie bemühte. Erst nach einer Probezeit durften die Jünger die Stimme des hinter einem Vorhang verborgenen Meisters hören, und erst nach weiteren Jahren durften sie ihn sehen und mit ihm sprechen.

Der Satz des Pythagoras findet sich erstmals im großen Lehrbuch des Euklid, der etwa von 340 bis 270 v. Chr. lebte. Seine Wirkungsstätte war die berühmte Bibliothek in Alexandria. Sein Werk ist in vielen Handschriften und Drucken überliefert.

Die Abbildung unten stellt einen Beweisansatz für den Satz des Pythagoras am Dreieck mit den Seiten 3, 4 und 5 dar. Wenn man genau hinsieht, erkennt man chinesische Schriftzeichen. Die Abbildung ist nämlich aus einem altchinesischen Mathematikbuch entnommen, das aus der Zeit Euklids stammt. Vielleicht haben die Chinesen den Satz des Pythagoras selbst entdeckt, vielleicht haben sie ihn, wie vermutlich Pythagoras, von den Babyloniern erfahren.

Bei der Entdeckung des Satzes spielte sicher das Dreieck mit den Seiten 3, 4 und 5 die entscheidende Rolle. Es ist das einfachste rechtwinklige Dreieck mit ganzzahligen Seiten. Solche Dreiecke heißen pythagoreisch. Schon Euklid wusste, wie man unendlich viele solcher Dreiecke systematisch finden kann.

1 Kathetensatz

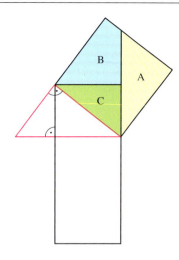

1
Schneide zwei kongruente rechtwinklige Dreiecke aus. Teile eines davon längs der Höhe in zwei rechtwinklige Teildreiecke. Vergleiche die Form der drei Dreiecke.

2
Übertrage die gesamte nebenstehende Figur ins Heft. Verwende für das rote Dreieck die Maße 6 cm, 8 cm und 10 cm. Zeichne das eingefärbte Quadrat nochmal auf ein Blatt und zerschneide es in die drei Einzelteile. Probiere, ob du die Puzzleteile in das untere Rechteck einpassen kannst.

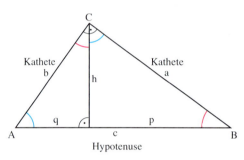
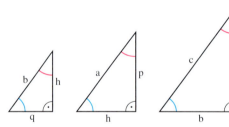

Im rechtwinkligen Dreieck bezeichnet man die beiden Seiten, die den rechten Winkel einschließen, als **Katheten**.
Die Seite, die dem rechten Winkel gegenüberliegt, heißt **Hypotenuse**.
Die dazugehörige Höhe teilt die Hypotenuse in die zwei **Hypotenusenabschnitte** p und q.
Die Zerlegung ergibt zwei rechtwinklige Teildreiecke. Alle drei sind zueinander ähnlich, weil sie in den entsprechenden Winkeln übereinstimmen. Deshalb gilt:
$$\frac{a}{p} = \frac{c}{a} \text{ und } \frac{b}{q} = \frac{c}{b}.$$
Durch Umformen erhält man
$a^2 = c \cdot p$ und $b^2 = c \cdot q$.
Diese Beziehung zwischen Kathete, Hypotenuse und Hypotenusenabschnitt in einem rechtwinkligen Dreieck nennt man **Kathetensatz**.

> **Kathetensatz:** Im rechtwinkligen Dreieck ist das Quadrat über einer Kathete flächengleich mit dem Rechteck aus der Hypotenuse und dem anliegenden Hypotenusenabschnitt.
> $a^2 = c \cdot p$ und $b^2 = c \cdot q$

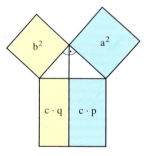

Bemerkung: Das Wort Kathete hat griechischen Ursprung und kommt von senkrecht aufeinander stehen (griech. Kathetein). Hypoteinusa kommt ebenfalls aus dem Griechischen und heißt „die darunter gespannte Linie".

Der Kathetensatz wird auch als Satz des Euklid bezeichnet.

Kathetensatz

Beispiele

a) Aus der Länge der Hypotenuse c = 8,5 cm und dem Hypotenusenabschnitt p = 3,6 cm kann die Kathete a berechnet werden.

$$a^2 = c \cdot p \qquad a = \sqrt{8,5 \cdot 3,6} \text{ cm}$$
$$a = \sqrt{c \cdot p} \qquad a = 5,5 \text{ cm}$$

b) Wenn die Kathete b = 5,9 cm und der zugehörige Hypotenusenabschnitt q = 2,8 cm bekannt sind, kann durch Umformen die Hypotenuse c berechnet werden.

$$b^2 = c \cdot q \quad |:q \qquad c = \frac{5,9^2}{2,8} \text{ cm}$$
$$\frac{b^2}{q} = c \qquad c = 12,4 \text{ cm}$$

c) Mit dem Kathetensatz kann ein Quadrat zeichnerisch in ein flächeninhaltsgleiches Rechteck umgewandelt werden und umgekehrt.

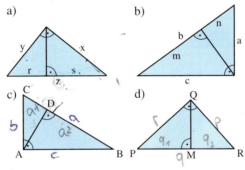

Aufgaben

3
Formuliere den Kathetensatz für die Figur.

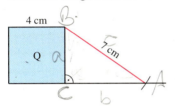

4
Berechne im Dreieck ABC ($\gamma = 90°$)
a) die Kathete a bzw. die Kathete b
aus c = 9,2 cm und p = 3,5 cm;
aus c = 15,8 cm und q = 8,6 cm.
b) die beiden Katheten a und b
aus p = 5,9 cm und q = 7,3 cm;
aus p = 27,4 cm und q = 51,8 cm.
c) die Hypotenuse c
aus a = 4,3 cm und p = 1,9 cm;
aus b = 7,4 cm und q = 6,2 cm;
aus a = 11,25 m und p = 3,65 m.
d) die Hypotenusenabschnitte p und q
aus a = 9,3 cm und c = 14,7 cm;
aus b = 11,4 m und c = 54,2 m;
aus a = 0,35 m und c = 1,82 m.

5
Berechne die Länge der Strecke x.
(Maße in cm)

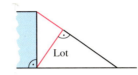
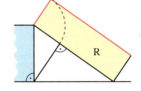
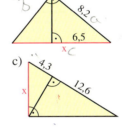
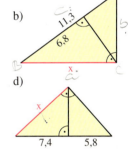

6
a) Ein Quadrat mit der Seitenlänge 4 cm ist gegeben. Konstruiere mit Hilfe des Kathetensatzes ein flächengleiches Rechteck, dessen eine Seite 5 cm lang ist. Überprüfe deine Konstruktion durch Rechnung.
b) Ein Rechteck mit den Seitenlängen 9 cm und 4 cm soll in ein flächengleiches Quadrat umgewandelt werden. Löse zeichnerisch mit Hilfe des Kathetensatzes.

7
Unter Verwendung des Kathetensatzes lassen sich Quadratwurzeln als Strecken konstruieren. Zeichne Strecken der Länge $\sqrt{10}$ cm; $\sqrt{40}$ cm; $\sqrt{27}$ cm und $\sqrt{63}$ cm.

2 Höhensatz

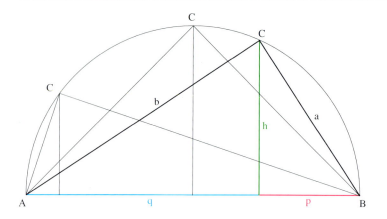

1
Zeichne in einen Halbkreis mit Radius 6 cm verschiedene rechtwinklige Dreiecke. Miss jeweils die Höhe und ergänze die Tabelle.

p (cm)	1	2	3	4	5	6	7
q (cm)							
h (cm)							
h·h (cm²)							
p·q (cm²)							

2
Wie muss man ein rechtwinkliges Dreieck zeichnen, um eine möglichst große Höhe über der Hypotenuse zu bekommen?

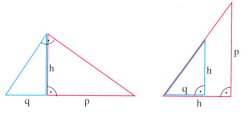

Die Höhe teilt ein rechtwinkliges Dreieck in zwei zueinander ähnliche, rechtwinklige Teildreiecke.
Somit kann man eine Verhältnisgleichung zwischen der Höhe und den beiden Hypotenusenabschnitten aufstellen.
$\frac{h}{p} = \frac{q}{h}$ oder $h^2 = p \cdot q$

Diesen Zusammenhang im rechtwinkligen Dreieck nennt man **Höhensatz**.

> **Höhensatz:** Im rechtwinkligen Dreieck ist das Quadrat über der Höhe flächengleich mit dem Rechteck aus den beiden Hypotenusenabschnitten $h^2 = p \cdot q$.

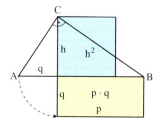

Bemerkung: Die Wurzel aus dem Produkt zweier Zahlen wird als geometrisches Mittel bezeichnet. Die Höhe in einem rechtwinkligen Dreieck ist also das geometrische Mittel der beiden Hypotenusenabschnitte.
$h = \sqrt{p \cdot q}$

Beispiele
a) Aus den beiden Hypotenusenabschnitten p = 4,5 cm und q = 6,5 cm kann man die Höhe berechnen.
$h^2 = p \cdot q$ $h^2 = 4,5 \cdot 6,5$ cm²
$h = \sqrt{p \cdot q}$ $h = 5,4$ cm

b) Durch Umformen kann man aus h = 7,2 cm und p = 4,9 cm den Hypotenusenabschnitt q berechnen.
$h^2 = p \cdot q \quad |:p \qquad q = \frac{7,2^2}{4,9}$ cm
$\frac{h^2}{p} = q \qquad\qquad q = 10,6$ cm

c) Mit dem Höhensatz kann ein Rechteck zeichnerisch in ein flächeninhaltsgleiches Quadrat umgewandelt werden und umgekehrt.

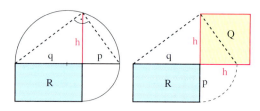

Höhensatz

Aufgaben

3
Formuliere den Höhensatz für die Figur.

a) 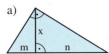 b)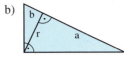

c) 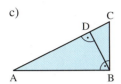 d)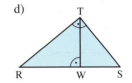

4
Berechne im Dreieck ABC ($\gamma = 90°$)
a) die Höhe h
 aus p = 5,3 cm und q = 8,4 cm;
 aus p = 11,4 m und q = 64,2 m;
 aus c = 10,8 cm und p = 3,4 cm;
 aus c = 9,45 m und q = 2,25 m;
 aus p = 5,2 dm und q = 1,4 m.
b) den zweiten Hypotenusenabschnitt und die Hypotenuse c
 aus p = 8,2 cm und h = 5,9 cm;
 aus q = 2,1 cm und h = 4,7 cm;
 aus p = 0,49 m und h = 1,35 m.

5
Berechne im Dreieck ABC ($\gamma = 90°$) die fehlenden Größen mit dem Höhensatz oder Kathetensatz.

	a)	b)	c)	d)	e)	f)
a		5,9 cm				
b			11,8 m			
c			12,3 cm		37 m		9,4 m
p	8,3 cm				12,4 cm	
q	5,2 cm		2,5 m	14 m		6,2 m
h					15,1 cm	

6
Hier haben sich in den Aufgaben für das rechtwinklige Dreieck Fehler eingeschlichen. Wie kannst du die Maßzahlen ändern, um rechnen zu können?
a) h = 9 cm und c = 16 cm
b) a = 4 cm und p = 5 cm

7
Berechne die Länge der Strecke x.
(Maße in cm)

a) 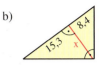 b)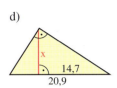

c) 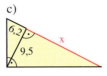 d)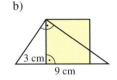

8
Welchen Flächeninhalt hat das Quadrat?

a) 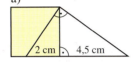 b)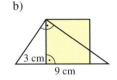

9
Wie hoch ist das Pultdach der Fabrikhalle?
$\overline{AB}$ = 6,80 m
$\overline{BC}$ = 3,40 m

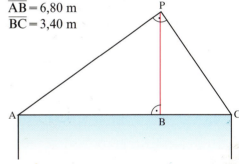

10
a) Konstruiere mit dem Höhensatz ein Rechteck, das zu einem Quadrat mit der Seitenlänge 5 cm flächengleich ist und von dem eine Seitenlänge mit 4 cm bekannt ist.
b) Konstruiere mit Hilfe des Höhensatzes ein Quadrat, das zu einem Rechteck mit den Seiten 7 cm und 3,5 cm flächengleich ist.
c) Mit dem Höhensatz lassen sich Wurzeln als geometrisches Mittel konstruieren. Zeichne Strecken der Länge
$\sqrt{32}$ cm; $\sqrt{20}$ cm; $\sqrt{48}$ cm und $\sqrt{13}$ cm.

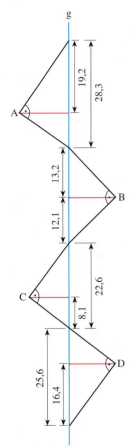

Wie weit sind die Punkte A, B, C und D jeweils von g entfernt?

3 Satz des Pythagoras

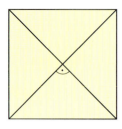

1
Aus den vier Teilen des Quadrats lassen sich zwei kleinere Quadrate zusammensetzen. Wie lang ist die Diagonale eines kleinen Quadrats?

2
Nach der alljährlichen Überschwemmung des Nils mussten die Felder neu vermessen werden. Die Vermessungsbeamten hießen Seilspanner. Sie benutzten bei ihrer Arbeit ein Dreieck aus Seilen mit Seiten von 3, 4 und 5 Einheiten.
Stelle selbst ein Seildreieck her und miss den Winkel zwischen den kurzen Seiten.

Wenn man die vier flächengleichen, rechtwinkligen Dreiecke des linken Quadrats anders anordnet, erhält man die rechte Figur.

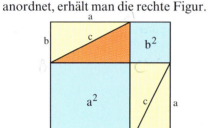

Diese Darstellung zeigt, dass die Summe der beiden Quadrate über den Katheten a und b mit dem Quadrat über der Hypotenuse c flächengleich ist. Diesen Zusammenhang zwischen den beiden Katheten und der Hypotenuse in einem rechtwinkligen Dreieck bezeichnet man als **Satz des Pythagoras**.

> **Satz des Pythagoras:** Im rechtwinkligen Dreieck ist die Summe der beiden Kathetenquadrate flächengleich mit dem Quadrat über der Hypotenuse.
> $$a^2 + b^2 = c^2$$

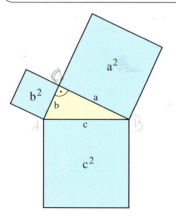

Bemerkung: Rechtwinklige Dreiecke, deren Seitenlängen ganzzahlig sind, bezeichnet man als pythagoreische Dreiecke.

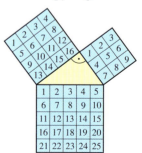

Satz des Pythagoras

Beispiele

a) In einem rechtwinkligen Dreieck ABC ($\gamma = 90°$) kann aus den beiden Katheten $a = 6,5$ cm und $b = 3,8$ cm die Hypotenuse berechnet werden.

$c^2 = a^2 + b^2$ $\qquad c = \sqrt{6,5^2 + 3,8^2}$ cm
$c = \sqrt{a^2 + b^2}$ $\qquad c = 7,5$ cm

b) Durch Umformen kann aus $c = 12,1$ cm und $a = 4,3$ cm die Kathete b berechnet werden.

$a^2 + b^2 = c^2$
$b^2 = c^2 - a^2$ $\qquad b = \sqrt{12,1^2 - 4,3^2}$ cm
$b = \sqrt{c^2 - a^2}$ $\qquad b = 11,3$ cm

c) Durch das Einzeichnen einer Höhe erhält man zwei rechtwinklige Teildreiecke, in denen der Satz von Pythagoras angewendet werden kann. Aus den beiden Seiten $a = 8,2$ cm und $b = 9,8$ cm sowie der Höhe $h_c = 7,8$ cm kann man die Teilstrecken c_1 und c_2 der Seite c berechnen.

$c_1^2 + h_c^2 = b^2$ $\qquad c_1 = \sqrt{9,8^2 - 7,8^2}$ cm $\qquad c_2^2 + h_c^2 = a^2$ $\qquad c_2 = \sqrt{8,2^2 - 7,8^2}$ cm
$c_1^2 = b^2 - h_c^2$ $\qquad c_1 = 5,9$ cm $\qquad c_2^2 = a^2 - h_c^2$ $\qquad c_2 = 2,5$ cm

Bemerkung: Wenn in einem Dreieck die Summe der Quadrate über den beiden kurzen Seiten gleich dem Quadrat über der längsten Seite ist, so hat das Dreieck einen rechten Winkel. Dies nennt man **Umkehrung des Satzes des Pythagoras**. Bei spitzwinkligen Dreiecken ist das Quadrat über der längsten Seite kleiner, bei stumpfwinkligen Dreiecken größer als die Summe der beiden anderen Quadrate.

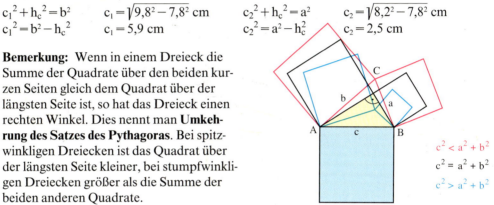

$c^2 < a^2 + b^2$
$c^2 = a^2 + b^2$
$c^2 > a^2 + b^2$

d) Das Dreieck mit den Seiten $a = 6,5$ cm, $b = 15,6$ cm und $c = 16,9$ cm ist rechtwinklig, da die Gleichung $6,5^2 + 15,6^2 = 16,9^2$ und somit $285,61 = 285,61$ gilt.

Aufgaben

3
Zeichne verschiedene rechtwinklige Dreiecke, miss die Seitenlängen und bestätige durch Rechnung den Satz des Pythagoras.

4
Formuliere den Satz des Pythagoras für die Figur.

a) 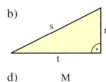 b)

c) 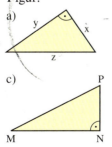 d)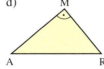

5
Berechne im Dreieck ABC ($\gamma = 90°$)
a) die Hypotenuse c
aus $a = 6,2$ cm und $b = 8,4$ cm;
aus $a = 4,25$ m und $b = 5,82$ m;
aus $a = 117$ m und $b = 236$ m;
aus $a = 1,2$ cm und $b = 9,4$ cm.
b) die Kathete a oder die Kathete b
aus $b = 5,3$ cm und $c = 8,9$ cm;
aus $a = 4,3$ cm und $c = 6,2$ cm;
aus $b = 12,7$ m und $c = 15,8$ m;
aus $a = 2,43$ m und $c = 9,41$ m.

6
Warum kann die Summe der beiden Katheten nicht ebenso groß wie die Hypotenuse sein?

Satz des Pythagoras

7 Berechne die Länge der Strecke x. (Maße in cm)

a)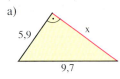
b)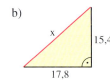
c)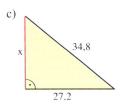
d)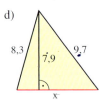

8 Formuliere den Satz des Pythagoras in allen vorkommenden rechtwinkligen Dreiecken.

a)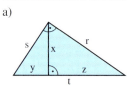
b)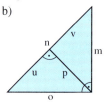
c)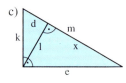
d)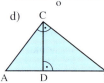

9 Berechne im Kopf die fehlende Seite x.

a)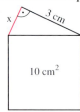
b)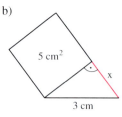
c)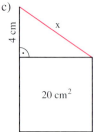
d)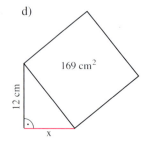

Pythagoras von A bis Z

Benachbarte Punkte sind jeweils 5 cm voneinander entfernt. Berechne die unterschiedlichen Entfernungen der Punkte voneinander. Es gibt 14 verschieden lange Strecken.

10 Wenn Punkte im Koordinatensystem angegeben sind, kann man ihre Entfernung nach dem Satz des Pythagoras berechnen.
Beispiel: A(3|2); B(10|6)

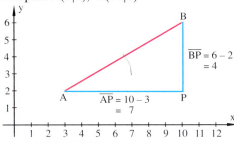

Es ist $\overline{AB}^2 = \overline{AP}^2 + \overline{BP}^2$
$\overline{AB} = \sqrt{7^2 + 4^2}$ Längeneinheiten
$\overline{AB} = 8{,}06$ Längeneinheiten

a) Berechne die Entfernung zwischen
C(2|4) und D(8|9); E(1|3) und F(10|10);
G(0|0) und H(12|7); I(−2|−3) und K(5|7).
b) Kannst du die Formel für die Entfernung von zwei Punkten
$\overline{P_1P_2} = \sqrt{(x_2 - x_1)^2 + (y_2 - y_1)^2}$
erklären?

11 Zeichne das Dreieck ABC und berechne seinen Umfang.
a) A(1|1); B(10|2); C(6|8)
b) A(−5|−2); B(5|1); C(0|9)

12 Das Dreieck mit den Seiten 3 cm, 4 cm und 5 cm ist rechtwinklig. Man nennt die drei Maßzahlen ein pythagoreisches Zahlentripel. Prüfe durch Rechnung, ob pythagoreische Zahlentripel vorliegen.

a) 9, 40, 41   b) 10, 24, 25
c) 28, 45, 53   d) 9, 12, 15

13 Prüfe durch Rechnung, ob das Dreieck spitzwinklig, stumpfwinklig oder rechtwinklig ist.

	a)	b)	c)	d)	e)
1. Seite	8 cm	24,0 m	3,9 cm	40 cm	18,5 m
2. Seite	15 cm	26,5 m	8,9 cm	55 cm	70,0 m
3. Seite	17 cm	9,2 m	8,0 cm	65 cm	68,2 m

Satz des Pythagoras

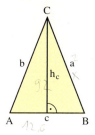

Dreieck

14
a) Berechne die Seite a und den Umfang u des gleichschenkligen Dreiecks (a = b) aus c = 12,6 cm und h_c = 9,2 cm.
b) Berechne die Höhe h_c des Dreiecks aus a = b = 15,8 cm und c = 7,4 cm.

15
Berechne die Höhe h_c und den Flächeninhalt des gleichschenkligen Dreiecks ABC (a = b).
a) a = b = 6,0 cm und c = 8,0 cm
b) a = b = 19,5 cm und c = 32,4 cm
c) a = b = 25,4 m und c = 42,2 m
d) a = b = 0,72 m und c = 1,08 m

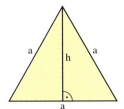

16
a) Berechne die Höhe und den Flächeninhalt des gleichseitigen Dreiecks mit der Seitenlänge 12 cm.
b) Wie lang ist die Seite eines gleichseitigen Dreiecks mit der Höhe 10 cm?

17
a) Berechne den Umfang und den Flächeninhalt eines rechtwinklig gleichschenkligen Dreiecks (a = b), wenn die Katheten jeweils 8,5 cm lang sind.
b) Ein rechtwinklig gleichschenkliges Dreieck hat die Höhe h = 8,0 cm.
Berechne die Seitenlängen und den Umfang des Dreiecks.

18
a) Von einem Dreieck ABC sind die Seiten a = 9,5 cm und b = 7,2 cm sowie die Höhe h_c = 6,8 cm gegeben. Berechne die Länge der Seite c, den Umfang u und den Flächeninhalt A des Dreiecks.
b) Berechne in einem Dreieck ABC mit der Höhe h_c = 92 cm, der Seitenhalbierenden s_c = 95 cm und der Seite c = 128 cm die Längen der Seiten a und b.
c) In einem Dreieck ABC sind die Seiten c = 7,5 cm und b = 8,3 cm gegeben. Wie lang ist die Seite a, wenn die Höhe h_c des Dreiecks eine Länge von 7,8 cm hat?

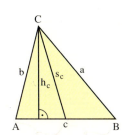

Trapez

19
Berechne die Höhe und den Flächeninhalt des gleichschenkligen Trapezes.

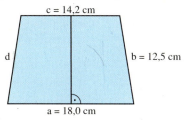

20
a) Wie lang ist die Seite c eines gleichschenkligen Trapezes mit a = 10,4 cm, b = d = 6,5 cm und h = 5,2 cm?
b) Berechne die Länge der Schenkel b und d eines gleichschenkligen Trapezes mit a = 25,3 cm, c = 15,7 cm und h = 11,4 cm.
c) Wie lang ist die Grundseite a eines gleichschenkligen Trapezes mit b = d = 9,5 cm, c = 6,2 cm und h = 4,1 cm?
d) Berechne die Länge der Diagonalen in einem gleichschenkligen Trapez mit den Grundseiten a = 19,4 cm und c = 11,8 cm sowie der Höhe h = 13,1 cm.

21
Berechne den Umfang und den Flächeninhalt des Trapezes.

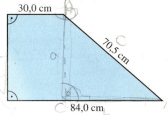

22
Wie groß ist der Umfang dieses allgemeinen Trapezes?

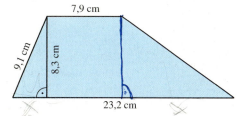

Satz des Pythagoras

Vierecke, Vielecke und zusammengesetzte Figuren

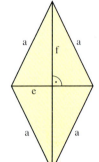

23
Berechne die Diagonale eines Rechtecks mit den Seiten
a) $a = 8{,}0$ cm und $b = 5{,}0$ cm
b) $a = 28{,}0$ m und $b = 15{,}4$ m
c) $a = 2b = 18{,}0$ cm.

24
Berechne den Umfang und den Flächeninhalt eines Rechtecks mit
a) $a = 6{,}5$ cm   b) $b = 13{,}4$ cm
   $e = 8{,}0$ cm $e = 17{,}8$ cm.

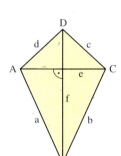

25
Die beiden Diagonalen einer Raute sind 12,0 cm und 9,6 cm lang. Berechne den Umfang der Raute.

26
Von einer Raute sind die Seitenlänge $a = 5{,}1$ cm und die Länge der Diagonale $e = 4{,}5$ cm gegeben. Berechne die Länge der Diagonale f und den Flächeninhalt.

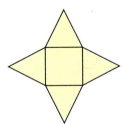

27
Von einem Drachen sind die Diagonalen $e = 15{,}8$ cm, $f = 24{,}4$ cm und die Seiten $a = b = 18{,}4$ cm bekannt.
Wie groß ist der Umfang des Drachens?

28
Ein regelmäßiges Sechseck hat die Seitenlänge 4,0 cm. Zeichne das Sechseck und zerlege es geschickt in Teilfiguren, damit du den Flächeninhalt berechnen kannst.

29
Wenn du ein regelmäßiges Achteck in ein Quadrat, vier Rechtecke und vier Dreiecke zerlegst, kannst du mit der Seitenlänge 5 cm den Flächeninhalt berechnen.

30
Einem Quadrat mit 5,0 cm Seitenlänge sind auf allen vier Seiten 5,0 cm hohe gleichschenklige Dreiecke aufgesetzt. Berechne den Umfang des entstehenden Sterns.

31
Berechne den Umfang und den Flächeninhalt der zusammengesetzten Figur (Maße in cm).

a) b)
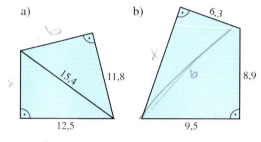

c) d)
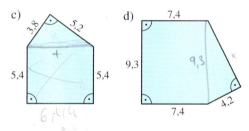

e) f)
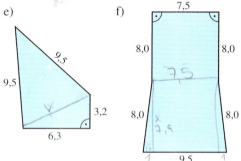

g)
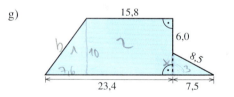

h)
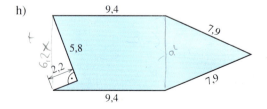

Satz des Pythagoras

32

Mit Hilfe des Satzes von Pythagoras können Wurzeln aller natürlichen Zahlen als Strecken konstruiert werden. Es entsteht eine „pythagoreische Schnecke".

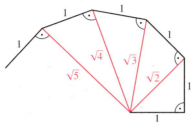

a) Zeichne die Schnecke, bis sich die Dreiecke überschneiden.
b) Zeichne eine zweite Schnecke, bei der jede neu hinzukommende Kathete um 1 cm länger ist, bis sich die Dreiecke schneiden. Berechne die Länge der Hypotenusen.
Beginne so:

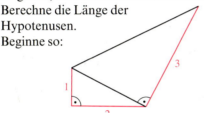

33

Einem Quadrat mit der Seitenlänge 8 cm werden weitere Quadrate derart einbeschrieben, dass jeweils die Seitenmitten zum neuen Quadrat verbunden werden. Berechne die Umfänge der ersten fünf Quadrate.

34

Berechne Umfang und Flächeninhalt der Figur, wenn die längste Quadratseite 10 cm misst.

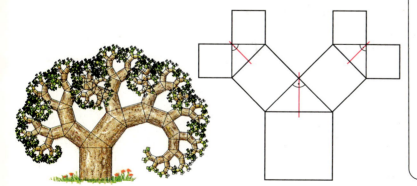

Puzzle mit Pythagoras

Zeichne die Figuren zuerst ab und schneide sie aus. Zerschneide die nummerierten Teilflächen der Kathetenquadrate und lege sie so in das Hypotenusenquadrat, dass dies vollständig bedeckt ist.

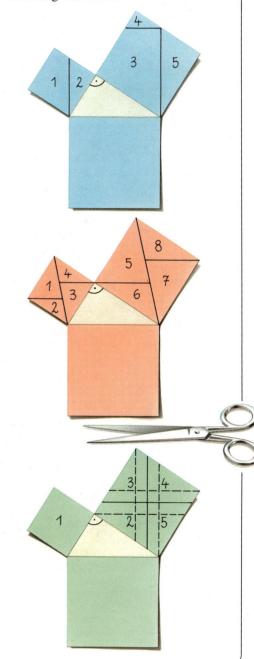

4 Rechnen mit Formeln

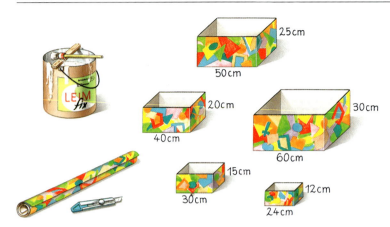

1
Firma Huber stellt offene Schachteln her. Die Grundflächen sind quadratisch, die Höhe ist halb so groß wie die Quadratseite. Berechne den Materialverbrauch (ohne Verschnitt) für die verschiedenen Größen. Kann man besonders geschickt vorgehen?

2
Warum muss bei der Berechnung von Umlaufbahnen für Satelliten mit einer größeren Genauigkeit gearbeitet werden als beim Bau eines Schranks?

Für die Berechnung von ähnlichen Figuren oder Körpern kann man Formeln aufstellen. Die darin verwendeten Variablen nennt man **Formvariablen**.
So lässt sich zum Beispiel im gleichseitigen Dreieck eine Formel zur Berechnung der Höhe h oder des Flächeninhalts A in Abhängigkeit von der Seitenlänge a aufstellen.

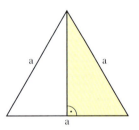

In dem rechtwinkligen Teildreieck gilt der Satz von Pythagoras.

$$h^2 + \left(\tfrac{a}{2}\right)^2 = a^2 \qquad \big| -\left(\tfrac{a}{2}\right)^2$$
$$h^2 = a^2 - \left(\tfrac{a}{2}\right)^2$$
$$h^2 = a^2 - \tfrac{a^2}{4}$$
$$h^2 = \tfrac{3}{4}a^2$$
$$h = \tfrac{a}{2}\sqrt{3}$$

Für den Flächeninhalt ergibt sich daraus:
$A = \tfrac{a^2}{4}\sqrt{3}$.

> Bei Rechenvorgängen, die sich ständig wiederholen, ist das Arbeiten mit Formeln vorteilhaft.

Diagonale im Quadrat $a\sqrt{2}$
Höhe im gleichseitigen Dreieck $\tfrac{a}{2}\sqrt{3}$

Bemerkung: In Formeln werden Ausdrücke wie $\sqrt{3}$ so lange wie möglich beibehalten. Erst beim Anwenden der Formeln setzt man Zahlenwerte mit geeigneter Genauigkeit ein.

Beispiele

a) Die Länge der Diagonale in einem Quadrat ist von der Seitenlänge abhängig. Man kann eine Formel zur Berechnung aufstellen.
Im rechtwinkligen Teildreieck gilt der Satz des Pythagoras.

$$e^2 = a^2 + a^2$$
$$e^2 = 2a^2$$
$$e = \sqrt{2a^2}$$
$$e = a\sqrt{2}$$

b) Den Flächeninhalt eines gleichseitigen Dreiecks kann man bei bekannter Seitenlänge a mit der Formel $A = \tfrac{a^2}{4}\cdot\sqrt{3}$ berechnen.
Wenn der Flächeninhalt 50,0 cm² sein soll, kann die dafür nötige Seitenlänge berechnet werden.

$$\tfrac{a^2}{4}\cdot\sqrt{3} = 50{,}0$$
$$a^2 = \tfrac{4\cdot 50{,}0}{\sqrt{3}}$$
$$a = 10{,}7$$

Die Seite muss ungefähr 10,7 cm lang sein.

Rechnen mit Formeln

Aufgaben

3
Stelle eine Formel zur Berechnung der Diagonale mit der Variablen a auf.
a)   b)
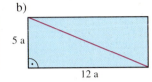

4
Berechne mit Hilfe der Formel für die Diagonale des Quadrats die Seitenlänge a.
a) e = 12,0 cm   b) e = 1,00 m
c) e = 25,8 dm   d) e = 14,1 cm

5
Berechne Umfang und Flächeninhalt des Rechtecks in Abhängigkeit von a.
a)    b)

6
Wie lang ist die Seitenlänge a eines gleichseitigen Dreiecks, dessen Höhe h = 8,0 cm beträgt? Rechne mit der Formel.

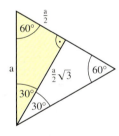

7
Zeichne die Figur ab und setze sie bis M fort. Berechne mit Hilfe einer Formel die Strecke $\overline{BZ}, \overline{CZ}, \ldots, \overline{MZ}$.

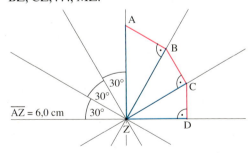

8
Erstelle die Formel für den Flächeninhalt eines regelmäßigen Sechsecks.

9
Stelle Formeln für Umfang und Flächeninhalt des Trapezes in Abhängigkeit von a auf.
a)   b)
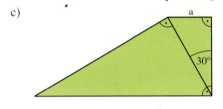
c)
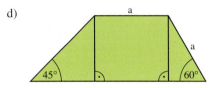
d)

10
a) Stelle Formeln für den Umfang und den Flächeninhalt der Figur mit der Variablen e auf.

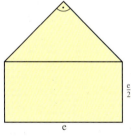

b) Wie groß muss e gewählt werden, damit der Umfang 20,0 cm ergibt?
c) Wie groß ist e, wenn der Flächeninhalt der Figur 75,0 cm² beträgt?

11
Eine besondere Raute setzt sich aus zwei gleichseitigen Dreiecken mit der Seitenlänge a zusammen. Stelle eine Formel für den Flächeninhalt in Abhängigkeit von a auf. Bestimme die Länge der Diagonalen in Abhängigkeit von a.

5 Anwendungen

Im Alltag

1
Ist es möglich, eine 5,20 m lange und 2,10 m breite, rechteckige Holzplatte durch eine Tür zu transportieren, die 2 m hoch und 80 cm breit ist?

2
Wie hoch reicht eine 4,50 m lange Leiter, wenn sie mindestens 1,50 m von der Wand entfernt aufgestellt werden muss?

3
Wie hoch reicht eine Klappleiter von 2,50 m Länge, wenn für einen sicheren Stand eine Standbreite von 1,20 m vorgeschrieben ist?

4
Kann man einen 2,30 m hohen und 45 cm tiefen Wandschrank wie in der Skizze in einem 2,40 m hohen Raum aufstellen?

5
Ein Tapezierer will nachprüfen, ob die Zimmerdecke rechtwinklig ist. Er misst die Länge mit 4,50 m, die Breite mit 3,50 m und die Diagonale mit 5,70 m.

6
Kann das mittlere Auto noch ausparken? Es ist 4,80 m lang und 1,80 m breit; der Abstand zum vorderen und hinteren Fahrzeug beträgt jeweils 30 cm.

7
Der Rand und die Trennfugen des Zierfensters sollen in Blei gefasst werden. Berechne die Gesamtlänge der Fassungen.

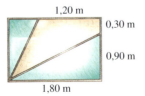

Messungen im Freien

8
Volker und Lea lassen einen Drachen steigen. Sie stehen 80 m voneinander entfernt. Die Drachenschnur ist 100 m lang. Lea steht direkt unter dem Drachen. Sie möchte wissen, wie hoch er fliegt.

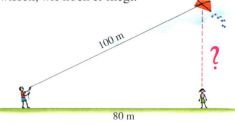

9
Eine Seiltänzergruppe will für ihre Vorführung von der Spitze eines 55 m hohen Turmes ein 280 m langes Drahtseil zur Erde spannen. Wie groß muss der Platz vor dem Turm mindestens sein?

10
Um wie viel km ist der direkte Weg von A nach B kürzer als über C, D und E?
Wie viel Prozent Ersparnis sind das?

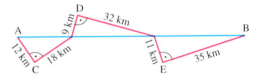

11
André behauptet, dass er die Strecke bis zu Dora „durch das Haus hindurch" berechnen kann.

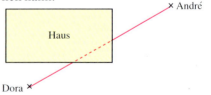

Welche Idee hat er wohl? Wie muss er messen und rechnen? Probiere es selbst einmal. Wenn ihr kontrollieren wollt, ob die Methode klappt, könnt ihr es im Klassenzimmer über Tische hinweg versuchen und dann die Strecke nachmessen.

Anwendungen

Im Kreis

12
Ein kreisförmiger Brunnenschacht hat einen inneren Durchmesser von 1,80 m. Er soll mit einer quadratischen Holzplatte abgedeckt werden, die 1,40 m lang ist. Ist die Platte groß genug?

13
Wie hoch schwingt das Pendel aus?

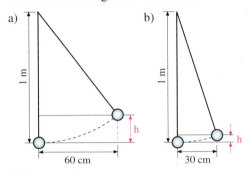

14
Wie lang ist das Pendel?

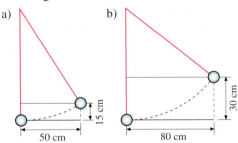

15
Wie weit kann man von einem 45 m hohen Leuchtturm sehen? Stelle dir die Erde als Kugel vor und verwende bei der Berechnung für den Erdradius 6 370 km.

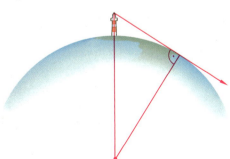

Historische Aufgaben

16
Der abgebrochene Bambusstab.

Ein Bambusstab von der Länge 5 m wird abgeknickt. Die Spitze erreicht den Boden in einer Entfernung von 2 m vom Fuß des Stengels. Wo wurde der Stab geknickt?

17
Von den Babyloniern (um 2 000 v. Chr.):
Ein Rohr, das senkrecht an einer Mauer steht, rutscht um 3 Ellen herunter. Dadurch ist der Fuß des Rohrs 9 Ellen von der Mauer entfernt. Wie lang ist das Rohr?

18
Aus dem „liber abbaci" von Leonardo di Pisa:
Zwei Stäbe stehen 21 Fuß voneinander senkrecht auf dem Boden. Der eine Stab ist 35 Fuß, der andere 40 Fuß lang.
Wo trifft der kleinere Stab, wenn er umfällt, den größeren? Wo trifft der größere beim Umfallen den kleineren?

19
Aus der Arithmetik des Chinesen Chin-Chin Shao (13. Jh. n. Chr.):
5 Fuß vom Ufer eines Teiches entfernt ragt ein Schilfrohr einen Fuß über das Wasser empor. Zieht man seine Spitze an das Ufer, so berührt sie gerade den Wasserspiegel. Wie tief ist der Teich?

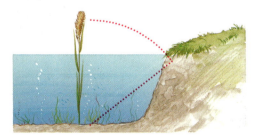

Anwendungen

Verschiedenes

Der Handwerker benutzt einen Anschlagwinkel. Die Seiten des Dreiecks haben die Längen 60 cm, 80 cm und 100 cm. Welcher Winkel ergibt sich daher in der rechten oberen Ecke?

20 €
Die Frontseite eines Hauses soll neu verputzt werden. Für einen Quadratmeter werden 22 € berechnet. Bei der Berechnung werden die Türen und Fenster mitgerechnet, weil dadurch der Mehraufwand an Arbeit ausgeglichen wird.

21
Berechne die Länge der Balken in dem symmetrischen Fachwerk. Die Dicke der Balken soll unberücksichtigt bleiben.

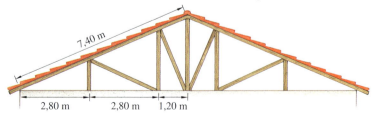

22
Wie tief ist der Graben?

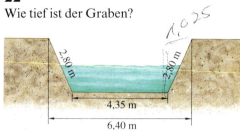

23
Der Querschnitt eines Damms hat die Form eines gleichschenkligen Trapezes. Die Dammkrone ist 8,50 m, die Dammsohle 16,80 m breit und der Damm ist 3,20 m hoch. Wie lang ist die Böschungslinie und welchen Flächeninhalt hat der Querschnitt?

24
Die längsten Strecken in den Tennisspielfeldern sind die Diagonalen. Einzel- und Doppelfeld sind 23,77 m lang. Die Breite beim Einzel beträgt 8,23 m, beim Doppel 10,97 m. Wie lang sind die Diagonalen?

25
Für Fußballexperten

Wie weit ist es jeweils bis zur Mitte des Tores, wenn der Spieler bei A, B, C, D oder E steht?
Wie weit ist es bis zum Torpfosten, der am nächsten liegt bzw. zum entfernten Torpfosten? Vergleiche.

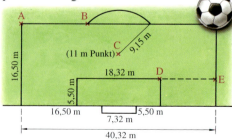

Anwendungen

Im Raum

Würfelturm

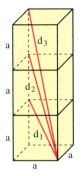

Findest du eine Gesetzmäßigkeit?

26
a) Berechne die Länge der Raumdiagonale eines Würfels mit der Kantenlänge 8 cm; 10 cm; 15 cm.
b) Stelle eine Formel auf, mit der du bei gegebener Kantenlänge die Diagonale berechnen kannst.
c) Berechne mit der in b) gefundenen Formel, welche Kantenlänge ein Würfel hat, dessen Raumdiagonale 10 cm lang ist.

27
Berechne die Länge der Raumdiagonale eines Quaders mit den Kanten a = 32 cm, b = 7 cm und c = 4 cm. (Du erhältst ein ganzzahliges Ergebnis.)

28
Ein Klassenzimmer ist 9,30 m lang, 8,50 m breit und 3,30 m hoch.
a) Bestimme die längsten Strecken an den Wänden und an der Decke.
b) Welches ist die längste Strecke im Raum?
c) Miss und rechne in deinem Klassenzimmer. Schätze, bevor du rechnest.

29
a) Durch einen Diagonalschnitt wird ein Würfel mit der Kantenlänge 10 cm in zwei Dreiecksprismen zerlegt. Berechne die Oberfläche eines dieser Prismen.
b) Halbiert man den Würfel so, dass zwei Trapezprismen entstehen, ändern sich die Oberflächen der Prismen je nach Teilung der Würfelkante. Teile einmal mit 8 cm und 2 cm, dann mit 6 cm und 4 cm und vergleiche die Oberflächen der Prismen.

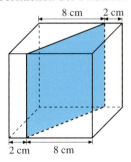

30
Das Dach eines Kirchturms hat die Form einer Pyramide mit quadratischer Grundfläche. Die unteren Kanten sind 6,50 m und die Seitenkanten 9,20 m lang. Das Dach soll neu gedeckt werden. Welchen Flächeninhalt hat die zu deckende Fläche? Wie hoch ist das Dach?

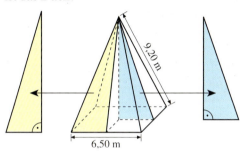

31
Einem Würfel ist eine Pyramide aufgesetzt. Berechne die Länge der roten Strecke.

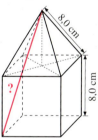

32
Hausdächer mit dieser Form nennt man Walmdächer.

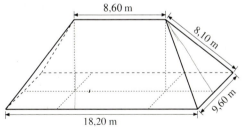

a) Berechne die Höhen der dreieckigen und der trapezförmigen Dachflächen.
b) Das Dach soll neu gedeckt werden. Wie viel Quadratmeter sind zu decken?
c) Wie hoch ist der Dachboden?

6 Vermischte Aufgaben

1
Berechne im Dreieck ABC mit $\gamma = 90°$ die fehlende Größe.

	a)	b)	c)	d)	e)
a	4,2 cm	8,6 cm		54 cm	0,34 m
b	6,4 cm		9,1 m	1,32 m	
c		12,7 cm	9,8 m		147 cm

2
Formuliere den Satz des Pythagoras für alle rechtwinkligen Dreiecke, die im Rechteck ABCD zu finden sind.

a)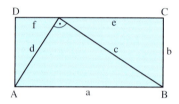

b) 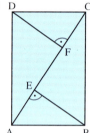   c)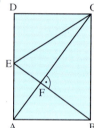

3
Berechne die fehlende Strecke x.

a) 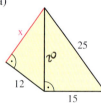   b)

c) 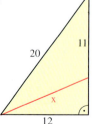   d)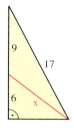

„Ein besonderes Dreieck"
Überprüfe durch Rechnung, ob die Teildreiecke rechtwinklig sind.

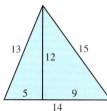

4
In einem Quadrat mit der Seitenlänge 10,0 cm sind weitere Strecken eingezeichnet. Berechne die Längen von a, b, c, d und e.

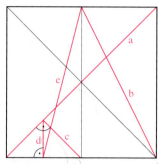

5
Zeichne das gleichseitige Dreieck mit der Seitenlänge 10,0 cm. Berechne die Längen von a, b, c, d, e, f und miss zum Vergleich in der Zeichnung.

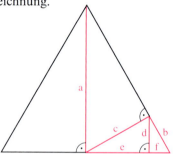

6
Berechne die fehlenden Strecken, wenn $e = 5$ cm gilt.

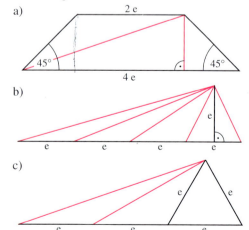

Vermischte Aufgaben

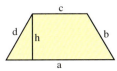

7
Berechne die fehlenden Größen des gleichschenkligen Trapezes.

	a)	b)	c)	d)	e)	f)
a	12,0 cm	15,3 cm		8,3 m	21,5 m	
b		12,7 cm	9,1 cm		12,5 m	8,4 m
c	8,0 cm	8,3 cm	24,0 cm			7,6 m
h	4,0 cm		7,5 cm	11,2 m	10,8 m	
u						37,2 m
A				99,8 m²		

8
Berechne den Umfang und den Flächeninhalt der Figur. (Maße in cm)

a)
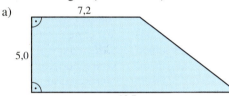

b)
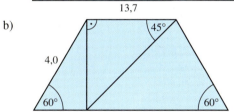

c)
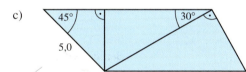

9
Zum Knobeln
Wie lang ist x?

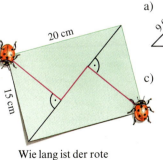

Wie lang ist der rote Weg?

a)

b)

c)
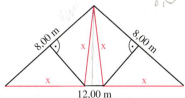

Kathetensatz, Höhensatz und Satz des Pythagoras (Aufgabe 10 bis 14)

10
Stelle die Formeln im Dreieck ABC und in den Teildreiecken auf.

a) 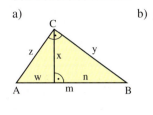   b)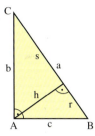

11
Berechne im Dreieck ABC ($\gamma = 90°$) die fehlenden Größen.

	a)	b)	c)	d)	e)	f)
a	5,2 cm	11,1 m				
b	7,3 cm		17,3 cm			
c			25,2 cm	8,3 m		
p		4,7 m			1,4 m	9,2 cm
q				2,8 m		4,1 cm
h					3,5 m	

12
Die Diagonale e = 9,0 cm und der Schenkel b = 6,0 cm eines gleichschenkligen Trapezes bilden einen rechten Winkel. Berechne die Höhe und den Flächeninhalt des Trapezes.

13
Von einem Drachen ABCD mit $\alpha = 90°$ und $\gamma = 90°$ sind die Seite a = 7,2 cm und die Diagonale e = 8,5 cm gegeben.
Berechne den Umfang und den Flächeninhalt des Drachens.

14
Berechne Umfang und Flächeninhalt. (Maße in cm)

a)    b)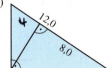

Vermischte Aufgaben

15
Eine Bergbahn überwindet auf einer Fahrtlänge von 2,6 km einen Höhenunterschied von 540 m. Wie lang ist die Strecke, die auf einer Landkarte mit dem Maßstab 1 : 50 000 eingetragen wird?

16
Auf einer Karte mit Maßstab 1 : 25 000 ist die Strecke von A nach B 4 cm lang. Wie lang ist die Strecke in Wirklichkeit, wenn eine gleichmäßige Steigung vorausgesetzt wird. (Achte auf die Höhenlinien.)

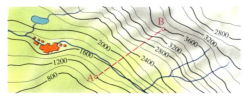

17
Die Strecke von B nach C kann wegen des Teichs nicht gemessen werden. Statt dessen wurden $\overline{AB} = 235$ m und $\overline{AC} = 370$ m gemessen. Wie lang ist dann die Strecke $\overline{BC}$?

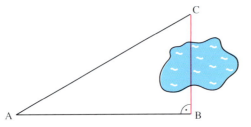

18
Aus einem Holzstamm mit einem Mindestdurchmesser von 42 cm soll ein möglichst großer Balken mit quadratischem Querschnitt geschnitten werden.
a) Berechne die Querschnittsfläche des Balkens.
b) Wie viel wiegt der Balken, wenn er 5 m lang ist und 1 cm³ Holz 0,9 g wiegt?

19
Ein Fahnenmast soll durch vier Seile zusätzlich befestigt werden. Die Seile werden in einer Höhe von 3,2 m angebracht und jedes Seil ist 4,0 m lang.
Wie weit sind die Pflöcke vom Fahnenmast entfernt?

20
Berechne den Radius des Kreises.

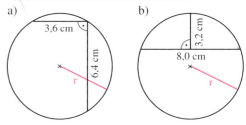

21
Der Umfang eines gleichseitigen Dreiecks, eines Quadrats und eines regelmäßigen Sechsecks beträgt jeweils 1 m.
Berechne die Flächeninhalte und vergleiche.

22
Wie lang muss man in dem Parallelogramm ABCD die Strecke $\overline{PB}$ zeichnen, damit die Strecken $\overline{PD}$ und $\overline{PC}$ gleich lang sind?
Warum erscheint die Strecke $\overline{PD}$ dennoch länger?

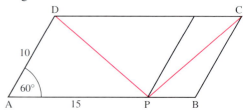

Vermischte Aufgaben

Pythagoras nicht nur mit Quadraten
$A_1 + A_2 = A_3$.

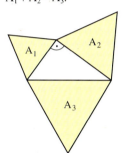

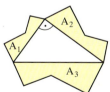

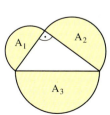

23
Berechne in dem Quader mit $\overline{AB} = 8$ cm, $\overline{AD} = 5$ cm und $\overline{AE} = 9$ cm die Flächendiagonalen $\overline{AC}$, $\overline{CF}$ und $\overline{CH}$ sowie die Raumdiagonale $\overline{DF}$.

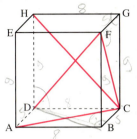

24
Wie lang ist die rote Strecke?
a) $a = 5{,}0$ cm
$h = 10{,}0$ cm

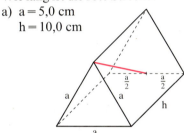

b) $a = 6{,}0$ cm
$b = d = 4{,}0$ cm
$c = 3{,}0$ cm
$h = 8{,}0$ cm

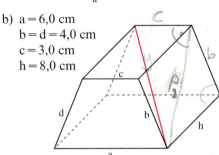

25
In einem allgemeinen Viereck, in dem die Diagonalen senkrecht aufeinander stehen, gilt: $a^2 + c^2 = b^2 + d^2$.
Zeige mit dem Satz des Pythagoras, dass dies richtig ist.

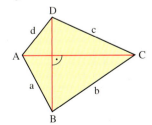

26
Ein 6,0 cm hohes Fünfecksprisma hat diese Grundfläche.

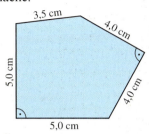

Stelle ein Modell dieses Körpers her. Nun soll ein möglichst kurzer Wollfaden um das Prisma gelegt werden (siehe Abb.). Klebe den gespannten Faden fest und wickle das Prisma wieder in die Ebene ab. Jetzt kannst du die Länge des Fadens berechnen.

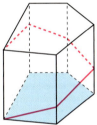

27
Die Zahlen 39 und 89 gehören zu einem pythagoreischen Zahlentripel. Wie heißt die dritte Zahl?
Berechne auch die dritte Zahl für die Paare 112 und 113 sowie 31 und 480.

28
Interessante Zahlen!
$21^2 + 220^2 = 221^2$
$201^2 + 20200^2 = 20201^2$
$2001^2 + 2002000^2 = 2002001^2$
$\vdots$

$41^2 + 840^2 = 841^2$
$401^2 + 80400^2 = 80401^2$
$4001^2 + 8004000^2 = 8004001^2$
$\vdots$

$69^2 + 260^2 = 269^2$
$609^2 + 20600^2 = 20609^2$
$6009^2 + 2006000^2 = 2006009^2$
$\vdots$

Vermischte Aufgaben

29
Berechne den Umfang und den Flächeninhalt der Figur in Abhängigkeit von a.

a)
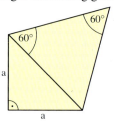

b)
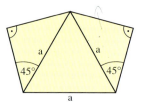

c)
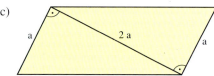

d)
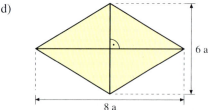

e)
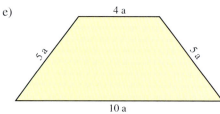

f)
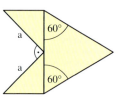

30
Berechne den Umfang und den Flächeninhalt der Figur in Abhängigkeit von a.

a)
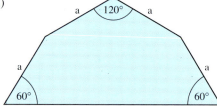

b)
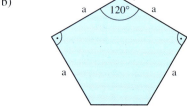

31
a) Stelle eine Formel für den Flächeninhalt mit der Variablen a auf.

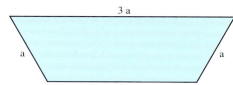

b) An den beiden parallelen Seiten wird ein gleichseitiges Dreieck angefügt. Zeige, dass für den Flächeninhalt dann $A = \frac{9}{2}a^2\sqrt{3}$ gilt.

32
Zeige, dass der Umfang des Dreiecks mit $u = \frac{a}{2}(3 + \sqrt{3} + \sqrt{6})$ und der Flächeninhalt mit $A = \frac{a^2}{8}(3 + \sqrt{3})$ berechnet werden kann.

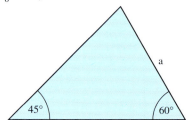

Vermischte Aufgaben

33
Berechne die übrigen Strecken als Vielfache von a und zeige, dass für Umfang und Flächeninhalt des Rechtecks die Formeln
$$u = 2a(4+\sqrt{3})$$
und $A = 4a^2\sqrt{3}$ gelten.

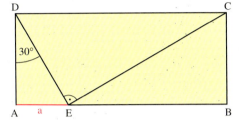

34
Acht achsensymmetrische Trapeze mit der vorgegebenen Form können zu einem Sechseck zusammengefügt werden.

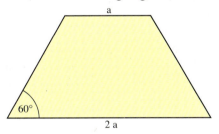

Zeige, dass für den Flächeninhalt des Sechsecks die Formel $A = 6a^2\sqrt{3}$ gilt.

35
Ein regelmäßiges Achteck mit der Seitenlänge a hat drei verschieden lange Diagonalen. Berechne die verschiedenen Längen in Abhängigkeit von a.

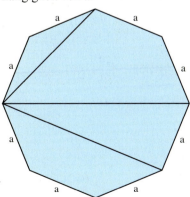

36
Berechne für einen Quader mit den Kantenlängen 2a, 2a und a die Länge der Flächendiagonalen und der Raumdiagonalen in Abhängigkeit von a.

37
Berechne die Größe der blauen Schnittfläche und die Oberfläche eines Trapezprismas, das entsteht, wenn man einen Würfel so halbiert.

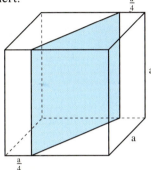

38
Ein Dreiecksprisma mit einem gleichseitigen Dreieck als Grundfläche hat lauter gleich lange Kanten der Länge a. Stelle Formeln für die Oberfläche und das Volumen des Körpers in Abhängigkeit von a auf.

39
Von einem Würfel mit der Kantenlänge a werden zwei Teile wie abgebildet abgeschnitten.
Berechne den Umfang und den Flächeninhalt der beiden Schnittflächen in Abhängigkeit von a.

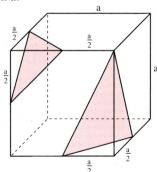

Rückspiegel

1 Formuliere den Satz des Pythagoras in allen vorkommenden rechtwinkligen Dreiecken.

a)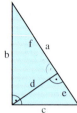
b)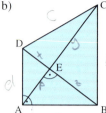

2 Berechne die Länge der Strecke x. (Maße in cm)

a)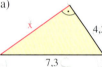
b)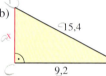
c)
d)

3 Berechne im Dreieck ABC ($\gamma = 90°$) die fehlende Seite.

	a)	b)	c)
a	9,8 cm	36,5 m	
b	7,9 cm		116 m
c		84,2 m	234 m

4
a) Berechne den Umfang und den Flächeninhalt eines gleichschenkligen Dreiecks ABC (a = b) mit der Schenkellänge a = 8,1 cm und der Höhe h_c = 6,8 cm.
b) Berechne den Flächeninhalt eines gleichschenkligen Dreiecks ABC (a = b), dessen Basis c = 12,0 cm lang ist und dessen Umfang 40,0 cm beträgt.

5 Berechne den Umfang und den Flächeninhalt eines gleichschenkligen Trapezes (b = d) mit a = 12,6 cm, b = 7,2 cm und h = 6,4 cm.

6 Wie lang ist die Diagonale e eines gleichschenkligen Trapezes mit a = 9,5 cm, b = d = 6,8 cm und c = 5,7 cm?

7 Berechne Umfang und Flächeninhalt der Figur. (Maße in cm)

a)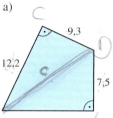
b)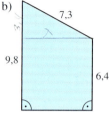

8 Die Leichtathletikgruppe durchläuft zum Aufwärmen die vorgezeichnete Strecke auf dem Sportplatz fünfmal. Wie viel Meter sind das, wenn der Platz 95 m lang und 65 m breit ist?

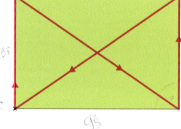

9 Berechne die Länge der Raumdiagonale eines Quaders, der 15 cm lang, 12 cm breit und 9 cm hoch ist.

10 Stelle Formeln für Umfang und Fläche der Figur in Abhängigkeit von a auf.

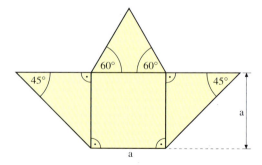

VI Kreis. Kreisberechnungen

Die Quadratur des Kreises

„Alle Interessen unter einen Hut zu bekommen, gleicht der Quadratur des Kreises."
Diese Redewendung besagt, dass eine Aufgabe trotz aller Mühe nicht gelöst werden kann.
In der Mathematik versteht man unter der Quadratur des Kreises die Konstruktion eines Quadrats, das denselben Flächeninhalt wie ein Kreis mit dem Radius 1 hat. Als Konstruktionsgeräte sind dabei nur Zirkel und Lineal erlaubt. Vor etwa 100 Jahren wurde bewiesen, dass diese Aufgabe unlösbar ist. Das ist eine kurze Zeitspanne im Vergleich zu jenen 2000 Jahren, vor denen Archimedes das erste Verfahren erdacht hatte, mit dem der Flächeninhalt eines Kreises beliebig genau berechnet werden kann.

Es ist nöten zu wissen quadratura circuli, das ist, die vergleychnus eines cirkels, vnnd eines quadrates, also das eins als vil inhielt als d3 ander, aber solches ist noch nit von den gelerten demonstrirt Mechanice, aber das ist beyleyfig, also das es im werck nit, oder gar ein kleyns felt, mag dise vergleychnuß also gemacht werden. Reyß ein fierung vñ teyl den ortstrich in zehen teyl, vnd vnd reyß darnach ein cirkelriß des Diameter sol achtteyl haben, wie die quadratur zechne hat, wie ich das vnden hab aufgerissen.

Albrecht Dürer (1471–1528)

Auch der Nürnberger Maler und Grafiker Albrecht Dürer (1471–1528) beschäftigte sich mit der Frage nach der Flächengleichheit von Quadrat und Kreis. Dazu gibt er für die nebenstehende Aufgabe als Lösung an:
„Teile die Diagonale des Quadrats in 10 Teile und nimm 8 davon als Durchmesser des Kreises.
Er ging davon aus, dass sich die überstehenden Quadratecken und die Kreisteile flächenmäßig ausgleichen. Tatsächlich ist aber die Kreisfläche um etwa 0,5 % größer.

Die Kreiszahl π

Die Kreiszahl π beschreibt das Verhältnis der Maßzahlen von Umfang und Durchmesser. In allen Epochen der Mathematikgeschichte wurde versucht, diese Zahl immer noch genauer zu erfassen. Dies ging bald über den praktischen Nutzen und die handliche Brauchbarkeit hinaus. Heute dient die Berechnung von π als Leistungstest hochmoderner Computer, die inzwischen mehrere 100 Millionen Stellen hinter dem Komma errechnen können. Eine Zahl, die, zu Papier gebracht, mehr als 100 Bücher mit jeweils 1000 Seiten füllen würde.

Näherungen der Zahl π		
Ägypter	2000 v. Chr.	$\left(\frac{16}{9}\right)^2$
Inder	500 v. Chr.	$\left(\frac{7}{4}\right)^2$
Archimedes (Griechenland)	287–212 v. Chr.	$\frac{22}{7}$
Ptolemäus (Griechenland)	85–165 n. Chr.	$3\frac{17}{120}$
Chinesen	500 n. Chr.	$3\frac{16}{113}$
Brahmagupta (Indien)	600 n. Chr.	$\sqrt{10}$
Fibonacci (Italien)	1200 n. Chr.	$3\frac{39}{275}$
Vieta (Frankreich)	1540–1603	$1,8 + \sqrt{1,8}$
Ludolph van Ceulen (Holland)	1610	3, … 35 Dezimalen
Abraham Sharp	1699	3, … 71 Dezimalen

1 Kreisumfang

1
Durch Abfahren mit einem Messrad lassen sich längere Strecken genau vermessen. Was weißt du über das Messrad, wenn nach 2 Umdrehungen die Strecke mit der Länge 1 m angezeigt wird? Ein anderes Messrad zeigt nach 4 Umdrehungen die Strecke 1 m an.

2
Miss den Durchmesser und den Umfang kreisförmiger Gegenstände und setze die Maßzahlen ins Verhältnis.

	Umfang	Durchmesser	$\frac{u}{d}$
Dose	24 cm	7,7 cm	☐
Münze	9 cm	2,9 cm	☐
...			

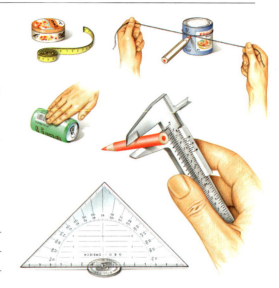

Werden die Umfänge $u_1, u_2, u_3, \ldots$ verschieden großer Kreise miteinander verglichen, stellt man fest, dass zum Kreis mit dem doppelten (dreifachen, ...) Durchmesser der doppelt (dreifach, ...) so große Umfang gehört. Der **Kreisumfang u** ist demnach zum Kreisdurchmesser d proportional. Daraus lässt sich schließen, dass das Verhältnis von Kreisumfang u zu Kreisdurchmesser d für alle Kreise gleich groß ist:

$$\frac{u_1}{d_1} = \frac{u_2}{d_2} = \frac{u_3}{d_3} = \text{konstant.}$$

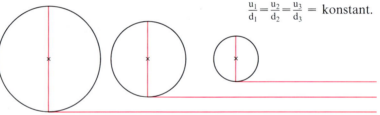

Das Verhältnis „Umfang zu Durchmesser" wird mit dem griechischen Buchstaben π bezeichnet. Der Taschenrechner gibt für π einen Näherungswert an: $\boxed{3.141592654}$

Für den **Umfang u** eines Kreises mit dem Durchmesser d gilt:
$$u = \pi d$$
Für $d = 2r$ ergibt sich: $u = 2\pi r$

Wenn mit dem Taschenrechner gearbeitet wird, so muss in der Regel nicht die gesamte Anzeige abgeschrieben werden. Die Genauigkeit der gegebenen Größen kann eine Orientierung sein.

| π | × | 1 | · | 8 | = |

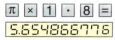

Gerundet gilt:
$\pi \cdot 1{,}8 \approx 5{,}7$
In den Ergebnissen schreiben wir aber dennoch häufig ein Gleichheitszeichen.

Beispiele

a) Aus dem Durchmesser $d = 1{,}8$ dm kann der Kreisumfang u berechnet werden.
$u = \pi \cdot d$ $u = \pi \cdot 1{,}8$ dm
              $u = 5{,}7$ dm

b) Aus dem Kreisumfang $u = 8{,}50$ m kann der Kreisradius r berechnet werden.
$u = 2\pi r$ $r = \frac{8{,}50}{2\pi}$ m
$r = \frac{u}{2\pi}$ $r = 1{,}35$ m

c) Berechnung der Anzahl n von Radumdrehungen auf einer 1 km langen Strecke bei einem Raddurchmesser von 78 cm.
$n = 1\,000 : u$ $n = 1\,000 : (\pi \cdot 0{,}78)$
$n = 1\,000 : (\pi \cdot d)$ $n = \boxed{408{.}0895977}$
Auf der 1 km langen Strecke dreht sich das Rad also etwa 408-mal.

Kreisumfang

Aufgaben

3
Welche Strecke ist ebenso lang wie der Kreisumfang? Schätze.

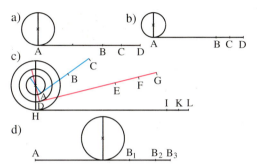

4
Berechne den Umfang des Kreises.
a) $d = 5{,}3$ cm b) $d = 7{,}7$ cm
c) $d = 17{,}2$ cm d) $r = 31{,}8$ cm
e) $r = 0{,}98$ m f) $r = 12{,}4$ dm

5
Wie groß ist der Kreisradius?
a) $u = 133$ cm b) $u = 8{,}5$ m c) $u = 0{,}41$ m

6
Berechne die fehlenden Größen.

	a)	b)	c)	d)	e)
r	☐	☐	24,4 cm	☐	☐
d	☐	0,5 m	☐	☐	31,84 m
u	1,1 m	☐	☐	2,56 dm	☐

7
Fahrradgrößen wie 28 oder 26 geben den Raddurchmesser in Zoll an (1 Zoll = 2,54 cm). Vervollständige die Tabelle.

Fahrradtyp	28	26	24	20	18
Durchmesser (mm)	711	☐	☐	☐	☐
Umfang (m)	2,23	☐	☐	☐	☐

8
Das Aufzugsrad eines Förderturms einer Zeche hat einen Radius von 1,85 m. Um wie viel m wird der Förderkorb bei einer Radumdrehung nach oben gezogen?

9
Das Rad eines schweren Muldenkippers in einem Steinbruchbetrieb ist 1,95 m hoch. Welche Strecke legt das Fahrzeug bei 10 Radumdrehungen zurück?

10
Ein 1 m, 2 m, 5 m langes Metallband wird jeweils zu einem Ring gebogen. Wie groß wird jeweils der Durchmesser?

11
a) Berechne die Wegstrecke, die die Spitze eines Minutenzeigers von 125 cm Länge in 4 Stunden zurücklegt.
b) Wie viel cm legt die Spitze eines 1,5 cm langen Sekundenzeigers in 60 min zurück?
c) Wie lang müsste der Sekundenzeiger sein, damit seine Spitze Fußgängergeschwindigkeit (etwa 6 km/h) erreicht?

Fahrradcomputer
Diese elektronischen Messgeräte informieren z. B. über die aktuelle Fahrgeschwindigkeit, über die Gesamtkilometerleistung oder über die Tageskilometerzahl.
Alexandra stellt den Fahrradcomputer für ihr neues Fahrrad ein. Damit exakte Zahlen angezeigt werden, muss die Größe der Laufräder eingegeben werden. Sie geht laut Bedienungsanleitung vor.

- den Radius des Vorderrads vom Boden bis zur Nabenmitte auf mm genau messen
- zur Berechnung der Wegstrecke einer Radumdrehung (Entfaltung) den gemessenen Wert verdoppeln und dann mit π multiplizieren
- die Zahl eingeben und abspeichern

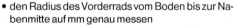

Welcher Radius wurde gemessen? Welchen Zahlenwert muss Alexandra bei einem Radius von 330 mm eingeben?

Beim Radius werden 3 mm zu viel gemessen. Wie wirkt sich der Fehler bei einem 28-Zoll-Laufrad auf eine Entfaltung aus?

Wie weit muss man fahren, bis sich dieser Fehler erstmals auf mehr als 1 km summiert hat?

Kreisumfang

Wie lang ist die Schlangenlinie aus 2, 3, 4, 5 Halbkreisbögen? Welche Vermutung gewinnst du aus den aufeinander folgenden Ergebnissen?

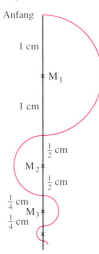

12
Handwerker benutzen zur Umfangsberechnung von Röhren o. ä. die Faustformel:

Umfang gleich Durchmesser mal 3 plus 5 Prozent

Rechne ebenso.
a) d = 20 cm   b) d = 80 mm
c) d = 1,50 m   d) r = 65 cm
e) Welcher Näherungswert für π wird mit der Formel verwendet?

13
In der Tabelle sind die Durchmesser der Treibräder verschiedener Loks aufgeführt. Wie oft drehen sich jeweils die Räder auf einer 120 km langen Strecke?

Schnellzugdampflok 01	2 000 mm
elektr. Schnellzuglok E 10	1 250 mm
Diesellok V 200	940 mm

14
Die erste Dampflokomotive Deutschlands war die „Adler". Sie fuhr erstmals 1835 auf der 6,05 km langen Strecke zwischen Nürnberg und Fürth. Das Treibrad hatte einen Durchmesser von 1 372 mm.
a) Wie oft drehte sich das Rad von Nürnberg bis Fürth?
b) Die Fahrzeit betrug 14 Minuten. Wie viele Umdrehungen machte das Rad pro Minute?

15
a) Der Erdradius beträgt etwa 6 378 km. Mit welcher Geschwindigkeit bewegt sich ein Körper am Äquator mit der Erde mit?
b) Besigheim liegt auf dem 49. nördlichen Breitenkreis. Dieser besitzt einen Radius von 4 184 km. Welchen Weg legt Besigheim innerhalb eines Tages zurück? Berechne auch die Geschwindigkeit. (Ohne Berücksichtigung der Bahngeschwindigkeit der Erde.)

16

a) Denke dir ein Seil um den Äquator (Erdradius r = 6 378 km) gespannt. Das Seil wird nun um 1 m verlängert. Kann zwischen dem Seil und dem Äquator eine Katze durchschlüpfen? Überprüfe durch Rechnung.
b) Um einen Tennisball mit 6,5 cm Durchmesser wird eine Schnur gelegt. Anschließend wird sie um 1 m verlängert. Um wie viel cm steht diese Schnur gleichmäßig vom Tennisball ab?

17
Berechne den Umfang der Figur.

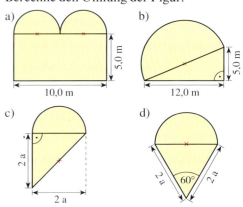

2 Kreisfläche

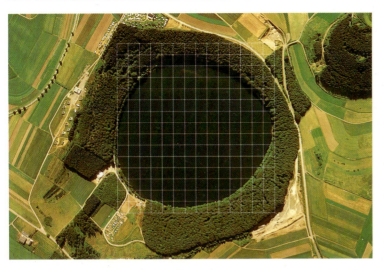

1
Das Pulvermaar in der Eifel ist ein fast kreisförmiger See vulkanischen Ursprungs. Sein Durchmesser beträgt ungefähr 700 m. Bestimme mit Hilfe des Quadratgitters die Gesamtfläche des Maars so genau wie möglich.

2
Schneidet in der Klasse aus Pappe je einen Viertelkreis mit r = 1 dm und ein Quadrat mit Seitenlänge 1 dm aus. Wiegt dann alle Viertelkreise und alle Quadrate mit einer Briefwaage. Rechnet den Quotienten aus den beiden Gewichtsangaben auf einen ganzen Kreis um.

Wie der Kreisumfang lässt sich auch die Kreisfläche näherungsweise bestimmen.

Dazu wird ein Kreis in gleiche Ausschnitte geteilt, einer davon wird zusätzlich halbiert. Diese Teile werden dann wieder zu einer Fläche zusammengelegt, die sich annähernd als Rechtecksfläche auffassen lässt.
Je mehr Kreisteile gebildet werden, desto genauer ist die Näherung.

$A = r \cdot \frac{u}{2} = r \cdot \frac{2\pi r}{2} = \pi r^2$

 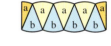

 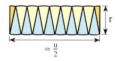

Für den **Flächeninhalt A** eines Kreises mit dem Radius r gilt:
$$A = \pi r^2$$
Für d = 2r ergibt sich: $A = \frac{\pi d^2}{4}$

Beispiele

a) Aus dem Durchmesser d = 2,6 m kann der Flächeninhalt A berechnet werden.

$A = \frac{\pi d^2}{4} \qquad A = \frac{\pi \cdot 2,6^2}{4}$ m²

$A = 5,3$ m²

b) Aus dem Flächeninhalt A = 8,5 dm² lässt sich der Radius r berechnen.

$A = \pi r^2$

$r^2 = \frac{A}{\pi} \qquad r = \sqrt{\frac{8,5}{\pi}}$ dm

$r = \sqrt{\frac{A}{\pi}} \qquad r = 1,6$ dm

c) Die Berechnung des Flächeninhalts eines **Kreisrings** mit $r_1 = 6,7$ cm und $r_2 = 4,1$ cm erfolgt als Differenz zweier Kreisflächen:
Flächeninhalt des großen Kreises minus Flächeninhalt des kleinen Kreises.

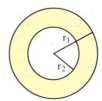

$A_R = \pi r_1^2 - \pi r_2^2$
$A_R = \pi (r_1^2 - r_2^2)$
$A_R = \pi (6,7^2 - 4,1^2)$ cm²
$A_R = 88,2$ cm²

Kreisfläche

Aufgaben

3
Berechne den Flächeninhalt A des Kreises.
a) r = 96 cm b) r = 238 mm
c) d = 12,3 m d) d = 2,79 km

4
Berechne den Kreisradius r.
a) $A = 50 \text{ cm}^2$ b) $A = 320 \text{ m}^2$
c) $A = 63,5 \text{ dm}^2$ d) $A = 1795 \text{ mm}^2$

5
Berechne den Umfang u bzw. den Flächeninhalt A des Kreises.
a) $A = 288 \text{ cm}^2$ b) $A = 0,73 \text{ dm}^2$
c) u = 375,2 cm d) u = 0,09 km

6
Berechne die fehlenden Angaben.

	a)	b)	c)	d)	e)
r	☐	☐	☐	☐	☐
d	8,6 cm	☐	☐	☐	☐
A	☐	26,3 cm²	☐	0,8 m²	☐
u	☐	☐	149 cm	☐	1 km

7
Berechne die Querschnittsfläche des Drahtes mit dem Durchmesser d.
a) d = 1 mm b) d = 2 mm
c) d = 1,6 mm d) d = 0,2 mm
e) d = 0,9 mm f) d = 0,15 mm

8
Für die Strombelastbarkeit (in Ampere) von Leitungen braucht man Kupferdrähte von bestimmten Querschnitten.
Welchen Durchmesser hat der Draht mit der Querschnittsfläche
a) 1,5 mm² b) 2,5 mm² c) 6 mm²
d) 16 mm² e) 70 mm² f) 120 mm²?

9
Ein Sendeverstärker für die Ultrakurzwelle strahlt 55 km weit.
Welche Größe besitzt das vom Sender versorgte Gebiet?

10
Ein kreisförmiger Tisch hat einen Durchmesser von 1,10 m. Welche Kantenlänge müsste ein flächengleicher, jedoch quadratischer Tisch etwa haben?

11
Die Kolbendurchmesser zweier Automotoren (1,3 l und 2,0 l) verhalten sich wie 15 zu 17. In welchem Verhältnis stehen die Querschnittsflächen der Kolben?

12
Der Radius r = 3,0 cm eines Kreises wird verdoppelt, verdreifacht, vervierfacht.
a) Wie groß ist jeweils der neue Flächeninhalt?
b) Mit welchem Faktor ist der Flächeninhalt zu vervielfachen, wenn r mit n vervielfacht wird?

13
a) Die Windkraftanlage in Breitnau im Schwarzwald ist eine der größten Anlagen ihrer Art.
Ein Rotor mit einem Durchmesser von 33 m besitzt eine so genannte Windernteflächc von 855 m².
Wie wird die Windernteflächc errechnet?
b) Eine andere Windkraftanlage besitzt Rotoren mit 25 m Durchmesser. Wie groß ist ihre Windernteflächc?

Kreisfläche

Steinheimer Becken

17
Berechne Umfang und Flächeninhalt der Figur. (Maße in cm)

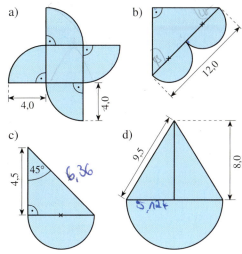

14
Das Nördlinger Ries und das Steinheimer Becken sind zwei auffallend kreisförmige Landschaften, die durch Meteoriteneinschläge entstanden sind.
a) Berechne die Fläche des Steinheimer Beckens, das einen Durchmesser von 3,5 km hat, in Hektar.
b) Wie groß ist die Fläche des Nördlinger Rieses (d = 24 km)?
c) Wie lange würde man für die Umwanderung des Nördlinger Rieses bei einer Tagesleistung von 25 km benötigen?

15
Der Umfang eines Kreises beträgt 20 cm. Berechne seinen Flächeninhalt.
Wie groß muss der Umfang u gewählt werden, wenn der Flächeninhalt
a) eineinhalbmal b) doppelt
c) dreimal so groß werden soll?

16
a) Ein Kreis hat denselben Umfang wie ein Quadrat mit der Seitenlänge a = 4,0 cm. Welche Figur hat den größeren Flächeninhalt?
b) Ein Kreis ist zu einem gleichseitigen Dreieck mit a = 6,0 cm umfangsgleich. Vergleiche die Flächeninhalte.
c) Ein Kreis und ein regelmäßiges Sechseck mit der Seitenlänge a = 5,0 cm haben denselben Umfang. Hat der Kreis den größeren Flächeninhalt?

18
Berechne Umfang und Flächeninhalt der Figur in Abhängigkeit von a.

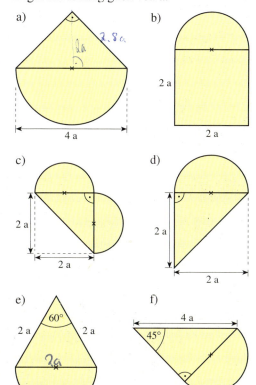

Kreisfläche

19
Berechne jeweils den Verschnitt, der beim Ausstanzen der Kreise aus der Quadratfläche mit a = 8,0 cm übrig bleibt.

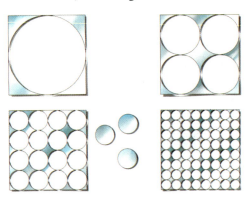

Kreisring

20
Berechne die Größe der gefärbten Fläche. (Angaben in cm)

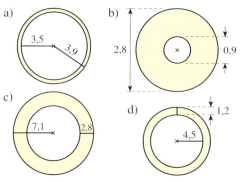

In Millionen von Jahren haben sich in einer Höhle an Boden und Decke Tropfsteine aus den Kalkablagerungen gebildet.

21
Konstruiere zuerst die Figur mit In- und Umkreis. Berechne dann den In- und Umkreisradius. Wie groß ist nun jeweils die Kreisringfläche?

a) Gleichseitiges Dreieck mit a = 5 cm

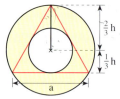

b) Quadrat mit a = 5 cm

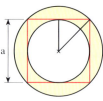

c) Regelmäßiges Sechseck mit a = 5 cm

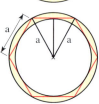

22
Der Flächeninhalt des Umkreises eines Quadrats ist um 12 cm² größer als der des Inkreises.
Wie groß muss die Seitenlänge des Quadrats sein?

23
Berechne die rot und die blau gefärbte Fläche. Vergleiche die Ergebnisse.

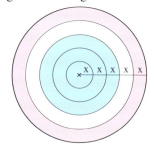

24
Tropfsteine sind innen hohl. Wie groß ist die Schnittfläche eines Tropfsteines, der einen Außendurchmesser von 65 cm und eine Wandstärke von 3 cm besitzt?

3 Die Kreiszahl π

1
Die Abmessungen einiger Pyramiden lassen vermuten, dass die alten Ägypter einen Zusammenhang mit der Kreiszahl π herstellen wollten. Ein Kreis mit der Pyramidenhöhe als Radius besitzt ungefähr denselben Umfang wie das Grundquadrat.
Berechne einen Näherungswert für π aus der Cheopspyramide, die ursprünglich 146,6 m hoch war und eine Quadratseitenlänge von 230,4 m aufwies.

Die Länge des Kreisumfangs kann näherungsweise bestimmt werden, indem man dem Kreis ein regelmäßiges Vieleck einbeschreibt und dessen Umfang berechnet. Für das regelmäßige Sechseck gilt: $u_6 = 6 \cdot r$. Durch Verdopplung der Eckenzahl erhält man ein regelmäßiges Zwölfeck, dessen Umfang dem Kreisumfang deutlich näher kommt. Er lässt sich wie folgt berechnen:

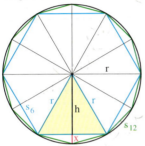
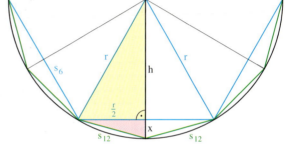

(1) $h = \frac{r}{2}\sqrt{3}$ (Höhe im gleichseitigen Dreieck)

(2) $x = r - h$
$ = r - \frac{r}{2}\sqrt{3}$

(3) $s_{12} = \sqrt{(\frac{s_6}{2})^2 + x^2}$

$s_{12} = \sqrt{(\frac{r}{2})^2 + (r - \frac{r}{2}\sqrt{3})^2}$

$s_{12} = r\sqrt{2 - \sqrt{3}}$

(4) $u_{12} = 12 \cdot s_{12}$
$\phantom{u_{12}} = 12 \cdot r \cdot \sqrt{2 - \sqrt{3}}$

Setzt man die Einbeschreibung von Vielecken immer mit verdoppelter Eckenzahl fort, lässt sich jede neue Seitenlänge auf ähnliche Weise herleiten wie s_{12} aus s_6. Zweckmäßig benutzt man nun die Formel: $s_{2n} = \frac{s_n}{\sqrt{2 + \sqrt{4 - s_n^2}}}$

Den Umfang jedes Vielecks berechnet man aus $u_n = n \cdot s_n$. Die Tabelle zeigt einige Werte.

Eckenzahl n	Seitenlänge s_n	Umfang u_n	Näherungswert für $\pi = \frac{u_n}{2}$
6	1	6	3
12	0,517 638 09	6,211 657 082	3,105 828 541
24	0,261 052 384	6,265 257 227	3,132 628 613
48	0,130 806 258	6,278 700 406	3,139 350 203
96	0,065 438 166	6,282 063 902	3,141 031 951
...	...	...	...

Man kann beweisen: Der Dezimalbruch für π ist weder abbrechend noch periodisch. Also ist π eine irrationale Zahl.

> Die Kreiszahl π ist eine irrationale Zahl, die sich nur näherungsweise angeben lässt:
> π = 3,14159265358979323846264338327950288419716939937510582097494459230 7 ...

Die Kreiszahl π

Aufgaben

2

Der im vorigen Jahrhundert verfasste Vers enthält in verschlüsselter Form die ersten Ziffern von π:

„*Wie, o dies π*
macht ernstlich so vielen viele Müh'
lernt immerhin, Jünglinge, leichte Verselein,
wie so zum Beispiel dies dürfte zu merken sein!"

Kannst du ihn entschlüsseln?
Auch in anderen Sprachen gibt es solche Beispiele:

„*Que j'aime à faire apprendre un nombre utile aux sages!*"

3

Welches Verhältnis von Kreisumfang zu Durchmesser die Hebräer annahmen, wird im Alten Testament, 1. Könige 7,23 deutlich:

„*Und er machte das aus Erz gegossene Meer. Es maß von einem Rand bis zum anderen 10 Ellen und war vollkommen rund. Eine Schnur von 30 Ellen konnte es rings umspannen.*"

(Das Meer aus Erz war ein Becken für rituelle Waschungen im Tempel Salomos.)

4

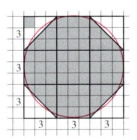

Die alten Ägypter bestimmten die Kreisfläche näherungsweise durch Unterteilen eines Quadrates. Der Kreis mit d = 9 Längeneinheiten hat den Flächeninhalt von 5 Teilquadraten, 4 Teildreiecken und zusätzlich etwa einer Flächeneinheit: (45 + 18 + 1) Flächeneinheiten.
Kannst du aus dem Flächeninhalt und dem Radius $r = \frac{9}{2}$ Längeneinheiten die Kreiszahl der Ägypter berechnen?

Die unglaubliche Geschichte der „Pi-Bill"

1897 behandelte das Parlament des amerikanischen Bundesstaates Indiana eine Gesetzesvorlage: Der Arzt Edwin Goodwin wollte, dass für π ein von ihm „errechneter" Wert gesetzlich verankert werden sollte:
$$\frac{\text{Kreisfläche}}{(\frac{1}{4} \text{ des Kreisumfangs})^2} = \frac{1}{1}.$$ Daraus folgt π = 4.
Dafür würde dann allein dem Staat Indiana das Recht zustehen, diese „Entdeckung" kostenlos zu übernehmen. In erster Lesung nahmen alle 67 Senatoren diesen Vorschlag einstimmig an. Doch vor der endgültigen Verabschiedung kam zufällig ein Mathematiker hinzu und verhinderte die Katastrophe.

5

Vergleiche die Näherungswerte der Zahl π im Laufe der Geschichte mit der Anzeige deines Taschenrechners. Berechne jeweils die Abweichung in Prozent.

Näherungen der Zahl π		
Schreiber Ahmes (Ägypten)	2000 v. Chr.	$(\frac{16}{9})^2$
Platon (Griechenland)	427–347 v. Chr.	$\sqrt{2} + \sqrt{3}$
Archimedes (Griechenland)	287–212 v. Chr.	$\frac{22}{7}$
Ptolemäus (Griechenland)	85–165 n. Chr.	$3\frac{17}{120}$
Zu Chang-Zhi (China)	500 n. Chr.	$3\frac{16}{113}$
Brahmagupta (Indien)	600 n. Chr.	$\sqrt{10}$
Fibonacci (Italien)	1200 n. Chr.	$3\frac{39}{275}$
Vieta (Frankreich)	1540–1603	$1,8 + \sqrt{1,8}$

Die Kreiszahl π

Näherungsrechnung

Ein Tabellenkalkulationsprogramm ist hervorragend geeignet, die irrationale Zahl π näherungsweise zu bestimmen.
Beginnt man mit einem regelmäßigen Sechseck mit dem Radius 1, das einem Kreis einbeschrieben ist, erhält man die erste Zeile des Programms.

Eckenzahl des Vielecks	Seitenlänge	Umfang	$\pi = \frac{u}{d}$
6	$s = r = 1$	6·1	3

Für die Seitenlänge von regelmäßigen einbeschriebenen Vielecken gilt:

$$s_{2n} = \frac{s_n}{\sqrt{2 + \sqrt{4 - s_n^2}}}$$

Nun lässt sich die Tabelle durch das Programm mühelos ausfüllen, wenn der Menübefehl **unten ausfüllen** unter **Bearbeiten** aufgerufen wird.

	A	B	C	D
1	Eckenzahl des			
2	Vielecks	Seitenlänge	Umfang	Näherung für π
3				
4	6	1	=A4*B4	=C4/2
5	=A4*2	=B4/WURZEL(2 + (WURZEL(4-B4^2)))	=A5*B5	=C5/2
6	=A5*2	=B5/WURZEL(2 + (WURZEL(4-B5^2)))	=A6*B6	=C6/2
7	=A6*2	=B6/WURZEL(2 + (WURZEL(4-B6^2)))	=A7*B7	=C7/2
8	=A7*2	=B7/WURZEL(2 + (WURZEL(4-B7^2)))	=A8*B8	=C8/2

...

Hier sind die in den Zellen eingetragenen Formeln sichtbar.

	A	B	C	D
1	Eckenzahl des			
2	Vielecks	Seitenlänge	Umfang	Näherung für π
3				
4	6	1	6	3
5	12	0,517 638 09	6,211 657 082	3,105 828 541
6	24	0,261 052 384	6,265 257 227	3,132 628 613
7	48	0,130 806 258	6,278 700 406	3,139 350 203
8	96	0,065 438 166	6,282 063 902	3,141 031 951
9	192	0,032 723 463	6,282 904 945	3,141 452 472

...

Hier werden die errechneten Werte sichtbar.

6

Berechne mit Hilfe eines Tabellenkalkulationsprogramms die Näherungswerte von π für ein 384-, 768-Eck usw. Erstelle ebenso eine Tabelle für die Vielecksfolge, die mit dem Quadrat beginnt. Beachte $s_4 = 2 \cdot \sqrt{2}$.

7

Nicht nur als feste Größen wurden Näherungen für π angegeben, sondern auch als unendliche Summen.

a) Der Schweizer Mathematiker Euler (1707–1783) hat u. a. folgende Darstellung entdeckt: $\frac{\pi^2}{6} = \frac{1}{1^2} + \frac{1}{2^2} + \frac{1}{3^2} + \frac{1}{4^2} + \ldots$

Die ersten drei Näherungen lauten 2,449; 2,739; 2,858; ...
Berechne die nächsten drei Näherungen.

b) Eine schnellere Annäherung erhält man mit $\frac{\pi^2}{8} = \frac{1}{1^2} + \frac{1}{3^2} + \frac{1}{5^2} + \frac{1}{7^2} + \ldots$

Berechne die ersten fünf Näherungen.

c) Mit $\frac{\pi}{4} = 1 - \frac{1}{3} + \frac{1}{5} - \frac{1}{7} + \frac{1}{9} - \ldots$

kann π abwechselnd von oben und von unten angenähert werden.

8

Monte-Carlo-Methode

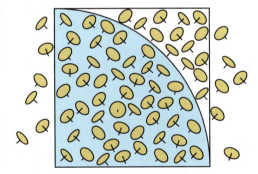

Zeichne ein Quadrat, das einen Viertelkreis enthält, mit der Seitenlänge 50 cm und schneide es aus. Lass nun aus etwa 75 cm Höhe eine gute Handvoll Reißnägel durch schnelles Handöffnen auf das Quadrat fallen. Bilde dann das Verhältnis aus der Anzahl der Reißnägel im Viertelkreis zur Anzahl im Quadrat und rechne es auf die gesamte Kreisfläche um.
Welchen Wert erhältst du?

4 Kreisteile

1
Die farbenprächtigsten Werke mittelalterlicher Baukunst sind rosettenartige Kirchenfenster.
Welche Kreisteilung hat das Kunstwerk?
Wie könnte man die Fläche eines Kreisausschnitts berechnen?

2
Die Uhr der „Tagesschau" zeigt die Anteile der letzten Minute vor 20.00 Uhr an.
Gib an, welcher Teil der letzten Minute jeweils schon verstrichen ist.

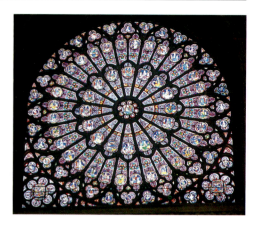

Der **Kreisbogen b** ist ein Teil des Kreisumfangs. Seine Länge ist proportional zum zugehörigen Winkel am Kreismittelpunkt, dem Mittelpunktswinkel α. Genauso sind **Kreisausschnitte (Sektoren)** in ihrem Flächeninhalt vom Mittelpunktswinkel abhängig.

α	180°	90°	60°	1°	α
b	$\frac{2\pi r}{2} = \pi r$	$\frac{2\pi r}{4} = \frac{\pi r}{2}$	$\frac{2\pi r}{6} = \frac{\pi r}{3}$	$\frac{2\pi r}{360°} = \frac{\pi r}{180°}$	$\frac{2\pi r \alpha}{360°} = \frac{\pi r \alpha}{180°}$
A	$\frac{\pi r^2}{2} = \frac{\pi r \cdot r}{2}$	$\frac{\pi r^2}{4} = \frac{\pi r \cdot r}{2 \cdot 2}$	$\frac{\pi r^2}{6} = \frac{\pi r \cdot r}{3 \cdot 2}$	$\frac{\pi r^2}{360°} = \frac{\pi r \cdot r}{180° \cdot 2}$	$\frac{\pi r^2 \cdot \alpha}{360°} = \frac{\pi r \alpha \cdot r}{180° \cdot 2}$

> Für die Länge des **Kreisbogens b** und den Flächeninhalt des **Kreisausschnitts A** gilt:
>
> Länge des **Kreisbogens**: $b = 2\pi r \cdot \frac{\alpha}{360°}$
>
> $\qquad = \frac{\pi r \alpha}{180°}$
>
> Fläche des **Kreisausschnitts**: $A = \pi r^2 \cdot \frac{\alpha}{360°}$
>
> $\qquad = \frac{b \cdot r}{2}$

Beispiele

a) Aus r = 6,0 cm und α = 45° lässt sich die Länge b des Kreisbogens berechnen.
$b = \frac{\pi r \alpha}{180°}$ $\qquad b = \frac{\pi \cdot 6,0 \cdot 45°}{180°}$ cm
$\qquad\qquad\qquad b = 4,7$ cm

b) Aus r = 18,7 cm und α = 137° lässt sich die Fläche A des Kreisausschnittes berechnen.
$A = \frac{\pi r^2 \cdot \alpha}{360°}$ $\qquad A = \frac{\pi \cdot 18,7^2 \cdot 137°}{360°}$ cm²
$\qquad\qquad\qquad A = 418,1$ cm²

c) Aus A = 300 cm² und α = 108° lässt sich der Kreisradius r berechnen.
$\pi r^2 = \frac{A \cdot 360°}{\alpha}$ $\qquad r = \sqrt{\frac{300 \cdot 360°}{\pi \cdot 108°}}$ cm
$r = \sqrt{\frac{A \cdot 360°}{\pi \cdot \alpha}}$ $\qquad r = 17,8$ cm

d) Aus b = 26,5 m und r = 5,2 m lässt sich der Mittelpunktswinkel α berechnen.
$b = \frac{\pi r \alpha}{180°}$ $\qquad \alpha = \frac{26,5 \cdot 180°}{\pi \cdot 5,2}$
$\alpha = \frac{b \cdot 180°}{\pi r}$ $\qquad \alpha = 292,0°$

Aufgaben

3
Ordne Mittelpunktswinkel und Kreisteile einander zu.

α	Kreisteil
45°	Achtelkreis
30°	□
□	Drittelkreis
□	Zehntelkreis
□	Fünftelkreis
24°	□
225°	□
144°	□

4
Der Umfang eines Kreises beträgt 72 cm. Berechne im Kopf jeweils die Bogenlänge, die zum Mittelpunktswinkel
a) 120°, 90°, 60°   b) 45°, 30°, 20°
c) 15°, 12°, 10°, 6° gehört.

5
Ein Kreis hat den Flächeninhalt 120 cm². Berechne im Kopf jeweils die Kreisausschnittsfläche für die Mittelpunktswinkel
a) 36°, 18°, 54°, 72°
b) 9°, 24°, 108°, 240°.

6
Berechne die Bogenlänge und die Ausschnittsfläche.

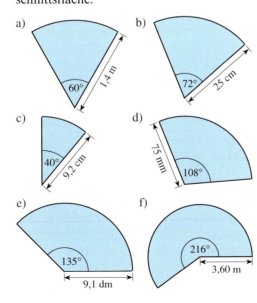

7
Berechne den zum Kreisbogen gehörenden Radius.
a) α = 48°   b) α = 144°
   b = 6,0 cm   b = 21,6 cm
c) α = 82°   d) α = 330°
   b = 1,0 m   b = 6,4 m
e) α = 270°   f) α = 72°
   b = 7,5 cm   b = 0,5 mm

8
Berechne den zum Kreisbogen gehörenden Mittelpunktswinkel.
a) b = 4,2 cm   b) b = 10,2 cm
   r = 3,0 cm   r = 4,5 cm
c) r = 36 mm   d) d = 137 m
   b = 36 mm   b = 86 m
e) r = 65 cm   f) d = 0,4 m
   b = 204,2 cm   b = 10,5 cm

9
Berechne den zum Kreisausschnitt gehörenden Radius.
a) α = 57°   b) α = 100°
   A = 199 cm²   A = 55 cm²
c) α = 12°   d) α = 108°
   A = 0,5 m²   A = 76,8 m²

10
Berechne den zugehörigen Mittelpunktswinkel.
a) r = 8,5 cm   b) r = 26 mm
   A = 91 cm²   A = 1 044 mm²
c) r = 13 dm   d) r = 0,306 m
   A = 0,86 m²   A = 1 658 cm²

11
Berechne die fehlenden Angaben.

	r	α	b	A
a)	2,8 cm	112°	□	□
b)	□	48°	96,4 m	□
c)	4,4 dm	□	□	31,0 dm²
d)	□	211°	□	84,9 cm²
e)	1,74 m	□	9,99 m	□
f)	□	□	33,1 cm	198,5 cm²
g)	□	85°	95 mm	□
h)	□	□	1 dm	1 m²

Kreisteile

Kathedrale von Reims

12
Berechne die Länge des Bogens.

a) romanischer Rundbogen

5,50 m

b) romanischer Flachbogen

4,1 m

c) gotischer Spitzbogen

60° 60°
2,20 m

d) gedrückter gotischer Spitzbogen
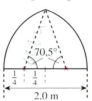
70,5°
$\frac{1}{4}$ $\frac{1}{4}$
2,0 m

13
Eine Eisenbahnkurve hat einen Innenradius von 1 230 m. Sie verbindet zwei geradlinige Bahnstrecken und umspannt dabei einen Mittelpunktswinkel von 125°. Wie viel Meter Schiene werden für das Kurvengleis benötigt? (Spurweite 1 435 mm)

14
Bei der Modelleisenbahn gibt es gebogene Gleise für bestimmte Radien und Mittelpunktswinkel. Berechne für die Spur N die Länge der 15°-Gleise des kleinsten Kreises mit dem Radius 192 mm und dem dazugehörigen Parallelkreis mit dem Radius 226 mm. (Hinweis: Die Radien beziehen sich immer auf die Gleismitte.)

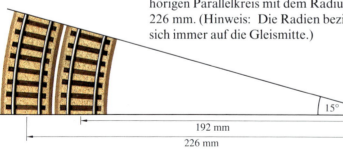

15
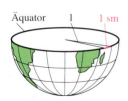

Eine Seemeile (sm) ist die Bogenlänge, die auf dem Äquator zum Mittelpunktswinkel 1 Winkelminute ($1' = \frac{1}{60}°$) gehört. Gib sowohl 1 sm in km als auch 1 km in sm an. (Erdradius r = 6 378 km)

16
Jedes kleine Quadrat hat die Seitenlänge a = 1,0 cm. Berechne sowohl Umfang als auch Flächeninhalt der farbigen Fläche.

a)
b)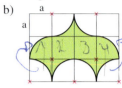
c)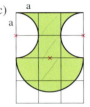
d)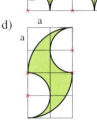

17
Die Figur besteht jeweils aus vier kleinen Quadraten mit der Seitenlänge a = 3,0 cm. Berechne Umfang und Flächeninhalt der gefärbten Fläche.

a)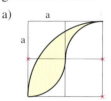
b)
c)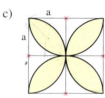
d)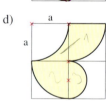

18
Die Figuren haben den gleichen Durchmesser 2 r. Berechne Umfang und Flächeninhalt jeweils für r = 4,0 cm und vergleiche.

a)
b)
c)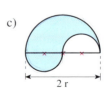
d)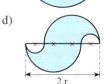

19
Berechne den Flächeninhalt des Blechstückes. (Angaben in mm)

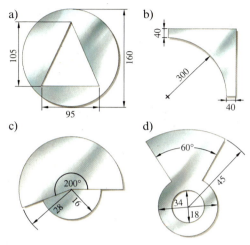

22
Die Fläche des **Kreisabschnitts** lässt sich aus der Differenz von Kreisausschnittsfläche und Dreiecksfläche bestimmen.

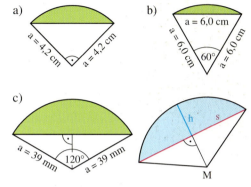

d) Berechne die Kreisabschnittsflächen in a) bis c) auch mit der Näherungsformel $A \approx \frac{2}{3} s \cdot h$ und vergleiche.

20
Eine Wand mit zwei Nischen wird tapeziert. Die Nischenrückwände werden gestrichen. Wie groß ist die zu streichende und wie groß ist die zu tapezierende Fläche?
(Angaben in m)

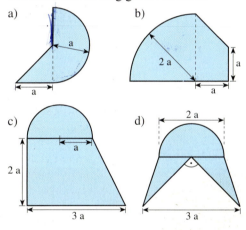

23
Stelle Formeln für den Umfang und den Flächeninhalt in Abhängigkeit von a auf.

21
Berechne die gefärbte Fläche für $r = 4{,}0$ cm.
(Hinweis: Verwende dabei den Satz des Pythagoras.)

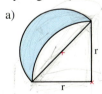

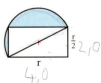

24
Möndchen des Hippokrates
Weise nach, dass die beiden farbigen Möndchen zusammen den gleichen Flächeninhalt haben wie das Dreieck.

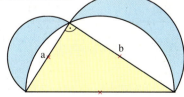

5 Vermischte Aufgaben

??
Welchen Radius hat ein Kreis, der ebenso viel Meter Umfang wie Quadratmeter Flächeninhalt hat?

1
Berechne den Kreisumfang und die Kreisfläche.
a) d = 35 mm b) d = 77 mm
c) d = 123 mm d) r = 12,8 cm
e) r = 2400 mm f) r = 0,97 dm

2
Berechne den Kreisdurchmesser.
a) u = 91,1 mm b) u = 411,55 cm
c) u = 86,08 m d) u = 1153 dm
e) A = 56,75 cm² f) A = 363,1 cm²

3
Wie groß ist die Kreisfläche bei gegebenem Kreisumfang?
a) u = 10,0 cm b) u = 299,0 cm
c) u = 4,2 cm d) u = 61,26 cm
e) u = 279,6 mm f) u = 3,064 m

4
Berechne den Kreisumfang, wenn die Kreisfläche gegeben ist.
a) A = 78,54 cm² b) A = 452,39 cm²
c) A = 144 π dm² d) A = 1369 π m²

5
Eine alte Linde kann von 10 Jugendlichen, von denen jeder 1,50 m ausgreift, gerade noch umspannt werden.
a) Wie dick ist der Baum?
b) Wie viel m² Schnittfläche weist die Linde in der umspannten Höhe auf?

Runde 1000 Jahre hat diese alte Linde im Berchtesgadener Land schon auf dem Buckel.

6
a) Der Minutenzeiger der Turmuhr Big Ben ist 4,27 m lang, der Stundenzeiger 2,75 m. Welche Wege legen die Zeigerspitzen in 1 Sekunde, 1 Minute, 1 Stunde zurück?
b) Welchen Weg legt die Spitze des Sekundenzeigers einer Armbanduhr in einer Woche zurück, wenn seine Zeigerlänge 7 mm beträgt?

7
Das Laufrad eines Fahrrades hat einen Durchmesser von 75 cm. Das Kettenblatt hat 40, das Ritzel 16 Zähne.
Wie viel m kommt man bei 1000 Umdrehungen der Tretkurbel vorwärts?

8
Berechne den Flächeninhalt des Umkreises.

a) (Quadrat mit a = 3,2 cm) b)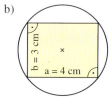
Rechteck mit a = 4 cm, b = 3 cm

c) Dreieck mit A, B, C; AC = 2,2 cm, CB = 4,5 cm d)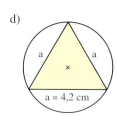
gleichseitiges Dreieck mit a = 4,2 cm

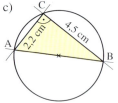

9
Zum Streckenmessen auf Landkarten gibt es Messrädchen. Sie bestehen aus einem scharfkantigen Rädchen mit einem Umfang von 2 cm an der Spitze, einem Zahnradgetriebe, kreisförmigen Skalen für verschiedene Maßstäbe und einem Zeiger.
a) Welche Entfernung wird auf der Skala 1 : 100 000 nach einer Rädchenumdrehung angezeigt?
b) Welche Entfernung wird auf der Skala 1 : 20 000 nach 10 Rädchenumdrehungen angezeigt?
c) Auf der 1 : 75 000-Skala werden 6 km angezeigt. Wie vielen Rädchenumdrehungen entspricht dies?

Vermischte Aufgaben

10
In der Tabelle sind Umlaufzeiten und Umlaufgeschwindigkeiten der 9 Planeten unseres Sonnensystems bei angenommenen Kreisbahnen angegeben.
Berechne die fehlenden Angaben.

Planet	Radius r (Mio km)	Umlaufzeit t (Erdtage)	Geschw. in km/Sekunde
Merkur	58	88	□
Venus	108	225	□
Erde	150	365	□
Mars	228	□	24,25
Jupiter	778	□	1,3
Saturn	1 430	□	9,7
Uranus	□	30 690	6,83
Neptun	□	60 200	5,46
Pluto	□	90 700	4,75

11
a) Für die Rechengenauigkeit in mm benötigt man für den Umfang eines Kreises mit $r = 40$ m nur 5 Dezimalstellen von π. Rechne nach.

b) Um die Äquatorlänge für $r = 6378$ km auf Millimeter genau zu berechnen, genügen 11 Dezimalstellen von π. Überprüfe.

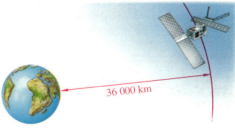

12
Nachrichtensatelliten, die sich im Gleichlauf mit der täglichen Erdumdrehung befinden, nennt man geostationär. Sie müssen sich ungefähr 36 000 km über dem Äquator befinden.
Berechne die Länge einer Umlaufbahn und die Bahngeschwindigkeit.
Wie lange braucht ein Funksignal von der Erdfunkstelle zum Satelliten und wieder zurück, wenn sich elektromagnetische Signale mit ca. 300 000 km/s ausbreiten?

13
Berechne die Kreisringfläche für den Innenradius r_1, den Außenradius r_2 und die Differenz x der Radien.

a) $r_1 = 2,8$ cm
   $r_2 = 4,6$ cm

b) $r_1 = 6,3$ cm
   $r_2 = 10,9$ cm

c) $r_1 = 3,0$ cm
   $x = 1,1$ cm

d) $x = 33$ mm
   $r_2 = 102$ mm

e) $r_1 = 2a$
   $r_2 = 6a$

f) $x = 0,5a$
   $r_2 = 8a$

14
Berechne den Flächeninhalt des Werkstückquerschnitts. (Angabe in mm)

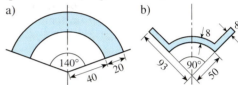

15
Der Scheibenwischer eines Pkw macht Ausschläge von 140°. Der wischende Gummistreifen ist 50 cm lang und sein unteres Ende 20 cm vom Drehpunkt entfernt. Wie groß ist die Fläche, die der Wischer überstreicht?

16
Vergleiche die Umfänge der vier flächengleichen Figuren mit $A = 50,0$ cm².

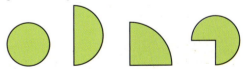

17
Berechne den Radius x und den Flächeninhalt der farbigen Flächen in Abhängigkeit der gegebenen Strecke r.

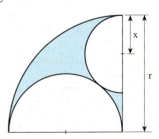

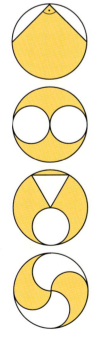

Berechne den Flächeninhalt der Figur, die in der Kreisfigur gefärbt ist ($r = 1,0$ cm).

Vermischte Aufgaben

18
Berechne den Flächeninhalt und den Umfang der gefärbten Figur.

a)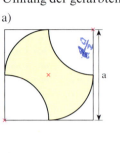
b)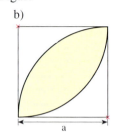

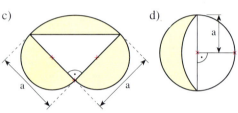
c) d)

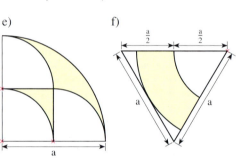
e) f)

g)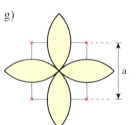
h)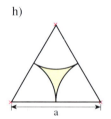

Wiesenschaumkraut

i) k)
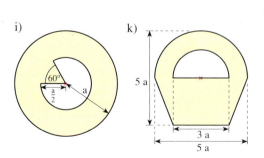

19
Weise nach, dass die verschiedenfarbigen Flächen den gleichen Inhalt haben.

a)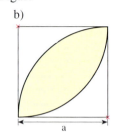

b)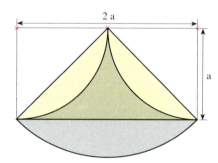

c)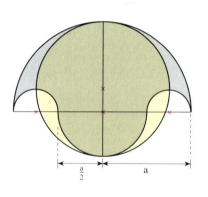

d)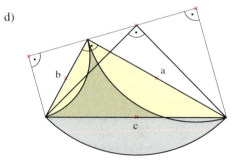

KREISE IM SPORT

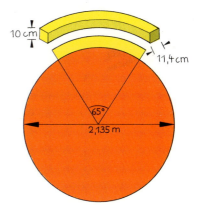

1
Der Anstoßkreis auf dem Fußballfeld hat einen Radius von 10 yards (1 yard entspricht 91,44 cm). Wie viel m legt der Streuwagen für diesen Kreis zurück, wie viel für den Kreisbogen am Sechzehnmeterraum?

2
Das Rhönrad ist ein sehr seltenes, vor allem in Deutschland gebräuchliches Sportgerät, das 1925 entwickelt wurde. Es besteht aus zwei durch Querstreben verbundenen Eisenringen, die es je nach Körpergröße in unterschiedlichen Ausfertigungen gibt. Berechne jeweils den Bedarf an Eisenrohren für den Bau von Rhönrädern mit den Durchmessern 1,60 m, 2,00 m, 2,20 m ohne Berücksichtigung der Querstreben.

3
Du siehst die Abmessungen eines Kugelstoßrings, der von einem 6 mm starken Eisenring umfasst ist und bei dem der Stoßbalken den Stoßsektor abgrenzt.
Wie groß ist die gesamte Stoßkreisfläche?
Wie viel m Eisenband braucht man für die Umrandung?
Der Stoßbalken muss weiß gestrichen sein. Berechne die zu streichende Fläche in dm².

4

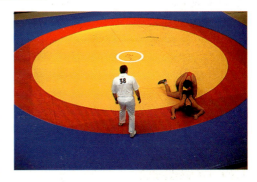

Der Durchmesser der zentralen Ringkampffläche beträgt 7 m. Um die Kampffläche liegt die 1 m breite rote Passivitätszone.
Wie viel Prozent der gesamten Fläche macht die Passivitätszone aus?

Rückspiegel

1
Berechne Umfang und Flächeninhalt des Kreises.
a) r = 12 cm b) r = 54 mm c) r = 6,1 cm
d) d = 1,38 m e) d = 0,77 dm f) d = 1,04 km

2
Berechne Radius und Durchmesser.
a) u = 18,3 cm   b) u = 6873 mm
c) u = 2,00 m   d) u = 0,015 km

3
Wie groß ist der Kreisdurchmesser?
a) A = 48 cm²   b) A = 720 mm²
c) A = 30,9 dm²   d) A = 1,00 km²

4
Berechne entweder Umfang oder Flächeninhalt des Kreises.
a) u = 5,8 cm   b) u = 1,02 m
c) A = 5,5 m²   d) A = 0,09 dm²

5
Berechne die Fläche des Kreisrings.
a) r_1 = 23 mm   b) r_1 = 4,9 cm
   r_2 = 16 mm r_2 = 1,2 cm

6
Berechne die Fläche des Kreisausschnitts und die Länge des zugehörigen Bogens.
a) r = 21 mm b) r = 7,3 cm c) r = 35,4 cm
   α = 60°   α = 157°   α = 220,5°

7
Wie groß ist der zugehörige Mittelpunktswinkel?
a) r = 8 cm   b) r = 14,3 m
   b = 12 cm   b = 73,4 m

8
Eine der größten öffentlichen Uhren ist die Turmuhr in Berlin-Siemensstadt. Ihr Stundenzeiger ist 2,20 m, der Minutenzeiger 3,40 m lang.
a) Welche Wegstrecke legt die Spitze des Minutenzeigers in einer Stunde zurück?
b) Berechne die Strecke, die die Spitze des Stundenzeigers während eines Tages zurücklegt.

9
Ein riesiger Flugzeugpropeller hat einen Durchmesser von 6,9 m.
Welche Wegstrecke legt die Propellerspitze bei 545 Umdrehungen pro Minute in einer Minute zurück? Welcher Geschwindigkeit in km/h ist die Propellerspitze ausgesetzt?

10
Berechne Umfang und Flächeninhalt des Werkstücks. (Angaben in mm)

a) 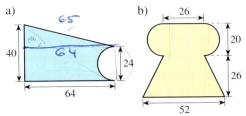 b)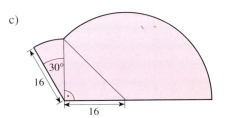

c)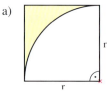

11
Berechne Umfang und Flächeninhalt der gefärbten Fläche für r = 5,0 cm.
Drücke die Ergebnisse auch allgemein mit r aus.

a)   b)

12
Zeige durch Rechnung, dass die rot und die blau gefärbten Flächen inhaltsgleich sind.

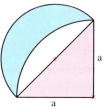

VII Zylinder. Kugel

Kugel-Rund

Rund und gleichmäßig laufen die Kugeln im Kugellager, z. B. bei einem Fahrrad. Aber nicht nur in der Technik findet die Kugel ihre Anwendung. Auch viele Künstler geben der Kugel immer wieder einen neuen Rahmen. Sei es die tonnenschwere und auf einem dünnen Wasserfilm bewegliche Granitkugel oder die goldene Kugelplastik auf einem neu gestalteten Marktplatz.

1 Schrägbild des Zylinders

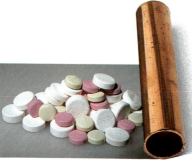

1
Skizziere einige der abgebildeten Gegenstände.

2
Nenne Körper, die aus Zylindern zusammengesetzt sind.

3
Welche verschiedenen Möglichkeiten gibt es, einen Zylinder mit einem Schnitt in zwei Hälften zu teilen?

Um Körper in der Ebene zeichnen zu können, werden Schrägbilder angefertigt. Runde Gegenstände wie Dosen, Deckel usw. können bei Draufsicht als Kreise abgebildet werden. Kippt der Körper, wird der Kreis zu einer Ellipse.

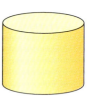

> Im **Schrägbild** eines senkrecht stehenden Zylinders werden die Kreisflächen zu Ellipsen.

Beispiele
a) Um eine Kreisfläche im Schrägbild darzustellen, wählt man häufig als Verkürzungsfaktor $q = \frac{1}{2}$ und als Verzerrungswinkel $\alpha = 90°$.
b) Liegt der Grundkreis in der Zeichenebene, wird er verzerrungsfrei gezeichnet.
c) Ein ebener Schnitt, der entlang der Achse durchgeführt wird, ergibt den **Achsenschnitt** eines Zylinders.
Die Schnittfläche ist ein Rechteck.

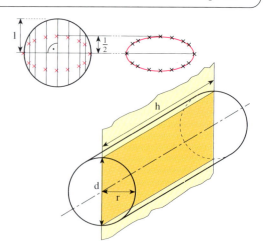

Schrägbild des Zylinders

Aufgaben

4
Skizziere verschiedene Arten von Dosen wie Getränkedosen, Konservendosen usw. mit einer Freihandskizze.

5
Zeichne die Skizze einer Ellipse als Schrägbild eines Kreises mit dem Radius r.
a) r = 2 cm   b) r = 3 cm   c) r = 4,5 cm

6
Ergänze wie in den Beispielen die vorgegebenen Flächen zu Schrägbildskizzen von Zylindern. Es kann verschiedene Lösungen geben. Übertrage die Flächen in doppelter Größe ins Heft.
1. Beispiel: 2. Beispiel:

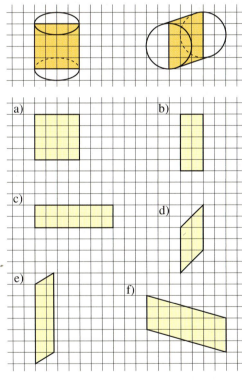

7
Zeichne das Schrägbild eines stehenden und eines liegenden Zylinders.
a) r = 3 cm   b) r = 4,5 cm   c) r = 6 cm
   h = 8 cm   h = 11 cm   h = 2,5 cm

8
Ein Zylinder wird entlang seiner Achse durchgeschnitten.
Bestimme die Maße der Schnittfläche und ihren Flächeninhalt.
a) r = 4,5 cm   b) d = 7,5 cm   c) d = 100 mm
   h = 11 cm   h = 7,5 cm   h = 22 cm

9 €
Zeichne das Diagramm ins Heft.
a) Größte Erdölförderer 1997.

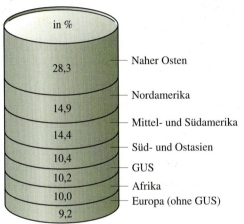

b) Sitzverteilung im Bundestag Okt. 1998.

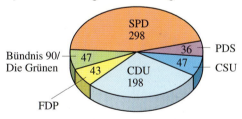

10
„Gärtnerkonstruktion" einer Ellipse.
Stecke zwei Nadeln in Karton und spanne einen Faden wie in der Skizze.
Die Punkte B_1 und B_2 nennt man Brennpunkte.

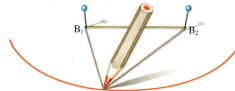

2 Oberfläche des Zylinders

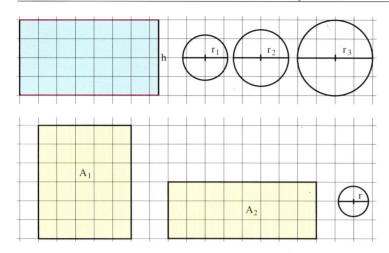

1 Welcher Grundkreis gehört zum Zylindermantel?

2 Welche Rechtecksfläche passt als Zylindermantel zum Grundkreis?

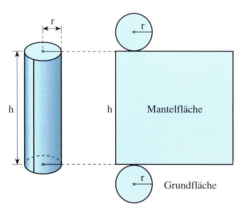

Die Oberfläche eines Prismas setzt sich aus dem Mantel und den beiden kongruenten Grund- und Deckflächen zusammen. Genauso besteht die Zylinderoberfläche aus Mantel, Grund- und Deckfläche.

Der **Mantel** bildet in der Ebene ein Rechteck, für das gilt:
$$M = u \cdot h$$
$$M = 2\pi r \cdot h$$

Für die **Oberfläche des Zylinders** gilt dann:
$$O = 2 \cdot A + M$$
$$O = 2\pi r^2 + 2\pi rh$$
$$O = 2\pi r(r+h)$$

Für die **Mantelfläche** des Zylinders gilt: $\quad M = 2\pi rh$
Für die **Oberfläche** des Zylinders gilt: $\quad O = 2\pi r^2 + 2\pi rh$
$\quad O = 2\pi r(r+h)$

Beispiele

a) Aus $r = 3{,}7$ cm und $h = 15{,}5$ cm lässt sich die Zylinderoberfläche O berechnen.
$O = 2\pi r(r+h)$
$O = 2\pi \cdot 3{,}7\,(3{,}7 + 15{,}5)$ cm²
$O = 7{,}4\pi \cdot 19{,}2$ cm²
$O = 446{,}4$ cm²

b) Aus der Mantelfläche $M = 220{,}5$ cm² und $h = 8{,}6$ cm lässt sich der Zylinderradius r berechnen.
$M = 2\pi rh \qquad r = \frac{220{,}5}{2\pi \cdot 8{,}6}$ cm
$r = \frac{M}{2\pi h} \qquad r = 4{,}1$ cm

c) Bei der Berechnung der Höhe h bei gegebener Oberfläche $O = 1068{,}0$ cm² und $r = 8{,}5$ cm wird zuerst die Mantelfläche M berechnet, dann die Körperhöhe h.
$A = \pi r^2 \qquad\qquad M = O - 2 \cdot A \qquad\qquad M = 2\pi rh$
$2 \cdot A = 2\pi r^2 \qquad\qquad\qquad\qquad\qquad\quad h = \frac{M}{2\pi r}$
$2 \cdot A = 2\pi \cdot 8{,}5^2$ cm² $\quad M = (1068{,}0 - 454{,}0)$ cm² $\quad h = \frac{614{,}0}{2\pi \cdot 8{,}5}$ cm
$2 \cdot A = 454{,}0$ cm² $\qquad M = 614{,}0$ cm² $\qquad\qquad h = 11{,}5$ cm

Oberfläche des Zylinders

Aufgaben

3
Zeichne die Fläche in fünffacher Größe auf kariertes Papier, schneide sie aus und forme einen offenen Zylinder.

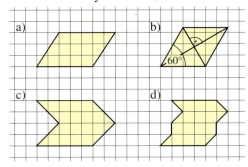

4
Berechne die Mantelfläche des Zylinders.
a) r = 4,0 cm   b) r = 6,4 cm   c) r = 18,5 cm
   h = 11,5 cm   h = 12,3 cm   h = 6,2 dm

5
Wie groß ist der Grundkreisradius des Zylinders?
a) M = 366,5 cm², h = 7,1 cm
b) M = 823,9 cm², h = 23,0 cm
c) M = 2,4 m², h = 8,7 dm

6
Berechne die Zylinderoberfläche.
a) r = 5,5 cm   b) r = 8,4 cm   c) r = 4,1 dm
   h = 7,5 cm   h = 15,1 cm   h = 1,8 m
d) d = 37,0 cm e) d = 1,7 m   f) d = 844 mm
   h = 6,9 dm   h = 8,9 dm   h = 12,2 dm

7
Berechne die fehlenden Angaben des Zylinders.

	r	h	M	O
a)	6,3 cm	□	324,2 cm²	□
b)	114 mm	□	1826,5 cm²	□
c)	□	14,8 cm	1878,0 cm²	□
d)	2,0 cm	□	□	86,9 cm²
e)	55,5 cm	□	□	5,5 m²
f)	□	□	3,8 dm²	1477,9 cm²
g)	□	□	481,5 dm²	1072,7 dm²

8
Mit einem DIN-A 4-Blatt (210 mm × 297 mm) lassen sich zwei verschiedene Zylinder darstellen.
a) Wie groß ist jeweils der Zylinderdurchmesser?
b) Berechne jeweils den Mantel und die Oberfläche.

9
Gegeben ist die Zylinderoberfläche O = 832,0 cm².
a) Berechne den Radius r für h = r.
b) Berechne den Radius r für h = 2r.
c) Berechne die Höhe h für r = 2h.

10
Berechne die Mantelfläche M und die Oberfläche O des Zylinders in Abhängigkeit von e.
a) r = e   b) r = 2e   c) r = $\frac{3}{2}$e
   h = 3e   h = 2,5e   h = $\frac{7}{2}$e

11
Drücke r bzw. h durch e aus.
a) M = 188,5e²   b) M = 188,5e²
   h = e   r = 6e
c) M = 263,9e²   d) O = 449,25e²
   d = 4,2e   r = 4,5e
e) O = 15,7e²   f) O = 226,2e²
   r = $\frac{e}{2}$ d = 8e

12
Das abgebildete Scheddach soll renoviert werden.
a) Berechne die Giebelflächen.
b) Wie groß ist die gewölbte Dachfläche?

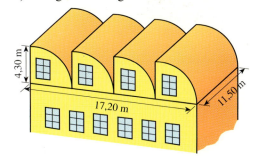

Eine Schlange windet sich um eine Säule. Worauf musst du bei der Zeichnung der Mantelfläche achten?

3 Volumen des Zylinders

1
Wie viel Wasser passt in den großen, wie viel in den kleinen Quader? Schätze die Wassermenge für den Zylinder.

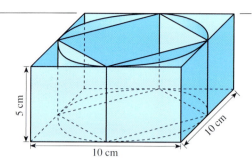

Wenn man einen Zylinder geschickt in gleiche Teile zerlegt, kann man sie zu einem quaderartigen Körper neu zusammensetzen. Je mehr Teile es sind, desto genauer entsteht ein Quader. Sein **Volumen** wird näherungsweise berechnet:

$V = A \cdot h$
$V = \frac{u}{2} \cdot r \cdot h$
$V = \frac{2\pi r}{2} \cdot r \cdot h$
$V = \pi r^2 h$

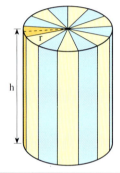
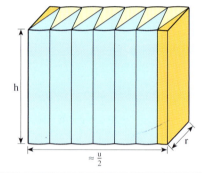

Für das **Volumen** des Zylinders gilt: $V = A \cdot h$
$V = \pi r^2 h$

Beispiele

a) Aus $r = 6{,}5$ cm und $h = 21{,}7$ cm lässt sich das Zylindervolumen V berechnen.

$V = \pi r^2 h \qquad V = \pi \cdot 6{,}5^2 \cdot 21{,}7 \text{ cm}^3$
$\qquad\qquad\quad V = 2880{,}3 \text{ cm}^3$

b) Aus $V = 328{,}0$ cm³ und $h = 18{,}2$ cm lässt sich der Zylinderradius r berechnen.

$V = \pi r^2 h \qquad r = \sqrt{\frac{328{,}0}{\pi \cdot 18{,}2}} \text{ cm}$
$r^2 = \frac{V}{\pi h} \qquad r = 2{,}4 \text{ cm}$
$r = \sqrt{\frac{V}{\pi \cdot h}}$

c) Bei der Drehung einer Rechtecksfläche um eine Seite als Achse entsteht ein Zylinder als **Dreh- oder Rotationskörper**.

Berechnung des Volumens:
$V = \pi r^2 h \qquad V = (\pi \cdot 2{,}5^2 \cdot 4{,}5) \text{ cm}^3$
$V = \pi \cdot a^2 \cdot b \qquad V = 88{,}4 \text{ cm}^3$

Berechnung der Oberfläche:
$O = 2\pi r(r + h) \qquad O = [2\pi \cdot 2{,}5(2{,}5 + 4{,}5)] \text{ cm}^2$
$O = 2\pi a(a + b) \qquad O = 110{,}0 \text{ cm}^2$

Aufgaben

2
Berechne das Volumen des Zylinders.
a) $r = 4{,}2$ cm   b) $r = 33{,}5$ cm
   $h = 11{,}9$ cm $h = 95{,}8$ mm

3
Wie groß ist der Radius des Zylinders?
a) $V = 201{,}0$ cm³   b) $V = 1{,}0$ dm³
   $h = 4{,}0$ cm $h = 7{,}5$ cm

Volumen des Zylinders

4
Auf Konservendosen für Nahrungsmittel ist unabhängig von ihrer Füllung die genormte Dosengröße angegeben.
Überprüfe die Volumenangaben für die angegebenen Innenmaße.

	d	h	V
a)	9,7 cm	11,5 cm	850 ml
b)	8,2 cm	10,9 cm	580 ml
c)	8,2 cm	7,9 cm	425 ml
d)	7,2 cm	10,4 cm	425 ml
e)	7,2 cm	7,7 cm	314 ml
f)	6,4 cm	6,4 cm	212 ml

5
Berechne die fehlenden Angaben des Zylinders.
(Angaben in cm/cm²/cm³)

	r	h	M	O	V
a)	4,6	11,7	□	□	□
b)	13,5	□	605,0	□	□
c)	9,8	□	□	□	936,5
d)	□	10,1	□	□	769,0
e)	□	49,0	□	□	2345,0
f)	□	□	350,0	□	560,0

6
Mit einem DIN-A 5-Blatt (148 mm × 210 mm) kann man auf verschiedene Arten einen Zylindermantel formen.
a) Berechne die Radien der beiden Zylinder.
b) Wie groß sind jeweils Mantelfläche, Oberfläche und Volumen?

7
Jeder der abgebildeten Zylinder hat ein Volumen von $144 \cdot \pi$ cm³.
Berechne jeweils den Zylinderradius.

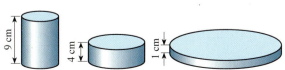

8
Verschiedene Modelle von Zylindern, die alle das Fassungsvermögen 1 Liter aufweisen, haben die Höhe 9 cm, 10 cm, ..., 13 cm.
Berechne jeweils den zugehörigen Innendurchmesser.

9
An einem Messzylinder mit dem genormten Innendurchmesser von 86 mm sollen Messstriche angebracht werden.
a) Berechne, in welchem Abstand sich die Markierungen für jeweils 50 cm³ befinden müssen.
b) In welcher Höhe liegt der Messstrich für 1 Liter?

10
Bei der Herstellung von integrierten Schaltkreisen werden extrem dünne Drähte aus Gold verwendet. Der bisher dünnste Draht hat einen Durchmesser von 0,01 mm.
a) Berechne die Masse von 1 000 km Draht (19,3 g/cm³).
b) Wie viel m Draht kann man aus 1 cm³ Gold herstellen?

11
Bei Verbrennungsmotoren bewegen sich Kolben in zylinderförmigen Verbrennungskammern auf und ab und geben ihre Bewegung an die Kurbelwelle weiter.
Das Gesamtvolumen (der Hubraum) entscheidet z. B. auch über die Höhe der Kfz-Steuerprämie.
Berechne den Hubraum eines vierzylindrigen Pkw-Motors, wenn sein Kolbendurchmesser d = 80 mm und der Kolbenhub h = 88 mm betragen.

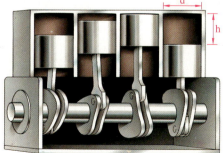

Volumen des Zylinders

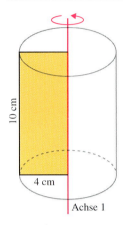

Achse 1

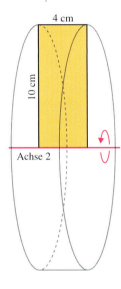

Achse 2

12
Bei Rotation des Rechtecks um die beiden verschiedenen Achsen entsteht jeweils ein Zylinder.
a) Berechne für beide Fälle jeweils V, M und O.
b) Was fällt dir beim Vergleich der Ergebnisse auf?

13
Eine Regentonne hat einen Innendurchmesser von 80 cm und eine Innenhöhe von 1,20 m.
a) Wie viel Liter Wasser enthält die Tonne, wenn sie zu 80 % gefüllt ist?
b) Wie hoch steht das Wasser, wenn 450 l in der Tonne sind?

14
Das Jahrhundertbauwerk des Eurotunnels durch den Ärmelkanal zwischen Frankreich und Großbritannien ist 50,5 km lang.
Es besteht aus 3 Röhren, von denen beide Fahrröhren jeweils einen Durchmesser von 7,6 m haben und die Versorgungsröhre einen Durchmesser von 4,8 m.
a) Wie lang wäre ein Güterzug mit dem gesamten Gesteinsmaterial, wenn ein Güterwaggon 25 m³ fasst und 16 m lang ist?
b) Stelle dir das Aushubvolumen in Form eines Würfels vor.
Wie groß ist dessen Kantenlänge? Schätze zuerst.

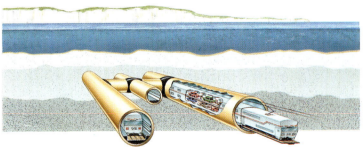

15

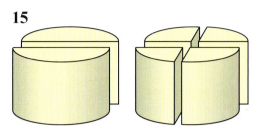

Ein Zylinder mit dem Radius r = 4,0 cm und der Höhe h = 10,0 cm wird entlang seiner Achse in gleiche Teile zerlegt.
a) Berechne Oberfläche und Volumen einer Zylinderhälfte.
b) Wie groß sind Oberfläche und Volumen eines Zylinderviertels?
c) Vergleiche die Ergebnisse der Teilkörper mit denen für den Zylinder.

16
a) Für einen Zylinder mit V = 860,0 cm³ gilt h = r. Berechne r.
b) Die Höhe eines Zylinders ist dreimal so groß wie sein Durchmesser. Berechne den Grundkreisradius r für V = 1 225 cm³.
c) Der Achsenschnitt eines Zylinders ist ein Quadrat. Berechne den Durchmesser des Grundkreises für V = 1 725,5 cm³.

17
Berechne die fehlenden Angaben des Zylinders in Abhängigkeit von e.

	r	h	V	O
a)	e	4e	☐	☐
b)	2e	2,5e	☐	☐
c)	☐	6e	121,5 π e³	☐
d)	5e	☐	87,5 π e³	☐
e)	3e	☐	☐	30 π e²

18
Wie verändert sich das Volumen eines Zylinders, wenn
a) seine Körperhöhe verdoppelt wird,
b) sein Radius verdoppelt wird,
c) sein Radius verdreifacht wird,
d) sein Radius halbiert wird,
e) seine Mantelfläche verdoppelt wird und die Körperhöhe gleich bleibt?

4 Volumen der Kugel

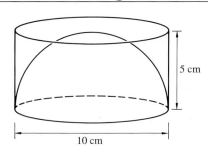

1
Ein Kubikzentimeter Kork wiegt etwa 0,2 g. Schätze, ob du eine massive Korkkugel mit einem Durchmesser von 1 m noch tragen kannst. Überlege zuerst, wie viel ein Korkwürfel von 1 m Kantenlänge wiegt.

2
Eine Halbkugel passt genau in einen Zylinder. Bestimme die Größe des Zylindervolumens durch eine Überschlagsrechnung. Schätze dann das Volumen der Halbkugel.

Ein Zylinder, dessen Körperhöhe gleich groß ist wie sein Grundkreisdurchmesser, ist mit Wasser gefüllt. Wird eine Kugel mit gleichem Durchmesser vollständig in den Zylinder getaucht, verdrängt sie die Wassermenge, die genau ihrem Volumen entspricht. Das Experiment zeigt, dass das **Kugelvolumen** etwa zwei Drittel des Zylindervolumens ausmacht.
Man kann beweisen, dass dieses Ergebnis sogar exakt gilt.

$$V = \tfrac{2}{3} \cdot V_{Zy}$$
$$V = \tfrac{2}{3} \cdot \pi r^2 h$$
Da $h = 2r$, gilt: $V = \tfrac{2}{3}\pi r^2 \cdot 2r$
$$V = \tfrac{4}{3}\pi r^3$$

Für das **Volumen** der Kugel gilt: $V = \tfrac{4}{3}\pi r^3$

Beispiele
a) Aus dem Radius $r = 4{,}5$ cm lässt sich das Kugelvolumen V berechnen.
$V = \tfrac{4}{3}\pi r^3 \qquad V = \tfrac{4}{3}\pi \cdot 4{,}5^3 \text{ cm}^3$
$\qquad\qquad\qquad V = 381{,}7 \text{ cm}^3$

b) Aus dem Kugelvolumen $V = 2\,000$ cm³ lässt sich der Radius r der Kugel berechnen.
$V = \tfrac{4}{3}\pi r^3 \qquad r = \left(\sqrt[3]{\tfrac{3 \cdot 2000}{4\pi}}\right)$ cm
$r^3 = \tfrac{3 \cdot V}{4 \cdot \pi} \qquad r = 7{,}8$ cm
$r = \sqrt[3]{\tfrac{3V}{4\pi}}$

Aufgaben

3
Berechne das Volumen der Kugel.
a) $r = 6$ cm   b) $r = 14$ cm
c) $r = 17$ dm   d) $d = 9{,}4$ dm

4
Berechne den Radius der Kugel.
a) $V = 500$ cm³   b) $V = 3\,725$ mm³
c) $V = 8{,}5$ dm³ d) $V = 1\,204{,}26$ dm³

Volumen der Kugel

Dichte verschiedener Stoffe

Feste Stoffe	kg/dm³
Beton	2,2
Quarzglas	2,2
Hölzer, trocken	0,4 bis 0,8
Kalkstein	2,7
Kies	1,8 bis 2,0
Kork	0,2
Porzellan	2,3
Schnee, frisch gef.	0,08 bis 0,19
Ziegel, massiv	2,1
Aluminium	2,7
Baustahl	7,9
Blei	11,3
Eisen	7,8
Gold	19,3
Gusseisen, grau	7,6
Kupfer	8,9
Messing	8,4 bis 8,9
Platin	21,5
Silber	10,5

?\?\?

Fa. Mayer & Co. verschickt 1 Million Stahlkugeln für Kugellager mit einem Durchmesser von 1 mm. Welches Transportmittel würdest du wählen, wenn 1 cm³ Stahl 7,8 g wiegt?
☐ Tieflader
☐ Kleinlaster
☐ Fahrrad
☐ Brieftaube

5
Eine halbkugelförmige Müslischüssel hat einen Innendurchmesser von 18 cm. Fasst sie einen Liter?

6
Ein Holzwürfel hat die Kantenlänge 12 cm. Aus ihm soll eine möglichst große Kugel hergestellt werden. Welches Volumen besitzt sie?

7
Berechne das Gewicht der Kugel
a) aus Quarzglas mit $d = 1$ cm
b) aus Gold mit $d = 4$ cm
c) aus Eisen mit $d = 12,8$ cm
d) aus Porzellan mit $d = 3,7$ cm
e) aus Platin mit $d = 6,5$ mm.

8
Während der Goldgräberzeit in Alaska machten zwei Goldgräber reiche Beute. Sie fanden so viel Gold, dass sie davon 11 massive Goldkugeln herstellen konnten. Sieben davon hatten einen Durchmesser von 2 Zentimetern, zwei hatten einen Radius von 3 Zentimetern, eine maß im Durchmesser 8 cm, die letzte 10 cm.
Als die beiden sich trennten, beanspruchte der eine Goldgräber zehn der Kugeln für sich, der andere nahm die mit dem Durchmesser von 10 Zentimetern und beide waren zufrieden. Haben beide Grund dazu?

9
Eisenkugeln mit einem Radius von 0,5 cm sollen zu einer einzigen Kugel mit dem Radius von 5,0 cm zusammengeschmolzen werden. Wie viele kleine Kugeln benötigt man dazu?

10
a) Welchen Radius hat eine Kugel mit dem Volumen 1 dm³?
b) Welches Gewicht hat Wasserstoffgas in einem kugelförmigen Ballon von 10 m Durchmesser (1 dm³ Wasserstoff: ≈ 0,09 g.)?
c) Welchen Durchmesser hat eine kugelförmige 3,5 kg schwere Wassermelone (Dichte: $\approx 1 \frac{g}{cm^3}$)?

11
Das Wahrzeichen der Weltausstellung 1958 in Brüssel war das Atomium. Es besteht aus 9 Kugeln von je 18 m Durchmesser. Berechne das Gesamtvolumen aller Kugeln.

12
Zwei gleich große Kugeln aus Blei mit je 4 cm Durchmesser werden zu einer Kugel umgeschmolzen. Um wie viel Prozent übertrifft der neue Kugelradius den alten?

13
a) Der Radius einer Kugel wird verdoppelt (verdreifacht). Um das Wievielfache verändert sich jeweils das Volumen? Erkennst du einen Zusammenhang?
b) Eine Kugel hat den Radius r. Wie groß ist jeweils der Radius einer Kugel von doppeltem (dreifachem) Volumen? Kannst du das Ergebnis verallgemeinern?

14
Vier gleich große Kugeln mit dem Radius r liegen so auf einer Tischplatte, dass ihre Mittelpunkte ein Quadrat bilden und sich benachbarte Kugeln berühren. Eine fünfte Kugel soll nun dazwischen hindurchfallen können.
Wie groß darf das Volumen dieser Kugel höchstens sein?
Fertige zunächst eine Skizze an.

5 Oberfläche der Kugel

1
Die Größe der Erdoberfläche beträgt 510 Mio. Quadratkilometer, der Erdradius 6 370 km. Berechne die Fläche des Äquatorschnittkreises und vergleiche das Ergebnis mit der Oberfläche.

2
Führe den Vergleich von Oberfläche mit größter Schnittkreisfläche für weitere Himmelskörper durch.

	Mond	Mars	Jupiter
Durchmesser (in km)	3 476	12 400	142 800
Oberfläche (in km²)	38 Mio.	480 Mio.	64 000 Mio.

Umgibt man eine Kugel aus Styropor mit einem Blatt Papier als Zylindermantel, der denselben Umfang und die gleiche Höhe hat, gibt es verschiedene Möglichkeiten, die Kugeloberfläche zu bekleben.

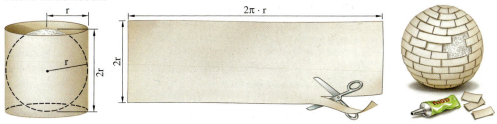

Man erkennt, dass sich der Zylindermantel recht genau auf die **Kugeloberfläche** übertragen lässt.
$$O \approx M_{Zy}$$
$$O \approx 2\pi r \cdot h$$
Man kann beweisen, dass dieses Ergebnis sogar exakt gilt:
$$O = 2\pi r \cdot h$$
Wegen $h = 2r$ ergibt sich:
$$O = 2\pi r \cdot 2r$$
$$O = 4\pi r^2$$

Für die **Oberfläche** der Kugel gilt: $\quad O = 4\pi r^2$

Bemerkung: Nicht einmal ein kleines Stück der Kugeloberfläche lässt sich zu einem ebenen Flächenstück glätten.

Beispiele

a) Aus dem Radius $r = 8{,}5$ cm einer Kugel lässt sich die Oberfläche O berechnen.
$O = 4\pi r^2 \qquad O = (4\pi \cdot 8{,}5^2)$ cm²
$\qquad\qquad\quad O = 907{,}9$ cm²

b) Aus dem Volumen $V = 818$ cm³ einer Kugel kann ihre Oberfläche berechnet werden. Zunächst wird der Radius r berechnet.
$V = \frac{4}{3}\pi r^3 \qquad O = 4\pi r^2$
$r = \left(\sqrt[3]{\frac{3 \cdot V}{4\pi}}\right)$ cm $\qquad O = (4\pi \cdot 5{,}8^2)$ cm²
$r = 5{,}8$ cm $\qquad O = 422{,}7$ cm²

Oberfläche der Kugel

Aufgaben

3
Berechne die Oberfläche der Kugel.
a) r = 8 mm   b) r = 23 cm
c) r = 30,5 cm   d) d = 41 cm
e) d = 8,3 dm   f) d = 1 m

4
Wie groß ist die Oberfläche des Balls?
a) Tischtennisball mit d = 38 mm
b) Tennisball mit d = 64,5 mm
c) Handball mit d = 18,8 cm
d) Volleyball mit d = 21 cm
e) Fußball mit d = 25 cm
f) Gymnastikball mit d = 65 cm

5
Wie groß ist der Radius einer Kugel, deren Oberfläche gegeben ist?
a) O = 50,3 cm^2 b) O = 188,5 cm^2
c) O = 100 cm^2 d) O = 1 m^2
e) O = 4,5 m^2 f) O = 637,4 dm^2

6
Berechne den Kugelradius.
a) O = 7854 m^2 b) O = 201 m^2
c) O = 3·10^6 m^2 d) O = 7·10^{-2} cm^2
e) O = 225 π cm^2 f) O = 529 π m^2

7
Berechne die Oberfläche der Kugel.
a) V = 64 cm^3 b) V = 26,6 dm^3
c) V = 5000 cm^3 d) V = 1 Liter
e) V = 333 cm^3 f) V = 1,83 m^3

8
Die Innenfläche eines kugelförmigen Öltanks, der 2000 l fasst, wird neu beschichtet. Wie groß ist die Innenfläche?

9
Ein kugelförmiger Gasgroßbehälter hat ein Volumen von 20 000 m^3.
a) Wie groß ist sein Innendurchmesser?
b) Wie viel m^2 Stahlblech wird für die Kugelwand benötigt?
c) Berechne das Gewicht der 19 mm dicken Kugelwand, wenn 1 cm^3 Stahl 7,8 g wiegt.

10
Viermal am Tag lässt die aerologische Abteilung des Wetteramts Stuttgart vom Schnarrenberg aus einen Wetterballon in die Atmosphäre aufsteigen, der beim Aufstieg Wetterdaten sammelt und diese zur Erde funkt. In der dünner werdenden Atmosphäre nimmt das Volumen des Ballons zu, bis er schließlich in 30 bis 35 km Höhe zerplatzt. Am Boden besitzt der Wetterballon einen Durchmesser von etwa 1,70 m.
a) Berechne das Gewicht seiner hochempfindlichen Latexhülle, von der 1 dm^2 etwa 1,1 g wiegt.
b) Bis zum Zerplatzen wächst das Volumen auf das 500fache an. Berechne die Oberfläche des Ballonriesen.

11
Die Lunge eines Erwachsenen hat etwa 300–450 Mio. kugelförmige Lungenbläschen von etwa 0,2 mm Durchmesser. Berechne die Gesamtfläche, an der sich der Gasaustausch zwischen Sauerstoff und Kohlendioxid vollzieht.

12
Aus einem Würfel mit der Kantenlänge a = 10 cm aus Plastilin soll eine Kugel geformt werden.
a) Welchen Radius hat die Kugel?
b) Vergleiche die Kugel- mit der Würfeloberfläche.

6 Zusammengesetzte Körper

1
Beschreibe, aus welchen einzelnen Teilkörpern und Teilflächen die Körper bestehen.

2
Eine Halbkugel und ein Zylinder mit gleichem Radius werden zusammengeklebt. Welche Flächen werden mit Leim bestrichen? Welche Flächen können anschließend gefärbt werden?

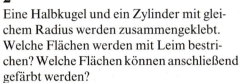
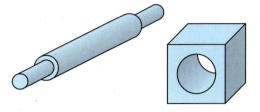

Das Volumen des Werkstücks setzt sich aus dem Halbkugelvolumen und dem Zylindervolumen zusammen. Die gesamte Oberfläche ist die Summe der Einzelflächen aus der halben Kugeloberfläche, des Kreisrings, des Zylindermantels und des Kreises.
Das Volumen der Scheibe ist das Restvolumen aus zwei Zylindern. Die Oberfläche setzt sich aus zwei Kreisringflächen und zwei verschieden großen Zylindermänteln zusammen.

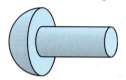

> Das **Volumen** zusammengesetzter oder ausgehöhlter Körper berechnet man aus der Summe oder der Differenz der Einzelkörper.
> Die **Oberfläche** zusammengesetzter oder ausgehöhlter Körper besteht aus der Summe aller Einzelflächen.

Beispiele

a) Ein Körper besteht aus einer Halbkugel mit dem Radius $r_1 = 1{,}5$ cm und einem Zylinder, der die Höhe $h = 3{,}0$ cm und einen Durchmesser $d = 4{,}0$ cm ($r_2 = 2{,}0$ cm) hat.
Das **Volumen** besteht aus dem Volumen der Halbkugel und des Zylinders.

$V = V_1 \quad\quad + V_2$
$V = \frac{2}{3}\pi r_1^3 \quad + \pi r_2^2 \cdot h$
$V = (\frac{2}{3}\pi \cdot 1{,}5^3 + \pi \cdot 2^2 \cdot 3)$ cm³
$V = (7{,}1 \quad + 37{,}7)$ cm³ $\quad V = 44{,}8$ cm³

Die **Oberfläche** setzt sich zusammen aus der halben Kugeloberfläche, der Kreisringfläche, dem Zylindermantel und der Kreisfläche.

$O = \frac{1}{2} \cdot 4\pi r_1^2 \quad + \pi(r_2^2 - r_1^2) \quad + 2\pi r_2\, h \quad + \pi r_2^2$
$O = (2\pi \cdot 1{,}5^2 \quad + \pi(2^2 - 1{,}5^2) \quad + 2\pi \cdot 2 \cdot 3 \quad + \pi \cdot 2^2)$ cm²
$O = (14{,}1 \quad + 5{,}5 \quad\quad\quad + 37{,}7 \quad\quad + 12{,}6)$ cm² $\quad O = 69{,}9$ cm²

b) Ein Hohlzylinder hat einen Außendurchmesser von $d = 0{,}68$ m ($r_1 = 0{,}34$ m), einen Innendurchmesser von $d = 0{,}64$ m ($r_2 = 0{,}32$ m) und eine Länge von $h = 1{,}20$ m.
Das **Volumen** ist die Differenz aus dem Volumen des großen und des kleinen Zylinders.

$V = V_1 \quad\quad - V_2$
$\quad = \pi r_1^2 \cdot h \quad - \pi r_2^2 \cdot h$
$\quad = (\pi \cdot 0{,}34^2 \cdot 1{,}20 - \pi \cdot 0{,}32^2 \cdot 1{,}20)$ m³
$\quad = (0{,}436 \quad - 0{,}386)$ m³ $\quad\quad\quad V = 0{,}05$ m³

Zusammengesetzte Körper

Aufgaben

3
Berechne das Volumen und die Oberfläche eines Rohrs mit den angegebenen Maßen.
a) $d_1 = 96$ cm; $d_2 = 84$ cm; $h = 130$ cm
b) $d_1 = 10{,}3$ cm; $d_2 = 9{,}5$ cm; $h = 80{,}0$ cm
c) $d_1 = 1{,}5$ cm; $d_2 = 1{,}3$ cm; $h = 2{,}0$ m

4
Berechne die fehlenden Stücke des Hohlzylinders. (Angaben in cm, cm², cm³)

	r_1	r_2	h	O	V
a)	8,5	3,5	6,0	□	□
b)	6,0	4,0	□	□	500
c)	12,0	3,0	□	1 400	□
d)	9,2	□	8,7	□	1 700
e)	□	0,3	21,0	□	950

5
Berechne Volumen und Oberfläche des Körpers. (Maße in cm)

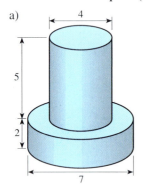
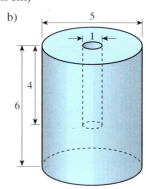

6
Wie groß sind Volumen und Oberfläche? (Maße in mm)

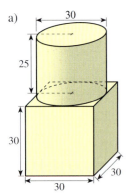
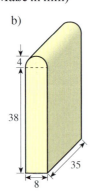
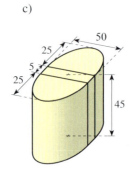

7
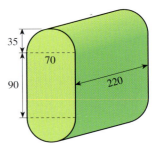

a) Wie viel Liter Heizöl kann der Tank fassen? (Maße in cm)
b) Wie viel m² Blech wird zur Herstellung des Öltanks benötigt?

8
Wie groß sind Volumen und Oberfläche des ausgehöhlten Körpers? (Maße in cm)

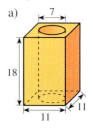
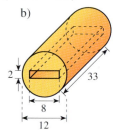
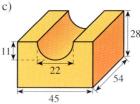
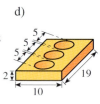

9
Berechne Volumen und Oberfläche des Gesamtkörpers. (Maße in cm)

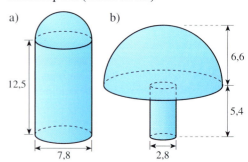

Zusammengesetzte Körper

10
Wie groß sind Volumen und Oberfläche des Werkstücks aus Stahl? (Maße in mm)

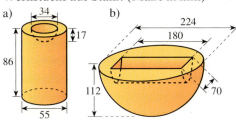

Berechne auch das Gewicht der Werkstücke, wenn 1 cm³ Stahl 7,8 g wiegt.

11
Berechne sowohl Volumen als auch Oberfläche des zusammengesetzten Körpers. (Maße in m)

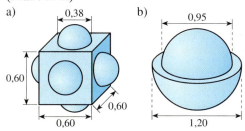

12
Wie groß sind Volumen und Oberfläche des Körpers, aus dem eine Halbkugel herausgearbeitet ist? (Maße in m)

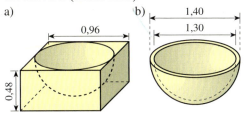

c) Wie groß ist jeweils das Gewicht des Restkörpers, der aus Granit besteht? Ein Kubikmeter Granit wiegt 2,8 t.

13
Berechne das Volumen der Hohlkugelwand.
a) $d_1 = 66$ cm; $d_2 = 65,5$ cm
b) $d_1 = 10,5$ cm; $d_2 = 10,4$ cm
c) $d_1 = 82,5$ mm; $d_2 = 82,4$ mm
d) $r_1 = 1,58$ m; $r_2 = 0,41$ m

Wie musst du die Zylinder zusammensetzen, damit du die kleinste bzw. größte Oberfläche erhältst?

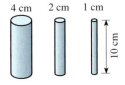

Wie viele Kreisringflächen musst du berechnen, um die Oberfläche des Turms zu ermitteln?

Drehkörper
Wird eine Fläche um eine Achse gedreht, so entstehen Drehkörper, auch Rotationskörper genannt.
Beispiel:

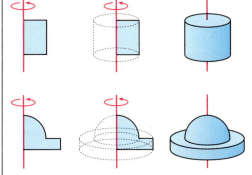

Berechne das Volumen und die Oberfläche des Drehkörpers. (Maße in cm)

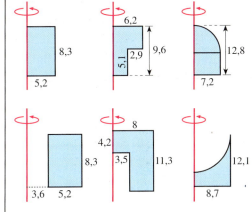

Stelle Formeln für V und O in Abhängigkeit von a auf.

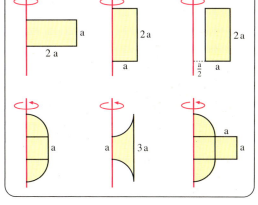

7 Vermischte Aufgaben

Zylinder

1
Berechne die Mantelfläche und die Oberfläche des Zylinders.
a) r = 5,2 cm   b) r = 5,6 cm   c) r = 3,0 cm
   h = 8,4 cm   h = 12,30 cm   h = 4,80 m

2
Berechne das Volumen des Zylinders.
a) r = 6,5 cm   b) r = 2,4 dm   c) d = 72,0 cm
   h = 78,0 cm   h = 5,3 dm   h = 8,9 m

3
Berechne den Radius des Zylinders.
a) M = 78 cm²   b) M = 7,25 m²   c) M = 1,5 m²
   h = 6 cm   h = 1,20 m   h = 25 cm

4
a) Berechne O aus V und h.
   V = 1 178,1 cm³   V = 3 041,1 mm³
   h = 15,0 cm   h = 2,0 mm
b) Berechne V aus O und r.
   O = 62,8 dm²   O = 40,8 m²
   r = 2,0 dm   r = 0,5 m

5
Berechne die fehlenden Größen.

	a)	b)	c)	d)
r	6,0 cm	4,5 cm		
h			41,0 cm	
M	4,5 dm²			140,0 cm²
O				
V		482,0 cm³	0,77 m³	385,0 cm³

6
Mit dem Forschungsprogramm „kontinentale Tiefenbohrung" in Windischeschenbach (Obpf.) wird der Aufbau der Erdkruste erkundet. Das zylinderförmige Bohrloch weist bis in verschiedene Tiefen unterschiedliche Bohrdurchmesser auf. Bis 1994 sollte eine Tiefe von 10 000 m erreicht werden.
a) Berechne das Volumen des ausgebohrten Gesteins.
b) Wie viel Tonnen wiegt das gesamte Bohrmaterial, wenn 1 dm³ durchschnittlich 3,3 kg schwer ist?

7
Eine Skateboardbahn hat die Form von zwei Viertelzylindern mit einem Radius von 2,75 m, die mit einem ebenen Zwischenstück von 3,50 m Länge verbunden sind. Die Breite der Bahn beträgt 6 m.
Sie erhält einen neuen Belag. Wie viel m² Fläche sind zu verlegen?

8
Eine Flugzeughalle hat die Form eines Halbzylinders mit einem Radius von 15 m. Sie ist 120 m lang.
a) Berechne das Volumen des Hallenraums.
b) Die gewölbte Dachfläche soll mit Zinkblech bedeckt werden. Wie viel m² Blech müssen bestellt werden?

9
a) Berechne den umbauten Raum eines 420 m langen Tunnels und die gesamte Wandfläche.
a) Tunnel   b) Messbecher

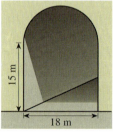 

b) In welchem Abstand müssen in dem Messbecher die Teilstriche für 200 ml angebracht werden?

Vermischte Aufgaben

Kugel

10
Berechne das Volumen und die Oberfläche der Kugel.
a) r = 9 cm   b) r = 5,7 dm   c) d = 1,35 m

11
Berechne den Radius der Kugel.
a) O = 804,2 cm²   b) O = 1 000 dm²
c) V = 179,6 cm³   d) V = 5 885 mm³

12
a) Berechne O aus V = 1,0 dm³.
b) Berechne V aus O = 1,0 m².

13
Es gibt Brunnen, bei welchen auf einem dicken Wasserstrahl eine geschliffene Granitkugel von 1 m Durchmesser schwebt. Berechne das Gewicht der Kugel (1 dm³ Granit wiegt 2,9 kg).

14
a) Berechne das Volumen der Erdkugel bei einem Erdradius von 6 370 km in Kubikkilometern.
b) Der Mond hat einen Durchmesser von 3 476 km. Berechne sein Volumen und seine Gesamtmasse, wenn 1 m³ Mondgestein durchschnittlich eine Masse von 3,34 t hat.

15
Würdest du – wenn es dir um die Menge ginge – eine Apfelsine mit dem Durchmesser von 8 cm gegen zwei Apfelsinen mit einem Durchmesser von je 6 cm tauschen?

16
Vergleiche die Rauminhalte eines Zylinders mit dem Radius 3 cm und der Höhe 3 cm und einer Halbkugel mit dem Radius 3 cm.

17
Gegeben sind 3 Körper, die jeweils ein Volumen von 1 000 cm³ haben: ein Würfel, eine Kugel und ein Zylinder mit quadratischer Achsenschnittfläche. Welcher Körper hat die kleinste Oberfläche?

Zusammengesetzte Körper

18
Aus einem kugelförmigen Tropfen einer Seifenlösung von 3 mm Durchmesser wird eine Seifenblase von 8 cm Außendurchmesser. Wie dick ist ihre Wand?

19
Eine kugelige Seifenblase hat einen äußeren Durchmesser von 8 cm und eine Wandstärke von 0,01 mm.
a) Berechne das Volumen der verbrauchten Seifenlösung.
b) Wie dick wird die Wand der Seifenblase, wenn der äußere Durchmesser um einen weiteren Zentimeter ausgedehnt wird?

20
Berechne Volumen und Oberfläche in Abhängigkeit von a.

a) 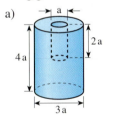   b)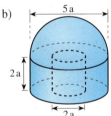

21
Berechne das Volumen und die Oberfläche der Drehkörper in Abhängigkeit von a.

a)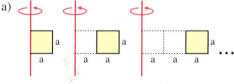

b)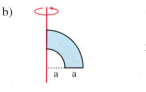

c)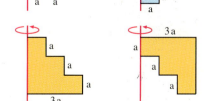

$1 ml = 1 cm^3$
$\frac{1}{2} l = 500 cm^3$
$1 l = 1 dm^3$

Es gibt hohe dünne und flache breite Dosen. Getränke werden meistens in dünnere Dosen abgefüllt, Früchte und Gemüse eher in breitere Dosen und Wurst oft in flache Dosen. Man kann demnach bestimmten Waren bestimmte Dosenformen zuordnen. Woran liegt das? Hier spielt sicher einmal die für die Produktwerbung zur Verfügung stehende Mantelfläche des Zylinders eine große Rolle. Ein zweiter Gesichtspunkt ist die Standfestigkeit und Stapelbarkeit von Dosen. Die Rohstoffe müssen sparsam verwendet werden. Daher stellt sich die Frage, ob es eine bestimmte Dosenform gibt, die wenig Materialaufwand bei der Herstellung der Dose verursacht.

1

Eine zylinderförmige Pfirsichdose mit einem Inhalt von 580 ml hat einen Durchmesser von etwa 8,5 cm.

a) Berechne die Höhe und die Oberfläche der Dose.

b) Wie verändern sich bei gleich bleibendem Volumen die Höhe und die Oberfläche, wenn man den Durchmesser verändert? Rechne für $d = 17,0$ cm und $d = 4,25$ cm.

Bei gleichem Doseninhalt erhalten wir bei unterschiedlicher Form des Zylinders auch unterschiedlichen Materialverbrauch. Gibt es eine „ideale" Dose, also eine Form, die am wenigsten Blech verbraucht?

2

a) Untersuche Dosen mit einem Volumen von 500 cm³. Erstelle eine Tabelle. Beginne mit $r = 3,0$ cm, berechne jeweils h und O und setze die Tabelle fort. Wann erhält man einen sehr kleinen Wert für die Oberfläche?

V in cm³	r in cm	h in cm	O in cm²
500	3,0	17,68	389,81
500	3,5	☐	☐
500	4,0	☐	☐

b) Vergleiche Durchmesser und Höhe der Dose, die die kleinste Oberfläche hat. Was fällt dir auf?

PACK

Tabellenkalkulation

	A	B	C	D
	Volumen in cm³	Radius in cm	Höhe in cm $h = \dfrac{V}{\pi \cdot r^2}$	Oberfläche in cm² $O = 2\pi r(r+h)$
1		der Radius wird nach jeder Berechnung um		1006,28
2		1,00 cm erhöht	159,15	525,13
3		1,00	39,79	389,88
4	500,00	2,00	17,68	350,53
5	500,00	3,00	9,95	357,08
6	500,00	4,00	6,37	392,86
7	500,00	5,00	4,42	Oberfläche nimmt zu
8	500,00	6,00		
9	500,00	Radius um 0,10 cm erhöhen		349,52
10			9,47	348,93
11		4,10	9,02	348,73
12	500,00	4,20	8,61	348,92
13	500,00	4,30	8,22	Oberfläche nimmt zu
14	500,00	4,40		
15	500,00	Radius um 0,01 cm erhöhen		348,74
16			8,57	Oberfläche nimmt zu
17		4,31		
18	500,00	Radius um 0,001 cm erhöhen		348,73421
19			8,6036	348,73422
20		4,301	8,5996	348,73426
21	500,00	4,302	8,5956	
22	500,00	4,303		
23	500,00			

3
Ermittle mit Hilfe des Programms Radius und Höhe der zylinderförmigen Dose mit der kleinsten Oberfläche
a) für das Volumen 1 Liter,
b) für das Volumen 0,33 Liter.
Beschreibe jeweils die Form des Achsenschnitts der Dose.

4
a) Wie viel Material wird für eine 0,33-l-Getränkedose der üblichen Art verbraucht? Berücksichtige dabei 10 % für Verschnitt und Falze.
b) Wie viel Material wird gespart, wenn eine Dose Optipack-Form hat? Nimm wieder 10 % für Verschnitt und Falze an.
c) In Deutschland werden jährlich etwa 60 Millionen Getränkedosen verkauft. Wie viel Material ließe sich einsparen, wenn alle Dosen Optipack-Form hätten?

5
Eine Dose mit ganzen Spargeln hat bei einem Inhalt von 840 ml einen Durchmesser von 8,5 cm.
a) Wie viel Prozent Material könnte man bei Optipack-Maßen einsparen?
b) Warum wäre eine solche Dose nicht sinnvoll?

Warum werden nun nicht alle Dosen in Optipack-Größe angeboten?
Außer der Wirtschaftlichkeit und dem Inhalt spielen vor allem die Handlichkeit und die Formschönheit einer Produktverpackung eine große Rolle.
Oder könntest du dir vorstellen, Limonade aus einer Dose zu trinken, die die Form einer Wurstdose besitzt?

Rückspiegel

1
Berechne die Mantelfläche, die Oberfläche und das Volumen des Zylinders.
a) r = 6 cm; h = 15 cm
b) r = 37,0 mm; h = 25,5 cm
c) r = 0,62 m; h = 1,84 m

2
Wie hoch ist der Zylinder?
a) M = 282,7 cm²; r = 9,0 cm
b) O = 37,7 dm²; r = 15,0 cm
c) V = 942,5 dm³; r = 0,5 m

3
Berechne die fehlenden Größen des Zylinders.

	a)	b)	c)	d)
r	8 cm	□	□	□
h	□	15 cm	12 cm	□
M	□	660 cm²	□	175,3 cm²
O	□	□	□	302,5 cm²
V	1 dm³	□	363 cm³	□

4
Berechne das Volumen des Rohrs.
a) r_1 = 22 cm b) d_1 = 3,6 cm c) d_1 = 12,5 dm
   r_2 = 19 cm d_2 = 28 mm r_2 = 5,6 dm
   h = 48 cm   h = 33,9 mm   h = 2,0 m

5
Ein Abflussrohr aus Beton ist 1,80 m lang. Es hat einen Außendurchmesser von 85 cm und einen Innendurchmesser von 78 cm.
a) Berechne das Volumen.
b) Wie groß ist das Gewicht des Rohrs, wenn 1 dm³ Beton 2,2 kg wiegt?

6
Eine Stahlröhre ist 5,25 m lang. Ihr Außendurchmesser beträgt 18,5 cm, die Wandstärke 8 mm.
a) Wie groß ist das Fassungsvermögen der Stahlröhre?
b) Berechne die Innenfläche und die Oberfläche der Röhre.
c) Wie viel cm³ Rostschutzmittel sind für die gesamte Oberfläche notwendig, wenn für 1 m² etwa 150 cm³ vorgesehen sind?

7
Berechne das Volumen des Werkstücks.

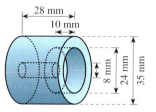

8
Berechne Volumen und Oberfläche der Kugel.
a) r = 16 mm b) d = 53,2 cm c) d = 0,91 m

9
Berechne die Oberfläche bzw. das Volumen der Kugel.
a) V = 65,5 dm³   b) O = 3 421 cm²

10
Eine Kugel mit dem Durchmesser 10 cm besteht aus Plastilin und wird vollständig in einen Würfel umgeformt.
a) Welche Kantenlänge hat der Würfel?
b) Vergleiche die Oberfläche von Kugel und Würfel.

11
Berechne das Volumen und die Oberfläche des Drehkörpers. (Maße in mm)

a) 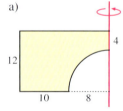   b)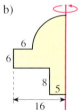

12
Berechne Volumen und Oberfläche des zusammengesetzen Körpers. (Maße in mm)

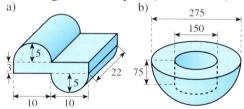

VIII Sachrechnen

Steuereinnehmer und seine Frau

„Money makes the world go around..."

Diese Liedzeile von Liza Minelli aus dem Film Cabaret gilt nicht nur für den heutigen Alltag.

Prägten doch schon seit alters her Steuern, Abgaben und Geldgeschäfte das menschliche Zusammenleben. Ob Wegezoll oder Naturalabgabe, stets wurden die Menschen in irgendeiner Form zur Kasse gebeten.

Der römische Kaiser Vespasian (9–79 n. Chr.) besteuerte zum Beispiel die öffentlichen Bedürfnisanstalten, woher auch das Zitat „pecunia non olet" zu deutsch „Geld stinkt nicht" stammt.

Das Leihen von Geld geschieht heutzutage fast ausnahmslos über Banken, Sparkassen und Kreditinstitute. Die am weitesten verbreiteten Formen sind Darlehen und Kredite.

Die Sozialversicherung wurde in Deutschland im 19. Jh. durch Bismarck begründet. Die Krankenversicherungs-, Arbeitslosen- und Rentenversicherungsbeiträge wurden nun durch das Gesetz zur Pflegeversicherung erweitert.

Otto von Bismarck

1 Vermehrter und verminderter Grundwert

1
In der Klasse 9a kommen 17 von 28 Schülern mit dem Bus zur Schule. Wie viel Prozent sind dies? Bei der 9b mit 20 Schülern kommen 65% von auswärts. Wie viele Schüler sind dies? In der 9c sind 54% Fahrschüler. Dies sind 16 Schüler. Wie viele Schüler hat die Klasse?

2
Ein Sportverein hatte im Vorjahr 400 Mitglieder, heute ist die Mitgliederzahl um 25% höher.
Wie viele Mitglieder sind nun im Verein? Um wie viel Prozent liegt die Mitgliederzahl des Vorjahres unter dem heutigen Stand?

In der Prozentrechnung werden folgende drei Grundbegriffe verwendet:
Prozentwert P, Prozentsatz p% und Grundwert G.
36 € sind 30% von 120 €.

| Prozentwert | 36 € | | Prozentsatz | 30% |
| 120 € | | Grundwert | 100% | |

Wird der Grundwert um einen prozentualen Anteil vergrößert oder verkleinert, so entsteht ein **vermehrter Grundwert** G^+ oder **verminderter Grundwert** G^-.
Diese lassen sich auch als Prozentwert für $100\% + p\%$ bzw. $100\% - p\%$ betrachten. Der Prozentsatz wird bei der Berechnung mit dem Taschenrechner als Dezimalbruch eingegeben: So kann eine Vermehrung um 30% mit dem Faktor $1 + \frac{30}{100} = 1{,}30$, eine Verminderung um 30% mit $1 - \frac{30}{100} = 0{,}70$ berechnet werden.
Dieser Faktor wird allgemein mit q bezeichnet.

> Der um p% vermehrte bzw. verminderte Grundwert lässt sich vorteilhaft mit dem Faktor q berechnen. Es gilt: $q = 1 + \frac{p}{100}$ bzw. $q = 1 - \frac{p}{100}$.

Beispiele

a) Eine Jeansjacke für 79 € wird im Schlussverkauf um 40% reduziert.
$G = 79\ €\quad p = 40\%\quad q = 1 - \frac{40}{100}$
$\hspace{6.5em} q = 0{,}6$
$G^- = 79\ € \cdot 0{,}6$
$G^- = 47{,}40\ €$
Die Jeansjacke kostet nun 47,40 €.

b) Nach der Lohnerhöhung steigerte sich das Gehalt von Frau Will um 72 € auf 2472 €.
$G^+ = 2472\ €\qquad G = 2400\ €$
$q = \frac{2472}{2400} = 1{,}03 = 1 + \frac{3}{100}$
$p\% = 3\%$
Die Lohnerhöhung betrug 3%.

Stimmenanteil der ABC-Partei	
2002	1998
6,3%	4,2%

Bemerkung: Die Interpretation von Prozentangaben kann sehr unterschiedlich ausfallen.
Die ABC-Partei konnte ihren Stimmenanteil um 50% ausbauen: $4{,}2 + 4{,}2 \cdot 0{,}5 = 6{,}3$.
Die ABC-Partei konnte lediglich 2,1 Prozentpunkte hinzugewinnen: $4{,}2 + 2{,}1 = 6{,}3$.
Die ABC-Partei konnte ihren Stimmenanteil auf das $1\frac{1}{2}$ fache ausbauen: $4{,}2 \cdot 1{,}5 = 6{,}3$.

Vermehrter und verminderter Grundwert

Aufgaben

3
Drücke die Veränderung mit Hilfe des Faktors q aus.
a) +18 %   b) +25 %   c) −10 %
d) −15 %   e) +34,5 %   f) −2 %

4
Um welchen Prozentsatz ist die Größe gestiegen oder gefallen?
a) q = 1,2   b) q = 1,15   c) q = 1,6
d) q = 0,8   e) q = 0,97   f) q = 0,15

5
Auf das Wievielfache ist die Größe gestiegen oder gefallen?
a) +50 %   b) +100 %   c) +10 %
d) +1 %   e) −50 %   f) −25 %

6
Berechne den Grundwert.
Die Größe stieg um
a) 12 % auf 91,20 €
b) 8,5 % auf 82,46 kg
c) 9,6 % auf 602,8 hl
d) 33 % auf 412,3 dm
e) 56,2 % auf 2 343 g
f) $66\frac{2}{3}$ % auf 0,455 kJ.

7
Berechne den Grundwert.
Die Größe fiel um
a) 11 % auf 151,30 €
b) 7,5 % auf 111 ha
c) 29 % auf 1 065 kg
d) 44,5 % auf 66,6 cm
e) 16,1 % auf 134,24 €.

8
Nach einer Preiserhöhung um 2,2 % kostet ein Neuwagen 33 726 €. Wie hoch war der ursprüngliche Preis?

9
Eine Ziegelei soll 3 500 Dachziegel anliefern. Wie viele Dachziegel müssen mindestens versandt werden, wenn mit 0,8 % Bruch gerechnet wird?

?? Wie oft kann eine Firma eine Preissenkung von 50 % anbieten?

10 €
a) Sandra erhält monatlich 470 € als Ausbildungsvergütung. Ab dem nächsten Monat wird die Vergütung um 1,7 % erhöht. Wie viel Euro erhält sie dann?
b) Marco bekommt nach einer Erhöhung um 2,5 % nun 492 € monatlich. Wie viel Euro erhielt er vorher?
c) Fabians Verdienst liegt im 2. Lehrjahr um 20 % höher als im ersten, im 3. Lehrjahr um 25 % höher als im zweiten.
Im 3. Lehrjahr erhält Fabian 735 € monatlich. Berechne seinen Monatsverdienst im 1. und 2. Lehrjahr.

11
a) In einer Firma nahm die Zahl der Mitarbeiter im letzten Jahr um 4,5 % ab. Sie beträgt jetzt 2 674. Berechne den Mitarbeiterstand des Vorjahres.
b) Die Firma stellt hauptsächlich Rückleuchten für Pkw her. Nach der letzten Preiserhöhung um 2,4 % kostet dieses Produkt nun 179,20 €. Berechne seinen ursprünglichen Preis.
c) Im Monat Juni stellte die Firma insgesamt 4 104 Rückleuchten her. Dies waren 8 % mehr als im Mai, aber 5 % weniger als im Juli. Berechne die Produktionszahlen.

12
Der Preis für das Auslaufmodell einer Kamera wurde nacheinander um 10 %, 5 % und 10 % herabgesetzt. Nach der letzten Preissenkung kostete die Kamera 454 €. Berechne ihren ursprünglichen Preis.

13
Prüfe nach, ob es stimmt, dass
a) eine Erhöhung um 20 % und dann um 30 % eine Gesamterhöhung um 50 % ergibt.
b) sich eine Erhöhung um 25 % und eine anschließende Verminderung um 20 % genau ausgleichen.
c) eine Erhöhung des Betrags von 100 € um 10 % und eine anschließende Verminderung um 10 % genau 99 € ergeben.

2 Verknüpfen von Prozentsätzen

1 €
Susanne ergänzt ihre Stereoanlage. Der Listenpreis für den CD-Player beträgt 214 € und für das Kassettendeck 189 €. Auf diese Preise werden noch 16 % Mehrwertsteuer erhoben. Die Händlerin gewährt bei Barzahlung einen Skonto von 2 %. Wie viel muss Susanne insgesamt bezahlen?

2
Bewirkt eine dreimalige Erhöhung um 10 % dasselbe wie eine einmalige Erhöhung um 30 %? Rechne mit einem Beispiel.

Aus dem heutigen Geschäftsalltag ist der Prozentbegriff nicht mehr wegzudenken. Viele Steuern, wie z. B. die **Mehrwertsteuer**, und Preisnachlässe, **Skonto** und **Rabatt**, werden durch Prozentsätze angegeben. Häufig werden dabei mehrere Prozentrechnungen hintereinander ausgeführt. So schlägt z. B. ein Händler beim Verkauf eines CD-Players zunächst 16 % Mehrwertsteuer (MwSt.) auf, und anschließend gewährt er 10 % Rabatt, die er vom Preis mit Mehrwertsteuer abzieht.

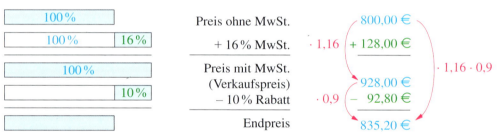

Kurz lässt sich der Endpreis so berechnen: 800 € · 1,16 · 0,9 = 835,20 €.

> Wiederholte prozentuale Veränderungen lassen sich durch das Produkt aus den Faktoren der einzelnen Änderungen angeben. Es gilt: $q_{Gesamt} = q_1 \cdot q_2 \cdot \ldots \cdot q_n$

Beispiele

a) Der Preis für ein Mountainbike von 490 € wurde zunächst um 20 % und dann noch einmal um 10 % gesenkt.
$q_1 = 1 - \frac{20}{100} = 0,8$ $q_2 = 1 - \frac{10}{100} = 0,9$
490 € · 0,8 · 0,9 = 352,80 €

Der Preis beträgt nun 352,80 €.

b) Mit 16 % MwSt. und 10 % Rabatt kostet ein Schreibtisch 292,32 €. Wie hoch ist der Listenpreis?
$q_1 = 1 + \frac{16}{100} = 1,16$ $q_2 = 1 - \frac{10}{100} = 0,9$
x · 1,16 · 0,9 = 292,32 €
$x = \frac{292,32}{1,16 \cdot 0,9} = 280$
Der Listenpreis beträgt 280 €.

Bemerkung: Im Sommerschlussverkauf oder bei Abnahme von großen Mengen wird häufig ein Nachlass auf den Preis oder Rechnungsbetrag gewährt. Man nennt dies **Rabatt**. Auch bei Barzahlung oder bei der Zahlung von Rechnungen innerhalb einer bestimmten Frist wird manchmal ein Preisnachlass gegeben. Diesen Nachlass nennt man **Skonto**. Achte bei deinen Berechnungen stets auf den jeweiligen Grundwert.

Aufgaben

3
Berechne die herabgesetzten Preise.
Räumungsverkauf: 20 % Rabatt.

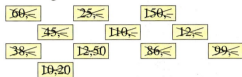

4 €
Der angegebene Listenpreis erhöht sich noch um die Mehrwertsteuer von 16 %. Berechne den Endpreis.
a) 25 €   b) 64 €   c) 5,80 €
d) 122,50 €   e) 93,60 €   f) 603,40 €

5 €
Die Preise der Speisekarte sind inklusive 10 % Bedienungsgeld ausgezeichnet. Welche Angabe entspricht dem tatsächlichen Nettopreis?

a) 11,– € ▷	10,– €	9,90 €	12,10 €
b) 16,50 € ▷	14,85 €	15,– €	18,15 €
c) 27,50 € ▷	25,– €	30,25 €	24,74 €
d) 20,35 € ▷	18,31 €	18,50 €	22,61 €

6 €
Während ihres Praktikums muss Sabine Preislisten ergänzen. Vervollständige die Tabelle im Heft.

Preise in €

ohne MwSt.	mit 16 % MwSt.
2,–	☐
☐	10,35
☐	17,25
10,80	☐
☐	63,48
7,40	☐
☐	14,49
☐	27,14

7 €
Bei einem Mehrwertsteuersatz von 16 % beträgt die Mehrwertsteuer
a) 15 €   b) 24 €   c) 8,40 €
d) 32,55 €   e) 6,33 €   f) 63,72 €
Berechne den Endpreis.
Zur Kontrolle: die Summe aller Endpreise beträgt 1087,50 €.

8 €
Gegen Ende des Wochenmarktes senkt Gärtner Frey seine Preise. Berechne jeweils den Preisnachlass in Prozent.

Ware	vorher	nachher
500 g Mohrrüben	1,00	0,75
2 Stück Kopfsalat	1,50	0,90
1 Bund Petersilie	0,80	0,50
1 kg Tomaten	2,00	1,50
1 Stück Blumenkohl	1,75	1,25
2 kg Erdbeeren	4,50	3,75
1 Strauß Blumen	12,00	10,00

9
Aufgrund der letzten Tariferhöhung stiegen die Monatseinkommen in den unteren Lohngruppen um 50 € an.
Berechne die prozentuale Erhöhung für das bisherige Gehalt von
a) 1 250 €   b) 1 300 €   c) 1 400 €
d) 1 875 €   e) 1 930 €   f) 1 988 €.
Überlege, welcher Gedanke dieser Tarifpolitik zugrunde liegt.

10 €
Viele Warenhäuser bieten Mengenrabatte an. Berechne den Preisnachlass in Prozent.
a) 1 CD kostet 14 €, 3 CDs kosten 35 €.
b) Statt 2 T-Shirts für 35 €, erhält man 5 T-Shirts für 85 €.
c) Eine Dreierpackung Seife kostet 3,99 €, eine Fünferpackung 4,99 €.

11
a) Katrin bezahlt als Führerscheinneuling 275 % Versicherungsprämie. Dies sind jährlich 1 438,25 €. Nach 3 Jahren unfallfreiem Fahren beträgt die Prämie noch 170 %. Wie hoch ist dann der Versicherungsbeitrag?
b) Herr Peters zahlt nach 13 Jahren unfallfreiem Fahren nur noch 40 % der Grundprämie. Nach einem Unfall erhöht sich seine Prämie auf 60 % und wird damit um 120 € teurer. Wie hoch ist die Grundprämie, und wie viel muss er jeweils bezahlen?

Verknüpfen von Prozentsätzen

Mehrwertsteuer (MwSt.)

Jedes Unternehmen muss an das Finanzamt Umsatzsteuer zahlen, die sich im Preis niederschlägt und somit letztlich vom Endabnehmer, dem Verbraucher, zu bezahlen ist. Der Wert einer Ware wächst über verschiedene Fertigungsstufen vom Rohstoff über das Halbfertigprodukt bis zum Fertigprodukt. Am 1. 1. 1968 wurde als Umsatzsteuer die Mehrwertsteuer (MwSt.) eingeführt. Sie stellt sicher, dass jeweils nur der erbrachte Mehrwert versteuert wird.

Zurzeit beträgt der Mehrwertsteuersatz im Regelfall 16%, auf einige Waren, wie landwirtschaftliche Produkte und Lebensmittel, nur 7% des Mehrwerts.

Bei der Abrechnung mit dem Finanzamt darf ein Unternehmen von der zu zahlenden Umsatzsteuer den MwSt.-Betrag, den es an den Lieferanten bereits gezahlt hat, als so genannte Vorsteuer abziehen.

Warenpreis 12 000 €
MwSt.-Satz 7%

Warenpreis 22 000 €
MwSt.-Satz 16%

Warenpreis 60 000 €
MwSt.-Satz 16%

Angebot 2498,-
Warenpreis 78 000 €
MwSt.-Satz 16%

€ Links ist vereinfacht eine Warenverkaufskette vom Rohstoff bis zum fertigen Produkt dargestellt.
Ein Forstbetrieb verkauft Baumstämme an ein Sägewerk, das wiederum die gesägten Bretter an eine Möbelfirma verkauft. Die in der Möbelfabrik hergestellten Möbel werden einem Warenhaus geliefert, welches die Möbel an den Endverbraucher verkauft.
a) Berechne jeweils die MwSt. und den Verkaufspreis.
b) Wie viel Euro Umsatzsteuer werden bei jedem Vorgang an das Finanzamt abgeführt? Berücksichtige dabei den Vorsteuerabzug.
c) Wie viel hat das Finanzamt insgesamt – Summe aller abgeführten Umsatzsteuerbeträge – erhalten?
d) Bestimme für jeden Geschäftsvorgang den erbrachten Mehrwert. Vergleiche die dafür zu zahlende Steuer mit der tatsächlich abgeführten Umsatzsteuer.
e) Warum muss das Sägewerk mehr als 16% des erbrachten Mehrwerts an Steuern zahlen?

12 €
Max prüft das Angebot für einen tragbaren CD-Player.

Angebot A	Angebot B
78 € incl. MwSt., abzüglich 2% Skonto	69 € zzgl. MwSt., abzüglich 3% Skonto

Welches Angebot ist günstiger?

13 €
Jessica will sich ein Trekkingrad kaufen. Der Händler bietet 2 Räder an:

Angebot A	Angebot B
749 €, abzüglich 3% Skonto	ebenfalls 3% Skonto, das sind 23,94 €

a) Wie teuer ist jedes der beiden Räder bei Barzahlung?
b) Um wie viel Prozent liegt das Angebot A unter dem Angebot B?
c) Liegt das Angebot B ebenso viel Prozent über dem Angebot A?

14
Verkaufsleiterin Frau Peters kalkuliert den Sonderpreis für das Auslaufmodell eines Fernsehgeräts, das bisher 2 499 € gekostet hat. Sie überlegt, ob es günstiger ist, 12% Rabatt und 3% Skonto oder aber 13% Rabatt und 2% Skonto zu gewähren. Rechne nach und entscheide.

15
Sebastian und Ulrike sind sich uneins: Ist es günstiger, zuerst 10% Rabatt und dann 2% Skonto oder zuerst 2% Skonto und anschließend 10% Rabatt zu erhalten? Was meinst du dazu?

16
Der Verbrauch an nichtalkoholischen Getränken ging 1999 in Deutschland gegenüber 1998 um 2,5% zurück. Der Anteil der Fruchtsäfte stieg dabei von 28% auf 30%. In welchem Jahr war der Konsum von Fruchtsäften höher?

3 Zinsrechnen

1 €
Mareike hat vor einem Jahr auf ihrem Sparbuch 385 € angelegt. Das Geld wird mit 4,5 % verzinst. Reicht das Geld nun für ein 398 € teures Fahrrad?

2 €
Matthias spart für ein Mountainbike. Zu welchem Zinssatz müsste er 589 € anlegen, um sich nach einem Jahr ein 615 € teures Fahrrad kaufen zu können?

Beim Zinsrechnen werden die Grundbegriffe **Kapital** K, **Zinssatz** p % und **Zinsen** Z verwendet.
Der Zinssatz p % bezieht sich auf 1 Jahr. Für andere Zeiträume muss der Zeitfaktor i bei der Berechnung berücksichtigt werden.
Im Bankwesen gelten folgende Vereinbarungen:
1 Jahr = 12 Monate = 360 Tage; 1 Monat = 30 Tage.

Die $\boxed{\text{Kip}}$-Regel!

> Für die Berechnung der Zinsen gelten die Formeln:
> $$Z = \frac{K \cdot i \cdot p}{100} \qquad Z = \frac{K \cdot t \cdot p}{360 \cdot 100}$$
> i Bruchteil eines Jahres $\qquad$ t Anzahl der Tage

Angaben für den Zeitraum bei Zinsen:
p. a. = pro anno
(lat.: für das Jahr)
p. M. = pro Monat

Beachte: Wenn das Kapital für einen Zeitraum länger als ein Jahr verzinst werden soll, kann mit diesen Formeln nicht gerechnet werden.
Bemerkung: Durch Umformen der Gleichungen kann aus drei gegebenen Größen jeweils die vierte berechnet werden.

Beispiele

a) Auf einem Festgeldkonto werden 90 Tage lang 98 000 € zu 6,5 % verzinst.
K = 98 000 € $\quad$ p % = 6,5 % $\quad$ t = 90 Tage
$$Z = \frac{98000 \cdot 90 \cdot 6,5}{360 \cdot 100} \text{ €}$$
$$= 1592,50 \text{ €}$$
In 90 Tagen ergeben sich 1 592,50 € Zinsen.

b) Nach welcher Zeit ergeben 50 000 € bei 6 % Verzinsung 2 500 € Zinsen?
K = 50 000 € $\quad$ Z = 2 500 € $\quad$ p % = 6 %
$$Z = \frac{K \cdot t \cdot p}{360 \cdot 100} \qquad t = \frac{2500 \cdot 36000}{50000 \cdot 6}$$
$$t = \frac{Z \cdot 36000}{K \cdot p} \qquad t = 300$$
Nach 300 Tagen ergeben sich 2 500 € Zinsen.

Aufgaben

3
Bei welchem Zinssatz ergeben
a) 8 200 € in 30 Tagen 51,25 € Zinsen?
b) 10 800 € in 4 Monaten 225 €?
c) 25 200 € in 50 Tagen 113,75 €?

4
Welches Kapital bringt in
a) 21 Tagen 4,80 € Zinsen bei 6 %?
b) 9 Monaten 52 € Zinsen bei 3,5 %?
c) 72 Tagen 362,50 € Zinsen bei 7,25 %?

Zinsrechnen

**?? ** Welches Kapital bringt bei einem Zinssatz von 1 % genau 1 € Zinsen pro Tag?

?? Bei welchem Kapital beträgt der Unterschied zwischen einer Verzinsung von $3\frac{1}{2}$ % und von 3,3 % genau 3 € im Jahr?

?? Mit welchem Zinssatz muss ein Lottogewinn in Höhe von 1 Million € angelegt werden, damit monatlich 4 000 € Zinsen erzielt werden können?

5
Marions Mutter legt 9 000 € für 9 Monate bei einem Zinssatz von 5,5 % fest an. Wie viel Euro bekommt sie am Ende gutgeschrieben?

6
Andreas bringt 820 € zur Bank, um sie seinem Sparbuch mit 3,5 % Zinssatz gutschreiben zu lassen.
Hat sein Guthaben in 3 Monaten schon 10 € Zinsen erbracht?

7
Herr Leonhart hat sein Konto 75 Tage lang um 2 800 € überzogen. Dafür berechnet ihm die Bank 15,5 % Sollzinsen. Wie teuer ist der Kredit?

8
Wie hoch ist ein Guthaben, das bei einem Zinssatz von $5\frac{1}{2}$ % in 7 Monaten 121,92 € Zinsen erbringt?

9
Ein Geldbetrag, der am 1. März zu einem Zinssatz von $4\frac{1}{4}$ % angelegt wurde, ist bis zum 15. September dieses Jahres um 320 € angewachsen.
Berechne das Anfangskapital.

10
Ein Darlehen in Höhe von 5 600 € musste nach 5 Monaten mit 5 775 € zurückbezahlt werden. Wie hoch war der Zinssatz?

11
Welches Angebot ist günstiger?

| 3 500 € bringen in 4 Monaten 100 € Zinsen | 4 000 € bringen in 3 Monaten 100 € Zinsen |

Berechne jeweils den Zinssatz.

12
In welchem Zeitraum bringt ein Kapital in Höhe von 4 500 € bei einem Zinssatz von 12 % genau 9 € Zinsen?

Zinstage
Im Bankgeschäft wird zu beliebigen Tagen des Jahres ein- und ausbezahlt. Die Zinsen ergeben sich aus der Anzahl der Tage zwischen Einzahlungstag und Auszahlungstag. Hierbei wird der erste dieser Tage nicht mitgezählt, und jeder Monat wird mit 30 Tagen gerechnet.

Beispiele zur Berechnung der Zinstage:

a) Einzahlungsdatum: 4. 3.
   Auszahlungsdatum: 27. 6.
   Differenz:
   27. Tag – 4. Tag   = 23 Tage
   6. Monat – 3. Monat
      3 Monate   = 90 Tage
   zu verzinsen: 113 Tage

b) Einzahlungsdatum: 17. 5.
   Auszahlungsdatum: 8. 10.
   Differenz:
   8. Tag – 17. Tag   = –9 Tage
   10. Monat – 5. Monat
      5 Monate   = 150 Tage
   zu verzinsen: 141 Tage

Am 12. Mai nimmt Herr Thelen einen Kredit über 14 300 € zu 11,5 %. Diesen zahlt er am 28. Oktober zurück.
Wie viel Zinsen muss Herr Thelen zahlen?

Frau Horn zahlt am 30. April 750 € auf ihr Konto ein. Sie erhält 4,8 % Zinsen.
Wie viel Geld kann Frau Horn am 12. November insgesamt abholen?

Anne hat ein Sparbuch mit 458 € Guthaben, das mit 3,5 % verzinst wird. Sie zahlt am 18. Februar 250 € ein und hebt am 4. September 500 € ab.
Wie viel Zinsen erhält sie am Ende des Jahres gutgeschrieben?

Am 12. Mai zahlt Herr Grabe 8 000 € auf sein Konto ein und erhält bei einem Zinssatz von 6,75 % am Auszahlungstag 187,50 € Zinsen.
Welches Datum hat der Auszahlungstag?

4 Zinseszins

1
Frau Hartmann hatte sich vor 5 Jahren für das Angebot der Plus Bank entschieden. Damals legte sie 1 000 € an.
Frau Hartmann freut sich, dass von der Bank nun mehr als 300 € Zinsen ausbezahlt werden.

Legt man bei einer Bank oder Sparkasse Geldbeträge länger als ein Jahr an, dann werden die Zinsen mitverzinst. Die zusätzlich entstandenen Zinsen bezeichnet man als **Zinseszinsen**.
Bei einem Kapital von 3 000 € und einem Zinssatz von 5 % ergibt sich für die ersten 4 Jahre folgende Vermehrung des Anfangskapitals:

Anfangskapital	3 000,00 €	3 000,00 €
+ Zinsen für das 1. Jahr	150,00 €	↓ · 1,05
Kapital nach 1 Jahr	3 150,00 €	3 150,00 €
+ Zinsen für das 2. Jahr	157,50 €	↓ · 1,05
Kapital nach 2 Jahren	3 307,50 €	3 307,50 € · $1{,}05^4$
+ Zinsen für das 3. Jahr	165,38 €	↓ · 1,05
Kapital nach 3 Jahren	3 472,88 €	3 472,88 €
+ Zinsen für das 4. Jahr	173,64 €	↓ · 1,05
Kapital nach 4 Jahren	3 646,52 €	3 646,52 €

Das nach 4 Jahren angesparte Kapital lässt sich kurz so berechnen:
$3\,000{,}00\,€ \cdot 1{,}05^4 = 3\,646{,}52\,€$.
Diese Art der Berechnung kann für eine beliebige Anzahl von ganzen Jahren, jedoch nicht für Teile von Jahren, verallgemeinert werden.

> Wird ein **Anfangskapital K_0** bei einem Zinssatz von p % über n Jahre verzinst, kann man das **Endkapital K_n** mit der **Zinseszinsformel** berechnen.
>
> $K_n = K_0 \cdot (1 + \frac{p}{100})^n$ $\quad$ $K_n = K_0 \cdot q^n$ mit $q = 1 + \frac{p}{100}$ $\quad$ $n \in \mathbb{N}$

Auf der „Zinsleiter" kann man immer größere Schritte machen.

Beispiele
a) Berechnung des Endkapitals K_n
Für ein Anfangskapital von 5 000,00 € und einen Zinssatz von 7,5 % lässt sich das Kapital nach 3 Jahren berechnen.

$K_3 = K_0 \cdot (1 + \frac{p}{100})^3$
$K_3 = 5\,000{,}00\,€ \cdot (1 + \frac{7{,}5}{100})^3$
$K_3 = 5\,000{,}00\,€ \cdot 1{,}075^3$
$K_3 = 6\,211{,}48\,€$

b) Berechnung des Anfangskapitals K_0
Für ein Endkapital von 8 925,34 €, einen Zinssatz von 8,25 % und eine Zeitdauer von 4 Jahren lässt sich das Anfangskapital K_0 berechnen.

$K_4 = K_0 \cdot q^4 \quad | : q^4$
$K_0 = \frac{K_4}{q^4}$ $\qquad$ $K_0 = \frac{8925{,}34\,€}{1{,}0825^4}$
$\qquad\qquad\qquad$ $K_0 = 6\,500{,}00\,€$

Zinseszins

Bei vielen Taschenrechnern kann man mit der Tastenfolge
[2nd] [y^x] [n] [=]
die n-te Wurzel berechnen.

c) Berechnung des Zinssatzes

Ein Anfangskapital von 3 000 € wächst in 5 Jahren auf 4 407,98 € an. Wie hoch ist der Zinssatz?

$$K_5 = K_0 \cdot q^5 \quad |:K_0 \qquad q = \sqrt[5]{\frac{4407,98 \, €}{3000,00 \, €}}$$

$$q^5 = \frac{K_5}{K_0} \quad |\sqrt[5]{} \qquad q = 1,08$$

$$q = \sqrt[5]{\frac{K_5}{K_0}} \qquad \text{Also gilt:}$$

$$p\% = 8,0\%$$

d)

Das Säulendiagramm zeigt die Zinsentwicklung eines Kapitals von 1 000 € bei einer jährlichen Verzinsung von 7,0 %.

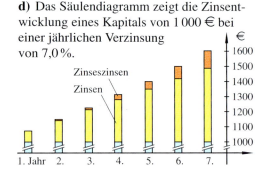

Aufgaben

2
Berechne das Endkapital K_n für
a) $K_0 = 500 \,€$; $p\% = 4,0\%$; $n = 3$
b) $K_0 = 700 \,€$; $p\% = 5,0\%$; $n = 4$
c) $K_0 = 825 \,€$; $p\% = 5,5\%$; $n = 5$
d) $K_0 = 960 \,€$; $p\% = 8,5\%$; $n = 8$
e) $K_0 = 775 \,€$; $p\% = 6,25\%$; $n = 6$.

3
Berechne das Anfangskapital K_0 für
a) $K_3 = 926,10 \,€$ und $p\% = 5\%$
b) $K_4 = 1\,235,31 \,€$ und $p\% = 7,5\%$
c) $K_5 = 8\,175,27 \,€$ und $p\% = 8,25\%$
d) $K_7 = 27\,774,72 \,€$ und $p\% = 9,2\%$.

4
Berechne den Zinssatz für
a) $K_0 = 450 \,€$ und $K_3 = 535,96 \,€$
b) $K_0 = 870 \,€$ und $K_4 = 1\,119,23 \,€$
c) $K_0 = 4\,200 \,€$ und $K_5 = 6\,085,94 \,€$
d) $K_0 = 9\,100 \,€$ und $K_7 = 16\,317,30 \,€$.

5
Fülle die Tabelle aus.

K_0	1 200,00 €		3 800,00 €	2 500,00 €
K_n		595,51 €	5 206,33 €	4 215,62 €
p%	5,5 %	6,0 %		
n	4 Jahre	3 Jahre	5 Jahre	7 Jahre

6
Auf welchen Betrag wächst ein Kapital von 5 000 € bei einem Zinssatz von 4,0 % in 5 Jahren an? Wie viel Euro Zinsen werden dann ausbezahlt?

7
Ein Kapital wird über 6 Jahre zu 7,0 % verzinst und wächst auf 3 210,11 € an.
a) Wie hoch war der ursprünglich angelegte Betrag?
b) Um wie viel Prozent ist das Kapital insgesamt angewachsen?

8
Zur Geburt ihrer Tochter Anja legt Frau Spengler 100 € auf einem Sparbuch an. Auf welchen Betrag wächst das Kapital nach 16 Jahren an, wenn der Zinssatz gleich bleibend 5,0 % beträgt?

9
Ein Kapital von 17 500 € wird mit 8,25 % verzinst. Erstelle dazu eine Tabelle und lies ab, nach welcher Zeit erstmals 35 000 € überschritten werden.

10
a) Familie Köhler legt für 5 Jahre einen Betrag von 15 000 € zu einem Zinssatz von 7,75 % an. Um wie viel Euro hat das Anfangskapital insgesamt zugenommen?
b) Auf wie viel Prozent des Anfangskapitals ist das Guthaben dann angewachsen?

11
Ein Kapital ist bei gleich bleibendem Zinssatz nach 2 Jahren auf 3 951,17 € angewachsen. Dies entspricht einer prozentualen Erhöhung um 12,9 %. Berechne den jährlichen Zinssatz.

!!
Faustregel
Nach wie vielen Jahren sind aus 100 € bei 3 % Verzinsung 200 € geworden?
Am Ende einer langen Rechnung wird man 23,4 Jahre erhalten.
Es geht mit einem nur kleinen Fehler auch einfacher. Man verwendet die Faustformel:
n = 72 : p, wobei p den Prozentsatz und n die Verdopplungszeit in Jahren bedeutet.
Damit ergibt sich also der Näherungswert
72 : 3 = 24,
d. h. 24 Jahre.

12

Der jährliche Anstieg des Preisniveaus, die so genannte Inflationsrate, bewirkt eine Wertminderung des Geldes.
Beispielsweise verringert sich bei einer Inflationsrate von 3 % der tatsächliche Wert eines Kapitals von 100 € auf 97 €.
Ein Kapital von 2000 € wird für 4 Jahre gleich bleibend zu 6,5 % verzinst.
a) Berechne den tatsächlichen Wertzuwachs, wenn man von einer jährlich gleich bleibenden Inflationsrate von 3 % ausgeht.
b) Berechne den tatsächlichen Jahreszinssatz unter Berücksichtigung der 3 %igen Inflationsrate.
c) Wie hoch muss der Zinssatz mindestens sein, damit kein tatsächlicher Wertverlust entsteht?

Nachrichten
Dienstag, 21. Nov. 19..
Jährliche Inflationsrate liegt bei 3 %
W.S.T. Bonn
Wie gestern auf einer Pressekonferenz vom wirtschaftspolitischen Sprecher mitgeteilt wurde, hat sich die...

13

Bei welchem Zinssatz verdoppelt sich ein Kapital, einschließlich der Zinseszinsen, in 20 Jahren?

> **Kontokorrentrechnung**
> Die Zinseszinsformel gilt nur für volle Jahre. Wird ein Kapital länger als ein Jahr, jedoch nicht über volle Jahre hinweg verzinst, dann ist das Endkapital getrennt für Jahre und Monate zu berechnen.
> Beispiel:
> Anfangskapital: $K_0 = 400{,}00$ €
> Zinssatz: $p\% = 5{,}0\%$
> Zeit: 2 Jahre und 8 Monate
> $K_{2J} = 400{,}00$ € $\cdot 1{,}05^2 = 441{,}00$ €
> $Z_{8M} = 441{,}00$ € $\cdot 0{,}05 \cdot \frac{8}{12} = 14{,}70$ €
> $K_{2J8M} = K_{2J} + Z_{8M} = (441{,}00 + 14{,}70)$ €
> $= 455{,}70$ €
>
> Ein Kapital von 1 800,00 € wird über 1 Jahr und 3 Monate zu 6,0 % verzinst. Berechne das Endkapital.
>
> Auf welchen Betrag wächst ein Kapital von 750,00 € beim Zinssatz von 8,75 % in 3 Jahren und 7 Monaten an?
>
> Ein Guthaben ist bei einem Zinssatz von 7,0 % in 2 Jahren und 9 Monaten auf 1 687 € angewachsen.
> Wie hoch war das Anfangsguthaben?

Zuwachssparen

Banken und Sparkassen bieten auch Geldanlagen mit von Jahr zu Jahr unterschiedlich hohen Zinssätzen an.
Bietet eine Bank für das erste Jahr einen Zinssatz von 4,5 %, für das zweite Jahr 5,5 % und für das 3. Jahr 7,0 %, dann lässt sich das nach 3 Jahren angesparte Kapital auf folgende Weise berechnen: $K_3 = K_0 \cdot q_1 \cdot q_2 \cdot q_3$.
Für $K_0 = 8000$ € ergibt sich somit:
$K_3 = 8000$ € $\cdot 1{,}045 \cdot 1{,}055 \cdot 1{,}07$
$= 9437{,}19$ €.
Diese Form des Sparens wird als **Zuwachssparen** bezeichnet.

Beispiel:
Welches Anfangskapital wächst nach 3 Jahren bei folgenden Zinssätzen auf 14 631,42 € an?
$p_1\% = 6{,}25\%$; $p_2\% = 6{,}75\%$; $p_3 = 7{,}5\%$

$K_3 = K_0 \cdot q_1 \cdot q_2 \cdot q_3$

$K_0 = \frac{K_3}{q_1 \cdot q_2 \cdot q_3}$

$K_0 = \frac{14\,631{,}42}{1{,}0625 \cdot 1{,}0675 \cdot 1{,}075}$ €

$K_0 = 12\,000{,}00$ €

14

Familie Berger legt ein Kapital von 15 000 € zu folgenden Zinssätzen an.
1. Jahr: 3,5 %
2. Jahr: 4,5 %
3. Jahr: 6,75 %
a) Auf welchen Betrag wächst das Kapital nach 3 Jahren an?
b) Berechne die Zinsbeträge der einzelnen Jahre.

15

Frau Metzger legt Geld an. Im 1. Jahr wird es mit 5,0 %, im 2. Jahr mit 6,5 % verzinst. Ihr Guthaben ist nach zwei Jahren auf 4 137,53 € angewachsen.
a) Wie hoch war der Anfangsbetrag?
b) Wie viel Euro Zinsen sind in dieser Zeit angefallen?
c) Berechne den durchschnittlichen Zinssatz.

Zinseszins

16
Ein Anfangsguthaben beträgt 12 000 €, das Endguthaben nach 3 Jahren beläuft sich auf 14 976,26 €.
Zinssatz im 1. Jahr: 7,0 %
Zinssatz im 3. Jahr: 8,5 %
a) Wie hoch ist der Zinssatz im 2. Jahr?
b) Wie viel Zinsen werden jeweils am Jahresende gutgeschrieben?

17
Fülle die Tabelle aus.

K_0	300,00 €		700,00 €	950,00 €
p_1%	3 %	4,5 %	6,25 %	5,5 %
p_2%	4 %	5,0 %	6,75 %	
p_3%	5 %	6,0 %		8,75 %
K_3		523,39 €	853,50 €	1 168,97 €

18

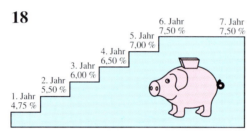

Bundesschatzbriefe sind Wertpapiere mit jährlich wechselnden Zinssätzen.
a) Auf welchen Betrag wächst ein Anfangsguthaben von 2 000 € nach Ablauf von 7 Jahren an?
b) Welcher Geldbetrag wurde angelegt, wenn nach 7 Jahren 9 255,80 € angespart sind?
c) Mit welchem gleich bleibenden Prozentsatz hätte man dasselbe Ergebnis?
d) Erkundige dich bei der Bank nach den aktuellen Zinssätzen und löse a), b), c) unter diesen Bedingungen.

19
In 3 Jahren wächst ein Kapital von 10 000 € auf 11 663 €. Der Zinssatz beträgt im 3. Jahr 7,0 %. Die Zinsen sind im 2. Jahr doppelt so hoch wie im 1. Jahr. Berechne die Zinsen und die Zinssätze für die beiden ersten Jahre.

20
Ein Anfangskapital von 20 000 € wird im 1. Jahr mit 5,75 % verzinst. Am Ende des 2. Jahres werden 1 321,88 € gutgeschrieben. Nach 3 Jahren ist das Anfangskapital auf insgesamt 24 157,27 € angestiegen.
a) Berechne den Zinssatz des 2. und 3. Jahres.
b) Um wie viel Prozent hat das Kapital insgesamt zugenommen?
c) Mit welchem jährlich gleich bleibenden Zinssatz hätte das Anfangskapital verzinst werden müssen, um nach 3 Jahren ebenfalls auf 24 157,27 € anzuwachsen?

21
Ein Kapital wächst in 3 Jahren von 5 000,00 € auf 6 011,26 € an. Der Zinssatz im 3. Jahr beträgt 7,0 %. Die Zinssätze des 1. und 2. Jahres sind gleich.
a) Wie hoch ist der Zinssatz im 1. Jahr?
b) Wie viel Zinsen wurden im 2. Jahr gutgeschrieben?

22
Fabian möchte 2 400 € anlegen. Er prüft zwei Angebote einer Bank.
Angebot A: Laufzeit 3 Jahre, gleich bleibender Zinssatz 4,0 %.
Angebot B: Laufzeit 3 Jahre, Zinssatz im 1. Jahr 3,5 %, im 2. Jahr 4,0 %, im 3. Jahr 4,5 %.
Angebot C: Laufzeit 3 Jahre, Zinssatz im 1. Jahr 4,5 %, im 2. Jahr 4,0 %, im 3. Jahr 3,5 %. Auf den ersten Blick hält Fabian die Angebote für gleich gut. Hat er Recht?

23
a) Ein Kapital von 5 000 € wächst in 3 Jahren um 24,2 % an. Im 1. Jahr betrug der Zinssatz 6,0 %. Am Ende des 3. Jahres wurden 512,78 € Zinsen ausbezahlt. Berechne die übrigen Zinssätze.
b) Ein Kapital in Höhe von 400 € wächst in zwei Jahren auf 440,96 € an. Der Zinsbetrag des 2. Jahres liegt um 56 % über dem Zinsertrag des 1. Jahres.
Berechne die beiden Zinssätze.

Angebot A
1. Jahr: 6,0 %
2. Jahr: 7,0 %
3. Jahr: 8,0 %

Angebot B
1. Jahr: 8,0 %
2. Jahr: 7,0 %
3. Jahr: 6,0 %

Welches Angebot ist günstiger?

5 Tabellen und Schaubilder

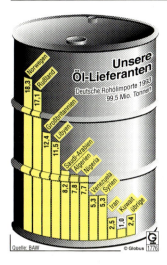 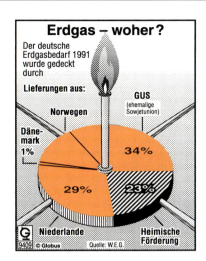 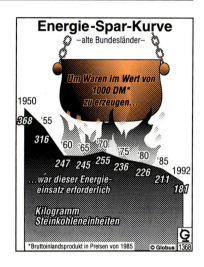

1
Welche Informationen geben uns diese Schaubilder?

Anhang des Ergebnisses der letzten Bundestagswahl im Jahre 1998 können die unterschiedlichen Darstellungsformen und deren Vorteile gezeigt werden.

Endergebnis der Bundestagswahl		
	1998	**1994**
Wahlberechtigte	60 762 751	60 396 272
Wähler	49 947 087	47 743 597
Wahlbeteiligung	82,20 %	79,10 %
Ungültige Erststimmen	780 507	794 482
Ungültige Zweitstimmen	638 575	639 021
1998	**Erststimmen**	**Zweitstimmen**
SPD	21 535 893 - 43,8 %	20 181 269 - 40,9 %
CDU	15 854 215 - 32,2 %	14 004 908 - 28,4 %
CSU	3 602 472 - 7,3 %	3 324 480 - 6,7 %
Grüne	2 448 162 - 4,97 %	3 301 624 - 6,7 %
FDP	1 486 433 - 3,0 %	3 080 955 - 6,2 %
PDS	2 416 781 - 4,9 %	2 515 454 - 5,1 %
APD	1 458 - 0,0 %	6 759 - 0,0 %
Bayernpartei	1 772 - 0,0 %	28 107 - 0,1 %
BüSo	10 260 - 0,0 %	9 662 - 0,0 %
Christl. Mitte	9 023 - 0,0 %	23 619 - 0,0 %
Graue	141 763 - 0,3 %	152 557 - 0,3 %
Republikaner	1 115 664 - 2,3 %	906 383 - 1,8 %
MLPD	7 208 - 0,0 %	4 731 - 0,0 %
Naturgesetz	35 132 - 0,1 %	30 619 - 0,1 %
ödp	145 308 - 0,3 %	98 257 - 0,2 %
PBC	46 379 - 0,1 %	71 941 - 0,1 %
PASS	10 449 - 0,0 %	5 556 - 0,0 %
Zentrum	2 076 - 0,0 %	

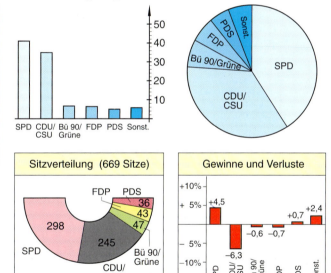

In der **Tabelle** lassen sich die absoluten Zahlen und die sich daraus ergebende prozentuale Verteilung der Stimmen übersichtlich darstellen. Das **Säulendiagramm** zeigt am deutlichsten die Rangfolge der einzelnen Parteien.
Die **Prozentkreisdarstellung** zeigt die unterschiedlichen Anteile und damit einen Vergleich zur Gesamtzahl der Stimmen.
Das eigentliche Ergebnis der Wahl wird in der Verteilung der Sitze im neuen Parlament mit dem Halbkreis und den verschiedenen Sektoren gezeigt.
Mit einem Säulendiagramm lassen sich auch Entwicklung und Veränderung zweier aufeinander folgender Wahlen aufzeigen.

Tabellen und Schaubilder

Deutschlands Energiereserven

Vorräte 1991 umgerechnet in Millionen Tonnen Steinkohleneinheiten.

1 Steinkohleneinheit ist der durchschnittliche „Brennwert" von 1 t Steinkohle.

Tabellen dienen zur übersichtlichen Darstellung von umfangreichem Zahlenmaterial. Die unterschiedlichen Darstellungsformen von **Schaubildern** bieten Möglichkeiten, bestimmte Gesichtspunkte des Sachverhalts besonders deutlich aufzuzeigen oder hervorzuheben.

Beispiele

a) Energiemengen lassen sich in Steinkohleneinheiten (SKE) angeben. Die absoluten Zahlen für 1991 aus der Grafik in der Randspalte kann man in Prozentanteile umrechnen.

Gesamtvorrat:	41 213 SKE	100,0 %
Steinkohle:	23 919 SKE	58,0 %
Braunkohle:	16 845 SKE	40,9 %
Gas:	360 SKE	0,9 %
Öl:	89 SKE	0,2 %

Aus den Prozentsätzen ergeben sich die Winkel für die entsprechenden Sektoren eines Kreisdiagramms (100 % entsprechen 360°). Hierbei kann der Anteil an Gas und Öl nur sehr ungenau dargestellt werden.

b) Seit der Einführung der Verpackungsordnung ist der Verbrauch von Packmaterial zurückgegangen. Durch die Darstellung, die nur den oberen Teil des Säulendiagramms zeigt, wird der optische Eindruck des Trends verfälscht und übertrieben. Der Rückgang von etwa 0,5 Mio. t pro Jahr entspricht etwa 4 %. Der Rückgang pro Kopf beträgt etwa 15 kg im Jahr.

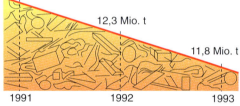

Über 1 Million Tonnen Verpackungen weniger

Weltenergieverbrauch in Millionen Tonnen Öläquivalent.

404	Kernkraft
430	Brennholz
524	Wasserkraft
1556	Erdgas
2387	Kohle
2941	Erdöl

Aufgaben

2

Die drei fossilen Brennstoffe Öl, Kohle und Erdgas sind heute noch die wichtigsten Energieträger.
a) Stelle diesen Sachverhalt in einem Kreisdiagramm dar.
b) Berechne die prozentualen Anteile.

3

Im Jahr 1992 wurden etwa 4,3 % des gesamten Stromverbrauchs durch erneuerbare Energieträger abgedeckt.
a) Rechne die einzelnen Angaben in Prozent um.
b) Warum sind Kreisdiagramm und Säulendiagramm zur Darstellung dieser Zahlen ungeeignet?

Tabellen und Schaubilder

4
Hier wurde der Zeitraum von 1970 bis 1992 für unterschiedliche Gebiete herausgenommen.

Die Bevölkerungsexplosion in Millionen

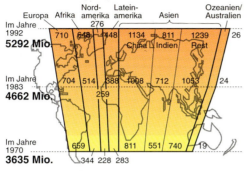

Stelle die verschiedenen Entwicklungen in einem Koordinatensystem dar.

5
a) Die Weltbevölkerung hat sich insbesondere im 20. Jahrhundert drastisch verändert. In dem Schaubild wurde beim Maßstab für die Rechtsachse anders als gewohnt vorgegangen. Welcher Eindruck entsteht dadurch? Zeichne die Entwicklung für die Jahre 0 bis 2000 in ein Koordinatensystem mit gleichen Abständen.

Die Weltbevölkerung von der Steinzeit bis heute in Millionen

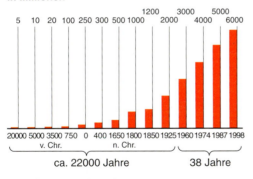

b) Die Darstellung in dem zweiten Schaubild gibt einen völlig anderen Eindruck wieder. Erkläre die unterschiedlichen Vorgehensweisen.

6
Weltbevölkerung und Energieverbrauch stehen in einem engen Zusammenhang. Erkläre das Schaubild. Wie verhalten sich der Anstieg des Energieverbrauchs und der Weltbevölkerung zueinander?

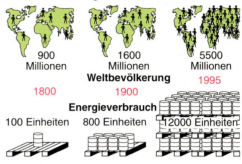

7
Der hohe Ausstoß von CO_2 (Kohlendioxid) in die Luft ist eine Gefährdung für die Erde. Er trägt zum Treibhauseffekt bei. CO_2 entsteht vor allem bei der Verbrennung von fossilen Brennstoffen (Kohle, Öl, Erdgas). Was kannst du aus dem Schaubild ablesen?

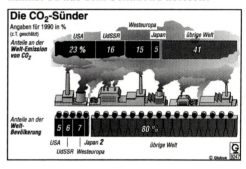

8
Hier sind unterschiedliche Sachverhalte in einem Schaubild dargestellt. Wie lassen sich die Kurven erklären? Welche Kurve ist besonders erstaunlich?

Ratensparen

Mindestsparrate 20.– €
Höchstsparrate 1 000.– €

Sparrate 3 Jahre gleich bleibend

Zinssatz pro Jahr 6,50%

Eine besondere Form des Sparens ist das so genannte **Ratensparen**. Hierbei zahlt man bei der Bank oder Sparkasse in gleich bleibenden Zeitabständen stets denselben Betrag, die Rate, ein. Der Zinssatz bleibt im Regelfall über die gesamte Dauer des Sparvertrags unverändert.

Frau Müller schließt mit ihrer Bank einen Ratensparvertrag ab, bei dem sie jeweils zu Beginn eines Jahres über die Dauer von 3 Jahren einen Betrag von 800 € einzahlt. Der Zinssatz bleibt mit 6,5 % über die gesamte Laufzeit unverändert.

Sparguthaben nach 1 Jahr: 800,00 € · 1,065 = 852,00 €
Sparguthaben nach 2 Jahren: (852,00 € + 800,00 €) · 1,065 = 1 759,38 €
Sparguthaben nach 3 Jahren: (1 759,38 € + 800,00 €) · 1,065 = 2 725,74 €

Das Sparguthaben nach 3 Jahren lässt sich auch ohne Zwischenergebnisse berechnen:
$K_3 = [(800 € · 1,065 + 800 €) · 1,065 + 800 €] · 1,065$

- Kapital nach 1 Jahr
- Kapital nach 2 Jahren
- Kapital nach 3 Jahren

$K_3 = 2\,725,74\ €$

Das Kapital nach Ablauf der 3 Jahre kann auch auf eine zweite Art berechnet werden.

Die 1. Einzahlung wächst bis zum Ende des 3. Jahres auf: $800\ € · 1,065^3$ = 966,36 €
Die 2. Einzahlung wächst bis zum Ende des 3. Jahres auf: $800\ € · 1,065^2$ = 907,38 €
Die 3. Einzahlung wächst bis zum Ende des 3. Jahres auf: $800\ € · 1,065$ = 852,00 €

Für die Summe der Einzahlungen gilt: $K_3 = 800\ € · (1,065^3 + 1,065^2 + 1,065) = 2\,725,74\ €$

1
Berechne den Sparbetrag für
a) eine Rate von 500 € über 3 Jahre bei einem Zinssatz von 7,0 %.
b) eine Rate von 1 200 € über 4 Jahre bei einem Zinssatz von 8,75 %.
c) eine Rate von 3 500 € über 6 Jahre bei einem Zinssatz von 10,25 %.

2
Berechne die Rate für
a) einen Sparbetrag von 2 482,59 € nach 3 Jahren beim Zinssatz von 5 %.
b) einen Sparbetrag von 15 386,85 € nach 4 Jahren beim Zinssatz von 7,5 %.
c) einen Sparbetrag von 48 570,23 € nach 5 Jahren beim Zinssatz von 8,75 %.
d) einen Sparbetrag von 89 889,98 € nach 6 Jahren beim Zinssatz von 9,85 %.

3
Herr Hummel zahlt jeweils zu Jahresbeginn 2 500 € auf einen Ratensparvertrag ein. Das Geld wird mit 8,75 % verzinst. Auf welchen Betrag ist sein Kapital nach Ablauf von 4 Jahren angewachsen?

4
Frau Penteridis bekommt nach Ablauf von 3 Jahren 5 061,92 € ausbezahlt. Der Zinssatz beträgt 6 %. Berechne die jährliche Sparrate.

5
Familie Weiß zahlt zu Jahresbeginn jeweils 700 € ein. Der Zinssatz beträgt 6,25 %. Erstelle eine Tabelle, aus der das angesparte Kapital sowie die Zinsen über die Dauer von 6 Jahren zu entnehmen sind.

Angebot A

Jahresrate: 760 €
Zinssatz: 7,5 %

Knüller-Bank

Angebot B

Jahresrate 780 €
Zinssatz: 6,0 %

Die freundliche Bank an der Ecke

Ratensparvertrag

Jahresrate: 5000 €
Zinssatz: $7\frac{1}{4}$ %
Laufzeit: 4 Jahre

6
Familie Blessing hat zwei Angebote.
a) Wie hoch ist der angesparte Betrag bei beiden Angeboten nach 3 Jahren?
b) Nach wie vielen Jahren übersteigt der Sparbetrag des Angebots A den von Angebot B?

7
Carolin zahlt zu Jahresbeginn 250 € bei der Sparkasse ein. Zu Beginn des darauf folgenden Jahres erhöht sie den Einzahlungsbetrag um 125 €, ein Jahr später nochmals um 150 €. Der Zinssatz beträgt jeweils 5,5 %.
Auf welchen Betrag ist das Guthaben am Ende des 3. Jahres angewachsen?

8
Ein Sparvertrag enthält nebenstehende Vereinbarungen.
a) Berechne das angesparte Guthaben nach Ablauf der 4 Jahre.
b) Wie hoch sind die Zinserträge am Ende eines jeden Jahres?
c) Um wie viel Prozent liegt der Zinsbetrag des vierten Jahres über dem des dritten Jahres?

9
Frau Barsch schließt einen Ratensparvertrag zu folgenden Konditionen ab:
Jährliche Sparrate: 1 800 €
Zinssatz im 1. Jahr: 4,5 %
In den darauf folgenden Jahren erhöht sich der Zinssatz jeweils um einen Prozentpunkt, also im 2. Jahr auf 5,5 %.
a) Wie hoch ist der insgesamt angesparte Betrag nach 3 Jahren?
b) Erhält Frau Barsch dasselbe Guthaben, wenn der Zinssatz über 3 Jahre gleich bleibend 5,5 % beträgt?

10
Herr Bauer zahlt bei seiner Bank zu Beginn eines jeden Jahres einen bestimmten Betrag ein. Der Zinssatz beträgt 8,5 %. Nach 4 Jahren sind in seiner Sparsumme 1 665,67 € Zinsen enthalten.
a) Berechne den jährlich zu entrichtenden Einzahlungsbetrag.
b) Auf welchen Betrag ist sein Guthaben insgesamt angewachsen?
c) Welchen einmaligen Betrag hätte Herr Bauer zu Beginn einzahlen müssen, um nach 4 Jahren beim selben Zinssatz das gleiche Guthaben erhalten zu können?

Monatliches Ratensparen

Bankenüblich ist es, dass die Sparraten nicht jährlich, sondern monatlich entrichtet werden.
Zahlt ein Sparer eine monatliche Rate von 100 € bei einem Zinssatz von 6 %, beginnend am 1.1. eines Jahres, ein, liegt am Jahresende folgende Verzinsung vor:

1. Rate: $100 € \cdot \frac{12}{12} \cdot \frac{6}{100} = 6{,}00 €$
2. Rate: $100 € \cdot \frac{11}{12} \cdot \frac{6}{100} = 5{,}50 €$
3. Rate: $100 € \cdot \frac{10}{12} \cdot \frac{6}{100} = 5{,}00 €$
...
12. Rate: $100 € \cdot \frac{1}{12} \cdot \frac{6}{100} = 0{,}50 €$

Somit fallen 39,00 € Zinsen an.

Das Gesamtguthaben beträgt nach einem Jahr: 12 · 100 € + 39 € = 1 239 €.
Berechne das Guthaben nach einem Jahr bei einem Zinssatz von 5,5 % und einer monatlichen Zahlung von 150 €.
Wenn man die Anzahl der Monate bestimmt, erhält man dasselbe Ergebnis.
1. Rate: wird 12 Monate verzinst
2. Rate: wird 11 Monate verzinst
... ...
12. Rate: wird 1 Monat verzinst
Summe: 78 Monate
Zinsen: $Z = \frac{78}{12} \cdot 100 € \cdot 0{,}06 = 39 €$
Berechne die nach einem Jahr anfallenden Zinsen bei einem Zinssatz von 7 % und einer monatlichen Rate in Höhe von 400 €.

Zum Erwerb eines Grundstücks oder Eigenheims bieten Banken oder Sparkassen Darlehen in vielfältiger Form an.

Für den zur Verfügung gestellten Darlehensbetrag verlangt die Bank Zinsen. Die Rückzahlung erfolgt in jährlich gleich bleibenden Raten, die sich aus einem Zins- und einem Tilgungsanteil zusammensetzen. Zieht man den **Tilgungsbetrag** zu Beginn vom Darlehensbetrag und dann jeweils von der Restschuld ab, so erhält man jeweils die neue **Restschuld**. Dabei beziehen sich die zu bezahlenden Zinsen auf die zu Jahresbeginn bestehende Restschuld. Da die Restschuld von Jahr zu Jahr geringer wird, verringert sich bei **gleich bleibender Rückzahlungsrate** auch der Zinsbetrag. Gleichzeitig erhöht sich schrittweise der Tilgungsbetrag.

Für ein Darlehen in Höhe von 80 000 €, einem Zinssatz von 7,0 %, also anfänglich 5 600 €, und einer mit der Bank vereinbarten jährlichen Rate von 6 500 € (Zins und Tilgung) lässt sich folgender **Tilgungsplan** erstellen:

Jahr	Restschuld zu Jahresanfang	Zinsen	Tilgung	Restschuld zu Jahresende
1	80 000,00 €	5 600,00 €	900,00 €	79 100,00 €
2	79 100,00 €	5 537,00 €	963,00 €	78 137,00 €
3	78 137,00 €	5 469,59 €	1 030,41 €	77 106,59 €
4	77 106,59 €	...	...	...

Die Tabelle lässt sich auf diese Weise für jeden gewünschten Zeitraum fortsetzen.
Eine zweite Möglichkeit, die noch bestehende Restschuld nach einer bestimmten Anzahl von Jahren zu ermitteln, lässt sich so darstellen:

Restschuld nach 1 Jahr: 80 000,00 € · 1,07 − 6 500,00 € = 79 100,00 €
Restschuld nach 2 Jahren: 79 100,00 € · 1,07 − 6 500,00 € = 78 137,00 €
Restschuld nach 3 Jahren: 78 137,00 € · 1,07 − 6 500,00 € = 77 106,59 €
...

Die Restschuld nach 3 Jahren kann auch durch einen einzigen Term berechnet werden.
$RS_3 = [(80\,000\,€ · 1{,}07 − 6\,500\,€) · 1{,}07 − 6\,500\,€] · 1{,}07 − 6\,500\,€ = 77\,106{,}59\,€$

```
  80 000
    ↓
   STO
    x
   0.07
    =          Zinsen
    −
   6500
    =          Tilgung
    +
   RCL
    =          Rest-
               schuld
```

Benutzt man den Speicher des Taschenrechners, so kann der Tilgungsplan schrittweise berechnet werden.

1

Eine Bank gewährt ein Darlehen in Höhe von 100 000 € zu einem Zinssatz von 6,0 %. Die Jahresrate beträgt 7 500 €.
a) Erstelle einen Tilgungsplan für die ersten 5 Jahre.
b) Wie hoch ist die Restschuld am Ende des 5. Jahres?
c) Wie viel Euro Zinsen fallen für die ersten 5 Jahre an?

2

Familie Müller möchte ein Eigenheim erwerben und benötigt dazu noch 150 000,00 €. Der Zinssatz beträgt 7,5 %, der Tilgungsanteil 2,0 % des anfänglichen Darlehensbetrags.
a) Berechne die jährlich gleich bleibende Rate.
b) Wie hoch ist die Restschuld zu Beginn des 4. Jahres?

Heute werden Darlehensberechnungen ausnahmslos über den Computer erstellt. Mit Hilfe eines Tabellenkalkulationsprogramms können Tilgungspläne für beliebig gewählte Daten sehr rasch ausgegeben werden.

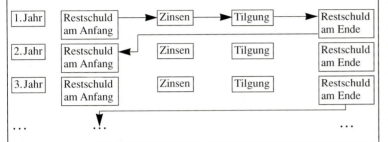

	A	B	C	D	E
1	Tilgungsplan eines Darlehens				
2	Darlehen	50 000,00 €			
3	Rate	4 000,00 €			
4	Zinssatz	7,0 %			
5					
6	Jahr	Restschuld zu Jahresbeginn	Zinsen	Tilgung	Restschuld am Jahresende
7	1	= B2	= B7*B4	= B3-C7	= B7-D7
8	2	= E7	= B8*B4	= B3-C8	= B8-D8
9	3	= E8	= B9*B4	= B3-C9	= B9-D9

	A	B	C	D	E
1	Tilgungsplan eines Darlehens				
2	Darlehen	50 000,00 €			
3	Rate	4 000,00 €			
4	Zinssatz	7,0 %			
5					
6	Jahr	Restschuld zu Jahresbeginn	Zinsen	Tilgung	Restschuld am Jahresende
7	1	50 000,00 €	3500,00 €	500,00 €	49 500,00 €
8	2	49 500,00 €	3 465,00 €	535,00 €	48 965,00 €
9	3	48 965,00 €	3 427,55 €	572,45 €	48 392,55 €

Erstelle mit Hilfe eines Tabellenkalkulationsprogramms einen Tilgungsplan. Überprüfe mit Hilfe des Programms, nach welcher Zeit ein Darlehen von 100 000,00 € mit einer Rate von 9 000,00 € und einem Zinssatz von 8,0 % vollständig zurückbezahlt ist. Wie viel Zinsen wurden dann insgesamt bezahlt? Ab wann ist die Tilgung erstmals höher als der Zinsbetrag?

In den meisten Fällen verlangt die Bank außer den Zinsen auch noch eine einmalige Gebühr, das so genannte **Disagio**. Ein Auszahlungskurs von 94 % bedeutet eine Gebühr von 6 % des Darlehensbetrags.
Beispiel: Darlehen: 50 000,00 €
Auszahlungskurs: 94 %
Der tatsächliche Auszahlungsbetrag beträgt dann: 50 000,00 € · 0,94 = 47 000,00 €.

Für die Ermittlung der Zinsen und der Restschuld wird der volle Darlehensbetrag zugrunde gelegt und nicht der tatsächliche Auszahlungsbetrag.

3

Frau Kämpf nimmt ein Darlehen in Höhe von 70 000 € auf.
Zinssatz: 8,25 %
Jahresrate: 6 500 €
a) Stelle für die ersten 4 Jahre einen Tilgungsplan auf.
b) Um wie viel Euro hat sich die Restschuld bis zum Ende des 4. Jahres verringert?

4

Familie Bay braucht zur Finanzierung einer Eigentumswohnung 120 000 €. Die Bank bietet an:
Auszahlungskurs: 93,5 %
Zinssatz: 7,75 %
Tilgung: 1,5 % des Darlehensbetrags.
a) Wie hoch ist der tatsächlich aufzunehmende Betrag?
b) Berechne die Jahresrate.

5

Bei einem Darlehen in Höhe von 80 000,00 € beträgt die Restschuld nach 3 Jahren noch 76 769,38 €. Der Zinssatz liegt bei 7,5 %.
a) Berechne die jährlich gleich bleibende Rate.
b) Zu Beginn des 4. Jahres leistet der Schuldner eine Sondertilgung in Höhe von 12 000 €. Wie hoch ist die Restschuld am Ende des 5. Jahres?
c) Wie viel Zinsen wurden bis dahin bezahlt?

Im privaten Bereich werden Kredite für Anschaffungen wie zum Beispiel für den Kauf eines Autos aufgenommen. Diese Form von Kredit wird als Anschaffungsdarlehen oder allgemein als **Kleinkredit** bezeichnet. Die Bedingungen werden zwischen Kreditinstitut und Kunde vereinbart.

Im Bankwesen spricht man von einem genormten Ratenkredit, weil er ganz bestimmte Kennzeichen hat, die vertraglich festgelegt sind:

- Die **Laufzeit**, also die Zeitspanne von der Auszahlung des Kredits bis zum Ende der Rückzahlung, liegt zwischen 6 Monaten und 72 Monaten.

- Die **Zinsen** werden mit einem festen Zinssatz pro Monat (p. M.) aus dem vollen Kreditbetrag berechnet.
- Der **Kreditbetrag** wird zu 100 % ausbezahlt.
- Es wird eine einmalige **Bearbeitungsgebühr** von meistens 2 % des ausgezahlten Betrags berechnet.
- Die **Rückzahlung** erfolgt in monatlichen, feststehenden Raten.

Meistens bewegt sich die Kredithöhe zwischen 1 000 € und 50 000 €. Im folgenden Abschnitt wird ein Tilgungsplan für einen Kleinkredit erstellt.

Kreditbetrag	12 500,00 €	
Zinssatz	0,4 % p. M.	
Bearbeitungsgebühr	2 %	
Laufzeit	36 Monate	

Die Höhe der monatlichen Raten soll auf volle 10,00 € abgerundet, die Differenz der ersten Rate zugeschlagen werden.

Berechnung des Rückzahlungsbetrags:

Kreditbetrag		12 500,00 €
+ Zinsen für 36 Monate (0,4 %)	36 · 12 500,00 · 0,004 €	= 1 800,00 €
+ Bearbeitungsgebühr (2 %)	12 500,00 · 0,02 €	= 250,00 €
		14 550,00 €
Höhe einer Rate:	14 550,00 € : 36	= 404,17 €
Abgerundeter Betrag für die Raten 2 bis 36:		400,00 €
Höhe der ersten Rate:	14 550,00 € − 35 · 400,00 €	= 550,00 €

3

Erstelle selbst einen Tilgungsplan für einen Kleinkredit mit folgenden Bedingungen:

	a)	b)	c)
Kreditbetrag	8 000,00 €	15 000,00 €	30 000,00 €
Zinssatz p. M.	0,36 %	0,48 %	0,45 %
Bearbeitungsgebühr	2 %	2 %	2 %
Laufzeit in Monaten	24	30	48

Die monatlichen Raten sollen auf volle Euro abgerundet werden, die Differenz ist der ersten Rate hinzuzuschlagen.

2

Die Kreditkosten setzen sich aus den Zinsen, der Bearbeitungsgebühr und eventuell noch aus anderen Gebühren zusammen. Berechne zum Vergleich die Kreditkosten der beiden Kleinkreditangebote für einen Kreditbetrag von 18 000 €.

Angebot A:
Zinssatz pro Monat	0,39 %
Bearbeitungsgebühr	2,0 %
Laufzeit	24 Monate

Angebot B:
Zinssatz pro Monat	0,36 %
Bearbeitungsgebühr	1,5 %
Laufzeit	36 Monate
einmalige Gebühr	100 €

3

Für den Kauf eines Autos nimmt Herr Pohl einen Kredit in Höhe von 20 000 € auf. Die Bank berechnet bei einer Laufzeit von 30 Monaten einen Zinssatz von 0,45 % pro Monat und eine Bearbeitungsgebühr von 2 %. Wie hoch ist die letzte Rate, wenn die Raten 1 bis 29 auf volle 10 € aufgerundet werden sollen?

4

Zur Finanzierung einer neuen Wohnzimmereinrichtung in Höhe von 18 000 € schlägt die Bank einen Kleinkredit vor. Es sollen 0,42 % Zinsen pro Monat und eine Bearbeitungsgebühr von 2 % bezahlt werden. Die Laufzeit beträgt 36 Monate.
Wie hoch sind die restlichen Raten, wenn die erste Rate mit 781,60 € berechnet wird?

5

Frau Guse hat berechnet, dass sie monatlich nicht mehr als 300 € für einen Kredit zurückzahlen kann.
Welchen Betrag kann sie sich höchstens leihen, wenn die Rückzahlung nach 24 Raten abgeschlossen sein soll und die Bank neben 2 % Bearbeitungsgebühr einen Zinssatz von 0,39 % pro Monat berechnet?
Runde den Kreditbetrag auf volle 100 €.

Effektiver Jahreszinssatz

Da beim Kleinkredit die Zinsen stets für den vollen Kreditbetrag berechnet werden, die laufenden Rückzahlungen (Tilgungen) also nicht berücksichtigt werden, lässt sich der angegebene Zinssatz nur schwer mit den üblichen Zinssätzen der Bank vergleichen. Deshalb ist das Kreditinstitut nach dem Verbraucherkreditgesetz verpflichtet, einen Vergleichswert für den Zinssatz anzugeben. Dieser Wert wird als **effektiver Jahreszins** bezeichnet.
Dabei werden neben dem Kreditbetrag die Zinsen, die Laufzeit und die Bearbeitungsgebühr in der Berechnung berücksichtigt. Der effektive Jahreszins wird von der Bank mit dem Computer oder aus Tabellen ermittelt.
So kann der Kunde die Bedingungen verschiedener Kreditangebote besser vergleichen.
Beispiel:
Ein Zinssatz von 0,4 % pro Monat entspricht bei einer Laufzeit von 12 Monaten nicht 0,4 % · 12 = 4,8 %, sondern einem effektiven Jahreszinssatz von 13,32 %. Bei 36 Monaten Laufzeit ergibt sich in diesem Fall ein effektiver Jahreszinssatz von 10,69 %.

Effektivzinssatz

Zusätzlich wird eine Bearbeitungsgebühr von 2 % erhoben.

Zinssatz % pro Monat	Effektiver Jahreszinssatz in % bei einer Laufzeit von Monaten:			
	⑨	⑫	㉔	㊱
0,30	11,72	10,85	9,01	8,33
0,34	12,66	11,83	9,97	9,27
0,35	12,89	12,08	10,21	9,51
0,36	13,13	12,33	10,45	9,75
0,40	14,07	13,32	11,42	10,69
0,42	14,54	13,82	11,91	11,16
0,45	15,26	14,57	12,64	11,87
0,48	15,98	15,33	13,37	12,58
0,50	16,46	15,84	13,86	13,06
0,55	17,66	17,12	15,09	14,25
0,60	18,88	18,42	16,33	15,44

Versandhäuser oder Händler bieten beim Kauf oft eine **Zahlung in Raten** an, um dadurch dem Käufer ein attraktives Angebot zu machen. Diese Zahlungsart ist auch eine Form von Kredit, die der Verkäufer dem Kunden bietet.
Für das Aufschieben der Zahlung muss ein Aufpreis bezahlt werden, der den Teilzahlungspreis bestimmt.
Der Aufpreis ergibt sich aus dem Zinsaufschlag pro Monat, der Höhe des Kaufpreises und der Laufzeit. Manche Versandhäuser geben bei den Teilzahlungspreisen auch den effektiven Jahreszinssatz an.

Oft wird die monatliche Rate gerundet und die Gesamtdifferenz der 1. Rate zugeschlagen bzw. abgezogen.

Die Berechnung des Teilzahlungspreises und der monatlichen Rate soll an einem Beispiel gezeigt werden.
Der Preis eines Videorecorders beträgt im Katalog 499,00 €.
Bei Ratenzahlung wird ein Kreditaufschlag von 0,72 % pro Monat auf den Kaufpreis erhoben. Der Kunde wählt eine Laufzeit von 12 Monaten.

	Kaufpreis des Videorecorders	499,00 €
+	Kreditzuschlag bei 12 Monatsraten 12 · 0,0072 · 499 € =	43,11 €
	Teilzahlungspreis	455,89 €
	Höhe einer Monatsrate 455,89 € : 12 =	37,99 €

1

Ein Versandhaus hat folgende Zahlungsbedingungen:
Bei Barzahlung können vom Katalogpreis 3 % Rabatt abgezogen werden. Bei Ratenzahlung werden auf die Kaufsumme 0,70 % pro Monat aufgeschlagen. Man kann zwischen 3, 6, 9, 12 und 18 Monatsraten wählen. Familie Hörmann bestellt Waren für insgesamt 1 435,00 €.
a) Berechne den Barzahlungspreis und den Rabatt in Euro.
b) Berechne die Teilzahlungspreise für 3, 6, 9, 12 und 18 Monate.
c) Wie viel spart Familie Hörmann bei Barzahlung im Vergleich zu den verschiedenen Teilzahlungspreisen?
d) Wie hoch sind die monatlichen Raten bei den unterschiedlichen Laufzeiten?
e) Um wie viel Prozent liegen die Teilzahlungspreise über dem Kaufpreis bzw. über dem Barzahlungspreis?

2

Beim Kauf einer Kücheneinrichtung bekommt Herr Mühlberger zwei verschiedene Angebote.
Die Küche kostet 4 850,00 €.
Das Versandhaus bietet eine Ratenzahlung in 18 Monatsraten an mit einem monatlichen Zinssatz von 0,79 % auf die Kaufsumme.
Der Einzelhändler schlägt 18 Monatsraten zu je 305,00 € vor.
a) Berechne jeweils den Teilzahlungspreis und den Teilzahlungsaufschlag der beiden Angebote.
b) Wie hoch ist die monatliche Rate bei dem Versandhausangebot?
c) Um wie viel Prozent liegt der Kaufpreis unter dem Teilzahlungspreis?
d) Wie hoch ist der monatliche Zinssatz bei dem Angebot des Einzelhändlers, wenn man von der Ratenhöhe von 305,00 € ausgeht?

Barzahlungs- bzw. Kaufpreis €	Teilzahlungspreise in € bei Zahlung in Monatsbeiträgen				
	3	5	7	9	12
	Mindestbestellwert €				
	150.–	250.–	350.–	450.–	600.–
1.00	1.02	1.04	1.05	1.07	1.09
5.00	5.11	5.19	5.26	5.34	5.45
10.00	10.23	10.38	10.53	10.68	10.90
50.00	51.13	51.88	52.63	53.38	54.50
100.00	102.25	103.75	105.25	106.75	109.00
150.00	153.38				
200.00	204.50				
250.00	255.63	259.38			
300.00	306.75	311.25			
350.00	357.88	363.13	368.38		
400.00	409.00	415.00	421.00		
450.00	460.13	466.88	473.63	480.38	
500.00	511.25	518.75	526.25	533.75	
550.00	562.38	570.63	578.88	587.13	
600.00	613.50	622.50	631.50	640.50	654.00
650.00	664.63	674.38	684.13	693.88	708.50
700.00	715.75	726.25	736.75	747.25	763.00
750.00	766.88	778.13	789.38	800.13	817.50
800.00	818.00	830.00	842.00	854.00	872.00
850.00	869.13	881.88	894.63	907.38	926.50
900.00	920.25	933.75	947.25	960.75	981.00
950.00	971.38	985.63	999.88	1014.13	1035.50
1000.00	1022.50	1037.50	1052.50	1067.50	1090.00
1500.00	1533.75	1556.25	1578.75	1601.25	1635.00
2000.00	2045.00	2075.00	2105.00	2135.00	2180.00
2500.00	2556.25	2593.75	2631.25	2668.75	2725.00
3000.00	3067.50	3112.50	3157.50	3202.50	3270.00
Zinsaufschlag: 0.75 % pro Monat x Laufzeit					
	Effektiver Jahreszins %				
	13.7	15.4	16.4	17.1	18.0

3

Die Tabelle ermöglicht, die Teilzahlungspreise zu ermitteln. Dazu wird der Kaufpreis entsprechend zerlegt und die einzelnen Teilzahlungspreise werden addiert.
Beispiel: Kaufpreis von 716,00 € bei 9 Monaten

1-mal 700,00 €	747,25 €
1-mal 10,00 €	10,68 €
1-mal 5,00 €	5,34 €
1-mal 1,00 €	1,07 €
Teilzahlungspreis	764,34 €

Berechne den Teilzahlungspreis mit Hilfe der Tabelle und überprüfe dein Ergebnis durch die herkömmliche Rechnung.

	3 Raten	7 Raten	9 Raten
274 €			
586 €			
1874 €			

4

Das Versandhaus Blumental bietet bei unterschiedlicher Anzahl der Raten auch unterschiedliche Zinssätze an. Zusätzlich wird zwischen Bestellwerten bis zu 2 000,00 € und ab 2 000,00 € unterschieden.

Bestellwert / Raten	bis 2 000 €	ab 2 000 €
2 bis 4	0,59 % p. M.	0,43 % p. M.
5 bis 7	0,61 % p. M.	0,46 % p. M.
8 bis 12	0,63 % p. M.	0,52 % p. M.

a) Berechne den Teilzahlungspreis
für: Bestellwert   Anzahl der Raten
         870,00 €   6
       1 130,50 €   8
       1 200,00 €   11
       2 800,00 €   3

b) Berechne die Unterschiede zwischen den Teilzahlungspreisen für einen Bestellwert von 1 350,00 € bei 3, 6 und 9 Monatsraten.

c) Berechne die Monatsraten bei einem Bestellwert von 2 400,00 € bei 4 und 5 Raten.

d) Berechne den Teilzahlungspreis für 1 990 € und 2 010 € bei jeweils 12 Monaten. Erkläre das Ergebnis.

5

Familie Theurer möchte sich eine Stereoanlage kaufen. Die Kosten in Höhe von 4 800 € wollen sie finanzieren. Sie haben dazu verschiedene Angebote eingeholt.

Girokonto
Kreditrahmen   10 000 €
Zinsen p. a.   12,5 %

Ratenzahlung
Zinsaufschlag:
0,75 % p. M. bei 9 Raten

Kleinkredit
2 % Bearbeitungsgebühr
0,42 % Zinsen p. M. bei 9 Monaten Laufzeit

a) Berechne beim Kleinkredit den Rückzahlungsbetrag und die Höhe der monatlichen Raten.
b) Berechne beim Ratenkauf den Teilzahlungspreis und die Höhe der Raten.
c) Erstelle einen Tilgungsplan für das Girokonto. Lege eine monatliche Zahlung von 575 € für Zins und Tilgung zugrunde.

Die Gehaltsabrechnung zeigt, wie sich das Monatseinkommen einer Angestellten in einem Grafikatelier errechnet.

Jeder Arbeitnehmer muss von seinem Verdienst, dem so genannten **Bruttolohn,** gesetzlich festgelegte Abgaben bezahlen. Der Staat erhält die **Lohnsteuer,** die sich nach der Höhe des Einkommens richtet, und derzeit auch den **Solidaritätszuschlag.** Die **Kirchensteuer,** die in der Regel 8% der Lohnsteuer beträgt, wird ebenfalls vom Einkommen abgezogen. Zusätzlich gehören noch die gesetzlich festgelegten Beiträge zur **Kranken-, Pflege-, Renten-** und **Arbeitslosenversicherung** zu den Lohnabzügen. Der verbleibende Betrag ist der **Nettolohn.** Von den **Sozialversicherungsbeiträgen** bezahlt der Arbeitgeber wie der Arbeitnehmer jeweils die Hälfte. Für die Firma oder den Betrieb zählt dies zu den **Lohnnebenkosten.**

Für einen Bruttolohn ergibt sich folgende Gehaltsabrechnung:

	Brutto	**2620,00 €**
Steuern { Lohnsteuer / Kirchensteuer / Solidaritätszuschlag		
Sozialabgaben { Krankenversicherung / Pflegeversicherung / Rentenversicherung / Arbeitslosenversicherung		
	Netto	**1483,57 €**

Aus Brutto wird Netto
Rechne bei allen Aufgaben mit diesen Werten.

Gültig ab 1.1.2000:
Kirchensteuer 8% der Lohnsteuer
Solidaritätszuschlag 5,5% der Lohnsteuer
Krankenvers. 6,75% des BL
Pflegeversicherung 0,85% des BL
Rentenvers. 9,65% des BL
Arbeitslosenvers. 3,25% des BL

Diese Daten ändern sich ständig. Zudem sind bei der genauen Ermittlung noch bestimmte Mindest- und Höchstgrenzen zu beachten. Erkundige dich nach den aktuellen Abgaben.

Berechnung des Nettolohns:

Bruttolohn (BL)		**2620,00 €**
Lohnsteuer (laut Lohnsteuertabelle)		528,04 €
Kirchensteuer (8% der Lohnsteuer)	528,04 · 0,08	42,24 €
Solidaritätszuschlag (5,5% der Lohnsteuer)	528,04 · 0,055	29,04 €
Krankenversicherung (6,75% des BL)	2620,00 · 0,0675	176,85 €
Pflegeversicherung (0,85% des BL)	2620,00 · 0,0085	22,27 €
Rentenversicherung (9,65% des BL)	2620,00 · 0,0965	252,83 €
Arbeitslosenversicherung (3,25% des BL)	2620,00 · 0,0325	85,15 €
Nettolohn (NL)		**1483,57 €**

(Kranken-, Pflege-, Renten-, Arbeitslosenversicherung zusammen 20,5%)

1 €
Berechne den Nettolohn.
a) Bruttolohn 1 300,– €
   Lohnsteuer 114,– €
b) Bruttolohn 2 400,– €
   Lohnsteuer 460,– €
c) Bruttolohn 3 300,– €
   Lohnsteuer 812,– €
d) Bruttolohn 3 950,– €
   Lohnsteuer 1 050,– €

2 €
Herr Janke hat im vergangenen Monat als Monteur an 23 Tagen täglich 8,5 Stunden zu einem Stundenlohn von 14,85 € gearbeitet.
a) Berechne den Bruttoverdienst.
b) Wie hoch ist die Kirchensteuer bei 630 € Lohnsteuer?
c) Wie hoch ist der Nettolohn? Lege dazu die Angaben auf dem Rand zugrunde.

LOHNABZÜGE

Unter bestimmten Umständen, z. B. zur Sicherung des Existenzminimums, wird keine oder nur eine geringe Lohnsteuer gezahlt. Davon sind insbesondere auch Auszubildende betroffen.

Die Beiträge für die Steuern werden einer Tabelle entnommen. Dabei werden verschiedene Steuerklassen unterschieden, so gilt z. B. die Steuerklasse I für Ledige. Auch die Anzahl der Kinder wird bei der Verrechnung berücksichtigt.

Monat Lohn/Gehalt bis €	Steuerklasse	ohne Kinderfreibeträge		
		Lohnsteuer	SolZ 5,5 %	Kirchensteuer 8 %
1.622,33	I,IV	214,00	11,77	17,12
	II	147,63	8,12	11,81
	III	18,75		1,50
	V	464,08	25,52	37,13
	VI	497,83	27,38	39,83
1.624,58	I,IV	214,67	11,81	17,17
	II	148,25	8,15	11,86
	III	19,75		1,58
	V	465,00	25,58	37,20
	VI	498,83	27,44	39,91
1.626,83	I,IV	215,33	11,84	17,23
	II	148,88	8,19	11,91
	III	19,75		1,58
	V	465,83	25,62	37,27
	VI	499,75	27,49	39,98
1.629,08	I,IV	216,00	11,88	17,28
	II	149,46	8,22	11,96
	III	20,83		1,67
	V	466,75	25,67	37,34
	VI	500,67	27,54	40,05
1.631,33	I,IV	216,63	11,91	17,33
	II	150,08	8,25	12,01
	III	20,83		1,67
	V	467,67	25,72	37,41
	VI	501,58	27,59	40,13
1.633,58	I,IV	217,29	11,95	17,38
	II	150,71	8,29	12,06
	III	20,83		1,67
	V	468,67	25,78	37,49
	VI	502,50	27,64	40,20

Auszug aus einer Lohnsteuertabelle

3 €
Im 1. Lehrjahr erhält Ute eine Ausbildungsvergütung in Höhe von 575 € brutto.
a) Berechne die Beiträge der einzelnen Sozialabgaben.
b) Ute bezahlt keine Lohnsteuer. Berechne den Nettolohn.
c) Um wie viel Prozent liegt der Nettolohn unter dem Bruttolohn?

4 €
Antonia erhält als Auszubildende im 2. Lehrjahr von 690 € Ausbildungsvergütung 548,55 € ausbezahlt.
a) Um wie viel Prozent liegt der Bruttolohn über dem Nettolohn?
b) Wie hoch sind die einzelnen Sozialabgaben?
c) Wie viel Euro Lohn- bzw. Kirchensteuer werden Antonia berechnet? Sie liegt unterhalb der Bemessungsgrenze, daher zahlt sie keinen Solidaritätszuschlag.

5 €
Berechne die Bruttovergütung von Kai, wenn nach Abzug der Steuern in Höhe von 284,93 € und der Sozialversicherungsbeiträge noch 1 121,42 € netto übrig bleiben.

6 €
Herr Simon weiß, dass sich die Kirchensteuer, die 8 % der Lohnsteuer beträgt, bei ihm auf 50 € beläuft. Außerdem macht sein Nettolohn 54,96 % seines Bruttolohns aus. Berechne seinen Bruttolohn.

7 €
Adriana erhält als Berufsanfängerin einen Bruttolohn von 1 700 € und einen Nettolohn von 1 089,34 €.
a) Berechne die Lohnsteuer in Euro und in Prozent bezogen auf den Bruttolohn.
b) Durch eine Lohnerhöhung stieg auch der Prozentsatz der Lohnsteuer. Der Nettolohn beträgt nun 1 120,72 €, die Lohnsteuer 250,96 €. Berechne die Erhöhung des Bruttolohns und den neuen Prozentsatz der Lohnsteuer.

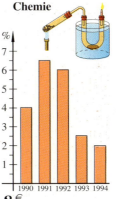
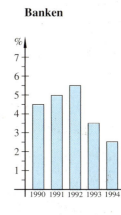

8 €
Die Abbildung gibt die jährliche prozentuale Steigerung der Gehälter in der Chemiebranche und dem Bankgewerbe an.
a) 1990 erhielt ein Angestellter einer bestimmten Tarifgruppe in der Chemiebranche 2 135 €. Gib die Gehälter in den Jahren 1991 bis 1994 an.
b) Eine Bankangestellte einer bestimmten Tarifgruppe erhielt 1994 ein Gehalt von 2 275 €. Gib die Gehälter in den Jahren 1990 bis 1993 an.

9 €
Frau Carstens, die monatlich 1 980 € brutto verdient, erhält eine Lohnerhöhung von 3,7 %. Dadurch erhöht sich die Lohnsteuer von 315 € auf 338 €.
a) Berechne den neuen Nettolohn.
b) Um wie viel Prozent hat sich der Nettoverdienst erhöht?
c) Wie viel Prozent des Bruttolohns machen jetzt die Steuern insgesamt aus?

10 €

Abrechnung **Mai**	
Bruttogehalt	2347 €
Lohnsteuer	434 €

Abrechnung **Juni**	
Bruttogehalt	2413 €
Lohnsteuer	456 €

a) Um wie viel Prozent ist das Bruttogehalt gestiegen, um wie viel Prozent die Lohnsteuer?
b) Berechne jeweils den Nettolohn. Um wie viel Prozent ist der Nettolohn gestiegen?
c) Um wie viel Prozent sind die Lohnabzüge insgesamt gestiegen?

Ein Bekleidungshaus bezieht von einem Großhändler Sweatshirts zum Preis von 33,00 € pro Stück. Um den Verkaufspreis festzulegen, rechnet die Geschäftsleitung mit innerbetrieblichen Kosten in Höhe von 25 % und mit einer Gewinnspanne von 12 %. Auf diesen Verkaufspreis wird noch der gesetzlich vorgeschriebene Mehrwertsteuersatz von 16 % erhoben.

Eine Firma bestimmt ihre Warenpreise durch eine **Kalkulation**. Dabei kommen zum **Bezugspreis** einer Ware die anfallenden **Geschäftskosten** hinzu. Daraus ergibt sich der **Selbstkostenpreis** der Ware. Der Selbstkostenpreis wird um den **Gewinn** erhöht. Auf den so entstandenen **Verkaufspreis** wird der gesetzliche Mehrwertsteuersatz von derzeit 16 % erhoben. Dies ergibt den **Endpreis** der Ware.

Kalkulationsschema

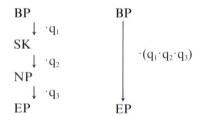

Sind die Geschäftskosten, der Gewinn und die Mehrwertsteuer als Prozentsätze bekannt, lässt sich leicht mit dem Prozentfaktor rechnen.

Bezugspreis (BP)	BP	BP
+ Geschäftskosten (GK) in p % des BP	↓ ·q_1	
Selbstkosten (SK)	SK	
+ Gewinn (Gw) in p % der SK	↓ ·q_2	·($q_1·q_2·q_3$)
Nettopreis (NP)	NP	
+ Mehrwertsteuer (MwSt.) 16 % des NP	↓ ·q_3	
Endpreis (EP) oder Bruttopreis	EP	EP

„Vorwärtskalkulation"

Eine Firma bestellt Fahrradhelme für Kinder zum Stückpreis von 23,50 €. Sie kalkuliert mit 35,8 % Geschäftskosten, 10 % Gewinn und 16 % Mehrwertsteuer.
Der Preis, zu dem der Helm angeboten wird, errechnet sich aus:
EP = 23,50 · 1,358 · 1,10 · 1,16 €
EP = 40,72 €

Die Firma kann einen Helm für 40,72 € anbieten.

„Rückwärtskalkulation"

Eine Firma bietet Computertische zum Endpreis von 189 € an. Darin sind 27 % Geschäftskosten, 8 % Gewinn und 16 % MwSt. enthalten. Der Preis, zu dem der Händler eingekauft hat, errechnet sich aus:

BP = $\frac{189}{1,16 · 1,08 · 1,27}$ €

EP = 118,79 €

Der Händler bezieht einen Tisch um 118,79 €.

PREISKALKULATION

1 €
Ilknur arbeitet in einem Computerfachgeschäft. Sie erhält den Auftrag, Preise zu berechnen. Die Firma bezieht einen Computer zum Preis von 1077,00 €. Die Kalkulationsvorgaben sind:
Geschäftskosten: 36 % vom Bezugspreis
Gewinn: 15 % vom Selbstkostenpreis
Mehrwertsteuer: 16 % vom Nettopreis
a) Berechne den Selbstkostenpreis, den Nettopreis und den Endpreis.
b) Der Bezugspreis für einen Monitor liegt bei 482,50 €. Berechne den Endpreis unter den gleichen Kalkulationsvorgaben.
c) Wie viel Prozent liegt der Endpreis des Monitors über dem Bezugspreis?

2 €
Der Preis für ein Zelt beträgt mit 16 % MwSt. 460 €. Das Sporthaus Hoch bezog das Zelt zum Preis von 330 € und kalkuliert mit 12 % Geschäftskosten.
a) Berechne den Gewinn in Prozent und in Euro.
b) Im Räumungsverkauf wird das Zelt 5 % unter den Selbstkosten verkauft. Berechne diesen Sonderpreis.

3 €
Ein Computerhändler bietet ein Softwarepaket zum Preis von 345,00 € (Endpreis) an. Er bezahlt einen Bezugspreis von 212,50 €. Berechne die Geschäftskosten in Euro und in Prozent, wenn der Händler mit einem Gewinn von 34,75 € kalkuliert.

4 €
Ein Schreibwarengeschäft bezieht Taschenrechner um 31,50 € das Stück und verkauft sie einschließlich 16 % Mehrwertsteuer für 49,90 €. Auf Geschäftskosten und Gewinn entfallen die gleich hohen Euro-Beträge.
a) Gib die Geschäftskosten und den Gewinn in Euro und in Prozent an.
b) Berechne den Bruttopreis für einen Taschenrechner, wenn der Gewinn 10 % höher als die Geschäftskosten kalkuliert wird.

5 €
Berechne die fehlenden Angaben.

	Snowboard	Fernsehgerät	Mountainbike
BP (€)	222 €	815 €	425 €
GK (%)	27,5 %	25 %	☐
SK (€)	☐	☐	☐
Gw (%)	16 %	☐	18 %
NP (€)	☐	☐	☐
MwSt. (%)	16 %	16 %	16 %
EP (€)	☐	1 288 €	768 €

6 €
Ein Laserdrucker wird um 749 € angeboten. Wie hoch ist der Bezugspreis bei 21 % Geschäftskosten, 25 % Gewinn und 16 % MwSt.?

7 €
Bei einer Kompaktkamera kalkuliert der Händler für Gewinn und Geschäftskosten die gleichen Prozentsätze. Der Bezugspreis beträgt 153 € und der Endpreis 248 €. Wie hoch sind bei 16 % MwSt. die Prozentsätze und Euro-Beträge für Geschäftskosten und Gewinn?

8 €
Der Bezugspreis einer Ware beträgt 320,00 €. Der Gewinn in Euro beträgt das Eineinhalbfache der Geschäftskosten in Euro. Der Endpreis (inklusive 16 % MwSt.) beträgt 519,68 €. Berechne die Geschäftskosten und den Gewinn in Euro.

Rückspiegel

1
Drücke die Veränderung mit Hilfe des Faktors q aus.
a) +12 % b) −3 % c) +4,2 %
d) −13,7 % e) +0,01 % f) −0,5 %

2
Berechne den Grundwert.
a) vermehrter Grundwert   Veränderung
   366 € (490,50 €)   +22 % (+9 %)
b) vermind. Grundwert   Veränderung
   561 € (533,50 €)   −15 % (−3 %)

3
Der angegebene Listenpreis erhöht sich um 16 % MwSt. Berechne den Endpreis.
a) 460 € b) 72,60 € c) 380,40 €
d) 77,30 € e) 23,12 € f) 212,50 €

4
Wie viel Euro Mehrwertsteuer sind im Endpreis enthalten?
a) 104,40 € b) 52,20 € c) 30,16 €
d) 59,86 € e) 49,07 € f) 83,23 €

5
a) 4 200 € werden bei einem Zinssatz von 6,5 % für ein halbes Jahr angelegt. Berechne das angewachsene Guthaben.
b) Wie lange müssen 2 400 € bei 4,5 % angelegt werden, um 405 € Zinsen zu erbringen?

6
Berechne die fehlenden Größen.

K_0	650 €		9 200 €
K_n		5 206,33 €	14 580,98 €
p %	4,2 %	6,5 %	
n	4 Jahre	5 Jahre	7 Jahre

7
Familie Sommer legt ein Kapital von 24 000 € zu folgenden Zinssätzen an:
1. Jahr 2. Jahr 3. Jahr 4. Jahr
 3,5 %   4,0 %   4,75 %   6,0 %
Auf welchen Betrag wächst das Kapital nach 4 Jahren an? Berechne die Zinsbeträge der einzelnen Jahre.

8
Ein Ratensparvertrag wird zu folgenden Bedingungen abgeschlossen:
Jahresrate: 1 600 €
Zinssatz: 6,25 %
Laufzeit: 5 Jahre
Berechne das angesparte Guthaben nach Ablauf der 5 Jahre.

9
Monatliches Ratensparen:
Rate: 250 €
jeweils am 1. eines Monats
Zinssatz: 4,5 %   Laufzeit: 3 Jahre
Berechne das Guthaben am Ende der Laufzeit des Vertrages.

10
Erstelle einen Tilgungsplan für die ersten 4 Jahre.
Darlehen: 120 000 €   Zinssatz: 7,2 %
Rückzahlungsrate: 13 440 €
Berechne jeweils Zinsen, Tilgung und Restschuld.

11
Für einen Kleinkredit über 4 200 € werden bei einer Laufzeit von 24 Monaten eine Bearbeitungsgebühr von 2 % und ein Zinssatz von 0,46 % pro Monat berechnet. Berechne den Rückzahlungsbetrag und die Höhe der einzelnen Raten.

12
Monika arbeitet in einem Speditionsbüro. Sie bezieht ein Bruttogehalt von 2175,00 €. Ihre Steuerabgaben betragen insgesamt 423,64 €. Die Sozialabgaben betragen insgesamt 20,5 % vom Bruttolohn. Berechne den Nettolohn. Wieviel Prozent vom Bruttolohn sind dies?

13
a) Berechne den Endpreis.
Bezugspreis: 420 €   Geschäftskosten: 24 %
Gewinn: 10 %   MwSt.: 16 %
b) Berechne den Bezugspreis.
Geschäftskosten: 24 %   Gewinn: 24,40 €
MwSt.: 16 %   Endpreis: 121,80 €

KEINE ANGST VOR TESTS

Wer sich um einen Arbeitsplatz bewirbt und zu einem Einstellungsgespräch geladen wird, bekommt häufig auch einen Test vorgelegt. Die Ergebnisse dienen neben dem Gespräch, den Zeugnissen der Schule und dem persönlichen Eindruck als Entscheidungshilfe für die Einstellung. Diese Tests setzen sich meistens aus drei Teilen zusammen: Intelligenztest, Konzentrations-/Belastungstest und der Überprüfung von allgemeinen Kenntnissen. So werden u. a. das räumliche Vorstellungsvermögen, das logische Denken, die Rechenfähigkeit, das Tempo bei Routineaufgaben, aber auch das Wissen um Rechtschreibung und Grammatik geprüft. Auch ist es hilfreich, zu wissen, dass der Eiffelturm in Paris steht und Stockholm die Hauptstadt von Schweden ist. Aus dem Bereich Mathematik sind einige Beispiele ausgewählt und vorgestellt – für einen ersten Versuch.

1 Zahlenreihen ergänzen

Welche Zahlen setzen die Zahlenreihen logisch fort?
Tipp: Suche in den Differenzen eine Regel!

Beispiel: $4 \underset{+2}{} 6 \underset{+3}{} 9 \underset{+2}{} 11 \underset{+3}{} 14 \underset{+2}{} \boxed{16}$

a) 5   6   8   11   15   ☐   ☐
b) 8   10   9   11   10   ☐   ☐
c) 10   11   9   12   8   ☐   ☐
d) 7   12   19   28   39   ☐   ☐
e) 11   14   8   17   5   ☐   ☐
f) 5   6   3   5   2   ☐   ☐

2 Zahlenreihen ergänzen

Tipp: Hier helfen Differenzen allein nicht!

Beispiel: $54 \underset{-2}{} 52 \underset{:2}{} 26 \underset{-2}{} 24 \underset{:2}{} 12 \underset{-2}{} \boxed{10}$

a) 5   15   10   30   25   ☐   ☐
b) 3   6   18   72   360   ☐   ☐
c) 4   16   8   32   16   ☐   ☐
d) 2   5   11   23   47   ☐   ☐
e) 25   20   40   30   60   45   ☐
f) 58   29   34   17   22   11   ☐
g) 7   14   17   13   26   29   ☐

3 Regelmäßigkeiten erkennen

Welche Zahl oder welcher Buchstabe passt nicht in die folgende Reihe?
Beispiel: 14   21   ~~27~~   35   42   49
Die Zahl 27 ist kein Vielfaches von 7!

a) 22   18   15   12   8   4   2
b) AA   1   B   2   CC   3   DD
c) Az   Bx   Cx   Dw   Ev   Fu   Gt
d) 3   5   9   11   13   17   19
e) l   m   p   r   t   v   x
f) 2   a   4   B   8   c   16
g) 1   10   11   100   111   110   111

4 Zahlenrätsel

Dasselbe Symbol in einer Aufgabe bedeutet immer dieselbe Ziffer.
Beispiel: △ · △ = □ △
6 · 6 = 3 6

a) □ + □ + □ = △ □
b) □ □ : △ △ = □
c) □ + $\frac{□}{□}$ + □ □ = 25
d) □ □ $\frac{□□}{□□}$ = 100
e) □ □ · □ □ = □ ○ □
f) $\frac{3}{□} + \frac{4}{□} + □ = 15 - □$

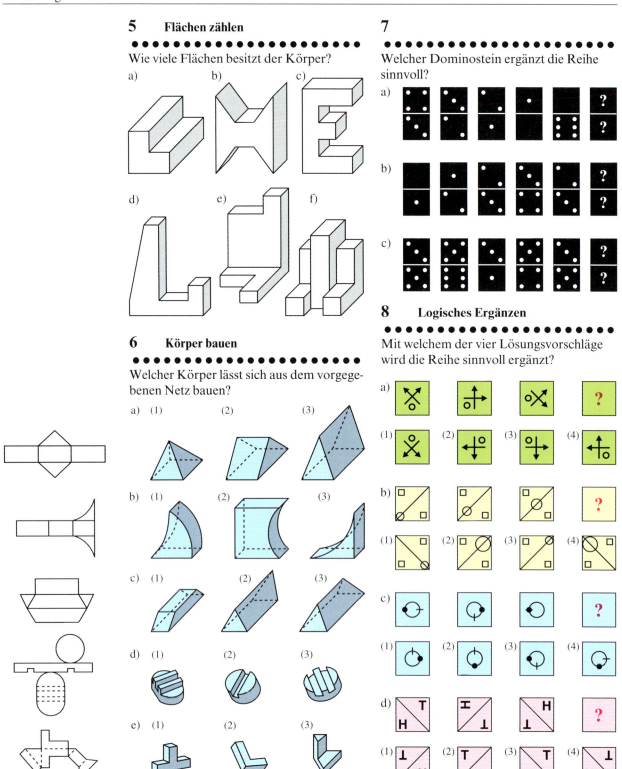

Keine Angst vor Tests

9 Verdrehte Würfel

Welcher Würfel ist durch Kippen, Drehen oder Kippen und Drehen aus dem Ausgangswürfel entstanden?

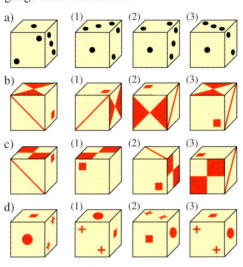

11 Räder und Treibriemen

Das Antriebsrad A dreht sich in Pfeilrichtung. In welche Richtung bewegt sich B?

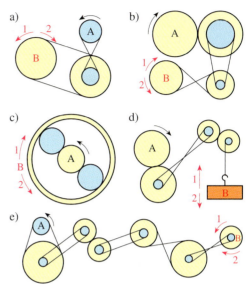

10 Ansichten

Wie sehen die Körper von oben, hinten oder von der Seite aus?

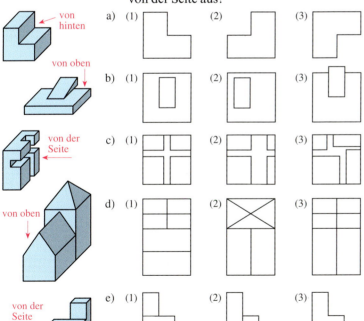

Geschafft!?

Wenn Euch mehr als diese kleine Kostprobe interessiert, fragt einmal Eure Lehrerinnen und Lehrer. Sie können Euch sicherlich sagen, wo Ihr Bücher und Broschüren zum Thema **Test** erhalten könnt.
Vielleicht ist auch in der Schülerbücherei Einiges vorhanden.

Lösungen zu diesen Testaufgaben befinden sich auf S. 206.

Lösungen

Wiederholung, Seite 7

1
a) $ab + 6a + 2b + 12$
b) $xy - 5x + 3y - 15$
c) $rs + 11r - 7s - 77$
d) $5n - 60 - mn + 12m$
e) $27ac + 36ad - 18bc - 24bd$
f) $-mr - 2ms - 5ur - 10us$
g) $-4xz + 12yz - 5x^2 + 15xy$
h) $vs + vt + ws + wt$

2
a) $8x^2 - 50y^2$
b) $5r^2 - 8s^2 - 9t^2 - 6rs - 12rt - 18st$
c) $-2x^2 - 6x + 28$
d) -65

3
a) $25 + 10a + a^2$
b) $x^2 - 14x + 49$
c) $9s^2 + 42st + 49t^2$
d) $25x^2 - 80xy + 64y^2$
e) $2,25e^2 + 12ef + 16f^2$
f) $6,25p^2 - 15pq + 9q^2$
g) $\frac{1}{4}a^2 + \frac{1}{2}ab + \frac{1}{4}b^2$
h) $\frac{1}{16}v^2 - \frac{1}{6}vw + \frac{1}{9}w^2$

4
a) $9a^2 - b^2$
b) $169x^2 - 0,81y^2$
c) $2,25c^2 - 196d^2$
d) $1,69d^2 - 2,89$
e) $\frac{1}{25}x^2 - \frac{1}{16}y^2$

5
a) $169 + 130x + 25x^2 = (13 + 5x)^2$
b) $9x^2 - 6ax + a^2 = (3x - a)^2$
c) $36a^2 - 108ab + 81b^2 = (6a - 9b)^2$
d) $25y^2 - 10y + 1 = (5y - 1)^2$
e) $225y^2 + 12xy + 0,16x^2 = (15y + 0,4x)^2$
f) $9f^2 + 6,25g^2 - 15fg = (3f - 2,5g)^2$

6
a) $(x + 2y)^2 = x^2 + 4xy + 4y^2$
b) $(3u + 4v)^2 = 9u^2 + 24uv + 16v^2$
c) $(9p - 8r)^2 = 81p^2 - 144pr + 64r^2$
d) $(\frac{1}{2}x + \frac{3}{5}y)(\frac{1}{2}x - \frac{3}{5}y) = \frac{1}{4}x^2 - \frac{9}{25}y^2$

7
a) $50x^2 - 228x + 314$
b) $-33x^2 + 112x + 33$
c) $1,78a^2 - 1,42ab + 27,89b^2$
d) -625
e) $-175x^2 + 448y^2$
f) $0,36h^2 + 6,48hi + 0,36i$

8
a) $(a + 5)^2$
b) $(9x - 4y)^2$
c) $(0,5u - 1,2v)^2$
d) $(3p + 9q)(3p - 9q)$
e) $(16v + 20w)(16v - 20w)$
f) $(\frac{1}{4}a + \frac{3}{11}b^2)(\frac{1}{4}a - \frac{3}{11}b^2)$

Wiederholung, Seite 8

9

a)
x	−3	−2	−1	0	1	2	3
$\frac{2x}{x+1}$	3	4	⚡	0	1	$\frac{4}{3}$	$\frac{3}{2}$

b)
x	−3	−2	−1	0	1	2	3
$\frac{3x}{2x+4}$	$\frac{9}{2}$	⚡	$-\frac{3}{2}$	0	$\frac{1}{2}$	$\frac{3}{4}$	$\frac{9}{10}$

c)
x	−3	−2	−1	0	1	2	3
$\frac{x-3}{3x-6}$	$\frac{2}{5}$	$\frac{5}{12}$	$\frac{4}{9}$	$\frac{1}{2}$	$\frac{2}{3}$	⚡	0

d)
x	−3	−2	−1	0	1	2	3
$\frac{2x}{x(x+2)}$	−2	⚡	2	⚡	$\frac{2}{3}$	$\frac{1}{2}$	$\frac{2}{5}$

e)
x	−3	−2	−1	0	1	2	3
$\frac{3-x}{2x(x-1)}$	$\frac{1}{4}$	$\frac{5}{12}$	1	⚡	⚡	$\frac{1}{4}$	0

f)
x	−3	−2	−1	0	1	2	3
$\frac{5x-8}{(x+1)(x-2)}$	$-\frac{23}{10}$	$-\frac{9}{2}$	⚡	4	$\frac{3}{2}$	⚡	$\frac{7}{4}$

10
a) $D = \mathbb{Q} \setminus \{-1\}$
b) $D = \mathbb{Q} \setminus \{5\}$
c) $D = \mathbb{Q} \setminus \{0; 1\}$
d) $D = \mathbb{Q} \setminus \{0; -1\}$
e) $D = \mathbb{Q} \setminus \{0; 2\}$
f) $D = \mathbb{Q} \setminus \{2\}$

11
a) $3x^2$ b) 20
c) $30x$ d) $324x$

12
a) $\frac{4x+7}{12x}$; $\frac{7x-8}{30x}$; $\frac{2x+1}{x(x+1)}$
b) $\frac{9}{2(2x-1)}$; $\frac{4-5x}{20x(5x-3)}$
c) $\frac{3}{x^2-2x}$; $\frac{3(x^2-1)}{x+1}$; $\frac{x^2-1}{x^2+x}$

13
a) $x = 4$ b) $y = 2,5$
c) $n = -16$ d) $z = 7,5$
e) $s = 2$ f) $x = 24$
g) $x = \frac{5}{2}$ h) $x = 1$

14
a) $x = 7$
b) $y = 2$
c) $x = 51$

15
a) $x = 1\frac{1}{6}$
b) $x = -1$
c) $x = 2$

16
a) $x = 18$
b) $x = 5,5$
c) $y = 2$

17
a) $x = 5$ b) $x = -1$
c) $x = 9$ d) $x = 1$
e) $x = -5$ f) $x = 1,2$
g) $x = 1$ h) $x = -15$
i) $x = 2$

Wiederholung, Seite 9

18
a) $x = e + 5$
b) $x = 3a + 2$
c) $x = -a$
d) $x = 7e$

19
a) $a = \frac{u-2b}{2}$; $b = \frac{u-2a}{2}$
b) $a = \frac{A}{b}$; $b = \frac{A}{a}$
c) $a = \frac{7c-3b}{4}$; $b = \frac{7c-4a}{3}$; $c = \frac{4a+3b}{7}$
d) $a = \frac{bc}{2-b}$; $b = \frac{2a}{a+c}$; $c = \frac{2a-ab}{b}$

Lösungen

20
a) – f) $D = \mathbb{Q} \setminus \{0\}$
a) $x = 4$ b) $x = -6$
c) $x = -2$ d) $x = 4$
e) $x = \frac{1}{2}$ f) $x = \frac{9}{2}$
g) $x = \frac{3}{2}$ $D = \mathbb{Q} \setminus \{-2\}$
h) $x = -2$ $D = \mathbb{Q} \setminus \{\frac{3}{4}\}$
i) $x = 3$ $D = \mathbb{Q} \setminus \{1; -1\}$

21
a) $L = \{(5;11)\}$ b) $L = \{(-2;-1)\}$
c) $L = \{(\frac{7}{3};2)\}$ d) $L = \{(0;-6)\}$

22
a) $L = \{(1;3)\}$ b) $L = \{(10;4)\}$
c) $L = \{(-1,5;3,5)\}$ d) $L = \{(2;2,2)\}$

23
a) $L = \{(5;3)\}$ b) $L = \{(3;6)\}$
c) $L = \{(-1;2)\}$ d) $L = \{(-2;-3)\}$

24
a) $L = \{(0;2)\}$
b) $L = \{(\frac{46}{7};\frac{10}{7})\}$

Für superstarke Rechner und Rechnerinnen:
$L = \{(-\frac{7}{6};\frac{16}{3})\}$
$L = \{(2;3)\}$

Wiederholung, Seite 10

1
a) $A = 35\,cm^2$ b) $A = 30,96\,cm^2$
c) $A = 12\,dm^2$ d) $A = 10,08\,cm^2$

2
a) $b = 4,44\,m$
b) $b = 20,4\,mm$
c) $b = 22\,cm$

3
$h_b = 4,5\,cm$

4
$h_c = 4,32\,cm$
$b = 7,2\,cm$
$u = 21,6\,cm$

5
a) $A = 1,5r^2$; $u = 6r$
b) $A = 12s^2$; $u = 18s$

6
a) $A = 107,73\,cm^2$; $u = 46,8\,cm$
b) $b = 21\,cm$; $A = 1\,848\,cm^2$
c) $a = 7,2\,cm$; $u = 23\,cm$

7
a) $A = 27,54\,cm^2$; $u = 23,24\,cm$
b) $A = 186,24\,m^2$; $u = 71,2\,m$
c) $A = 53\,cm^2$; $u = 41,2\,cm$

8
$0,92\,m$

9
$c = 1,4\,m$; $h = 5,75\,m$

Wiederholung, Seite 11

10
$a = 9\,cm$; $A = 243\,cm^2$

11
$a = 9,5\,cm$

12
$A = 345,45\,m^2$

13
Der Flächeninhalt A ist 6-mal größer.

14
$A = 16\,cm^2$

15
$18\,896,64\,€$

16
a) $A = 10,5\,cm^2$
b) $A = 20,5\,cm^2$

17
$A = 45$ Flächeneinheiten

18
a) $1\,276\,m^2$
b) $900\,m^2$

Wiederholung, Seite 12

1
a) $V = 127,008\,cm^3$
   $O = 186,48\,cm^2$
b) $V = 1\,223,22\,cm^3$
   $O = 1\,125,92\,cm^2$
c) $V = 1\,609,92\,dm^3$
   $O = 945,44\,dm^2$

2
a) $c = 3\,cm$
b) $a = 6,1\,cm$
c) $c = 4,8\,cm$; $a = 2,4\,cm$

3
$V = 118\,724\,cm^3$
Gewicht: $213,7032\,kg$
maximal 112 Schwellen

4
$V = 728,75\,m^3$

5
$V_{alt} = a \cdot b \cdot c$
$V_{neu} = \frac{a}{2} \cdot \frac{b}{2} \cdot \frac{c}{2} = \frac{1}{8} \cdot V_{alt}$
$O_{alt} = 2 \cdot (ab + bc + ac)$
$O_{neu} = 2 \cdot (\frac{a}{2} \cdot \frac{b}{2} + \frac{a}{2} \cdot \frac{c}{2} + \frac{b}{2} \cdot \frac{c}{2}) = \frac{1}{4} O_{alt}$

6
$V = 460\,dm^3$ $O = 17,492\,m^2$

7
$V = 285\,696\,m^3$
Wassermenge: $228\,556,8\,m^3$

8
$80,64\,kg$

Lösungen

Rückspiegel, Seite 36

1
a) $2^7 = 128$ b) $3^5 = 243$
c) $(-7)^3 = -343$
d) $(-10)^5 = -100\,000$
e) $\left(-\frac{2}{3}\right)^4 = \frac{16}{81}$

2
a) $7 \cdot 10^4$ b) $9{,}5 \cdot 10^6$ c) $1{,}084 \cdot 10^7$
d) $3{,}0751 \cdot 10^8$

3
a) $5 \cdot 10^{-5}$ b) $7{,}84 \cdot 10^{-6}$
c) $9{,}082 \cdot 10^{-4}$ d) $-4{,}107 \cdot 10^{-4}$

4
a) $2^8 = 256$ b) $(-3)^5 = -243$
c) $10^4 = 10\,000$
d) $(-100)^5 = -10\,000\,000\,000$
e) $(-5)^4 = 625$ f) $7^3 \cdot 10^3 = 343\,000$
g) $\left(\frac{1}{2}\right)^5 = \frac{1}{32}$ h) $\left(-\frac{1}{2}\right)^9 = -\frac{1}{512}$

5
a) $7^2 = 49$ b) $(-6)^3 = -216$
c) $0{,}5^2 = 0{,}25$ d) $3^3 = 27$
e) $(-5)^4 = 625$ f) $(-2)^9 = -512$

6
a) 2^{12} b) 5^{42} c) $(-3)^9$
d) 3^8 e) $(-7)^{48}$ f) $(-10)^{100}$

7
a) $\frac{1}{4^2}$ b) $\frac{1}{0{,}5^3}$ c) $\frac{1}{x^6}$
d) 2^4 e) $\frac{b^2}{a^3}$ f) $\frac{y^5}{2^2 \cdot x^2}$

8
a) $3^3 = 27$ b) $4^{-2} = \frac{1}{16}$
c) $10^{-4} = \frac{1}{10\,000}$ d) $10^{-3} \cdot 2^{-3} = \frac{1}{8000}$
e) $4^{-4} = \frac{1}{256}$ f) $3^2 = 9$
g) $0{,}2^{-2} = \frac{1}{0{,}04} = 25$ h) $2^{12} = 4096$

9
a) x^3 b) a^{-9} c) $(zv)^{-5}$
d) $a^{-7} \cdot b^{-7}$ e) $6y^{-1}$ f) $(2x)^{-1}$
g) $\left(\frac{1}{3}ab\right)^{-2}$ h) $2{,}25x^2$

10
a) x^6 b) y^{18} c) $\left(\frac{a}{b}\right)^{-3}$
d) 5^{-3} e) $\frac{s^{-3}}{2^{-3}t^{-3}}$ f) $a^{-1} \cdot b^2$

11
a) x^{2n-2} b) $(a \cdot b)^{m-5}$
c) y^{n+1} d) x^{-8m+16}
e) a^{m+1} f) 4^{n-1}
g) $4x^{n-6}$ h) y^{2mn}

12
a) $2x^3 + x^4$ b) $xy^2 - 1$
c) $4 + 2x^2 - 2x$ d) $7a^{-1}$

13
a) x^{m+5} b) y^{m+2}
c) a^{-6} d) x^{a+1}
e) $(xy)^{n-6}$ f) x^6
g) a^{-n}

14
a) 4 b) $\frac{27}{64}$
c) $x^2 + x$ d) $x - 1$
e) 1 f) $\frac{1}{x^2}$

Rückspiegel, Seite 60

1
a) 6 b) 22 c) $0{,}7$
d) $1{,}3$ e) $3{,}2$ f) $4{,}5$
g) $\frac{2}{3}$ h) $\frac{8}{19}$ i) $\frac{27}{31}$

2
a) $4{,}848$ b) $7{,}550$ c) $98{,}765$
d) $1{,}799$ e) $0{,}245$ f) $0{,}094$

3
a) $2{,}57$ b) $4{,}04$ c) $3{,}50$
d) $3{,}20$ e) $0{,}76$ f) $0{,}71$

4
a) 12 b) 33 c) 154
d) $0{,}6$

5
a) 3 b) $\frac{5}{6}$ c) 3
d) $1{,}5$

6
a) $4x$ b) $105xy$ c) $14ab$
d) $72a$

7
a) $5x$ b) $\frac{3a^2}{b}$ c) $\frac{17y}{20}$
d) $42x^2$

8
a) $4z$ b) $\frac{2b}{3}$ c) $4xy$
d) 3

9
a) $\sqrt{5}$ b) $16\sqrt{19} + \sqrt{13}$
c) $\sqrt{b} - \sqrt{a}$ d) $3x\sqrt{yz} + y\sqrt{xz}$

10
a) $6\sqrt{2}$ b) $4\sqrt{6}$ c) $4\sqrt{15}$
d) $7y\sqrt{y}$ e) $4x\sqrt{7y}$ f) $12xy^2z\sqrt{3xy}$

11
a) $7\sqrt{3} - 3\sqrt{2}$ b) $19\sqrt{3}$
c) $3x\sqrt{2}$ d) $15y\sqrt{5y}$

Lösungen

12

a) $\frac{\sqrt{7}}{7}$ b) $\frac{\sqrt{21}}{6}$ c) $\frac{2+\sqrt{2}}{4}$

d) $3\sqrt{a}$ e) $\frac{x\sqrt{x}+\sqrt{x}}{2x}$

f) $\frac{\sqrt{pq}-q}{pq}$

13

a) $128x$ b) 45

c) $\frac{\sqrt{2}}{2}$ d) 0

14

Man benötigt 18 Sträucher.

Rückspiegel, Seite 76

1

P_1 P_4 P_5

2

a) Scheitel in
$S(0|4)$
$S(0|-1)$
$S(0|-2,8)$

b) $y = x^2 + 2,5$
$y = x^2 + 1,5$
$y = x^2 - \frac{3}{4}$

Scheitel in
$S(0|2,5)$
$S(0|1,5)$
$S(0|-0,75)$

3

a)
x	−4	−3	−2	−1	0	1	2
y	4	2,25	1	0,25	0	0,25	1

b)
x	−2	−1	−0,5	0	0,5	1	2
y	5	−1	−2,5	−3	−2,5	−1	5

4

a) $N_1(2,2|0)$; $N_2(-2,2|0)$
b) $N_1(1,9|0)$; $N_2(-1,9|0)$
c) $N_1(2,4|0)$; $N_2(-2,4|0)$
d) $N_1(2,4|0)$; $N_2(-2,4|0)$

5

a) $S_1(0|5)$; $S_2(0|10)$
b) $S_1(0|-10)$; $S_2(0|-10)$
c) $S_1(0|5)$; $S_2(0|-5)$

6

a) $c = 4$; $y = x^2 + 4$ b) $a = \frac{1}{2}$; $y = \frac{1}{2}x^2$

7

a) $P_1(-1|-2)$; $P_2(2|1)$
b) $P_1(-2|5)$; $P_2(0,5|1,25)$

8

a) $x_1 = +1,6$; $x_2 = -1,6$
b) $x_1 = +2,1$; $x_2 = -2,1$
c) $x_1 = +1,7$; $x_2 = -1,7$
d) $x_1 = +1,7$; $x_2 = -1,7$

9

a) $x_1 = 5$; $x_2 = -5$
b) $x_1 = 7$; $x_2 = -7$
c) $x_1 = 6$; $x_2 = -6$
d) $x_1 = 10$; $x_2 = -10$
e) $x_1 = \frac{8}{9}$; $x_2 = -\frac{8}{9}$
f) $x_1 = 0,1$; $x_2 = -0,1$

10

a) $x_1 = 3$; $x_2 = -3$
b) $x_1 = 4$; $x_2 = -4$
c) $x_1 = 7$; $x_2 = -7$
d) $x_1 = 5$; $x_2 = -5$

11

a) $x_1 = 8$; $x_2 = -8$
b) $x_1 = \frac{1}{3}$; $x_2 = -\frac{1}{3}$
c) $x_1 = 6$; $x_2 = -6$
d) $x_1 = 3$; $x_2 = -3$

12

a) $x_1 = 6$; $x_2 = -6$
b) $x_1 = 6$; $x_2 = -6$
c) $x_1 = 30$; $x_2 = -30$
d) $x_1 = 4$; $x_2 = -4$

13

a) 13 oder −13 b) 4 oder −4

14

Länge 2,45 m; Breite 1,63 m.

Rückspiegel, Seite 104

a)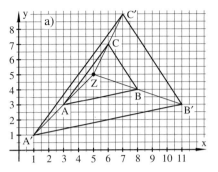

b)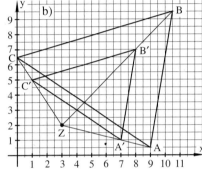

c)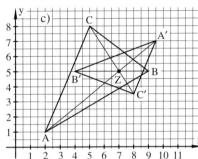

203

Lösungen

2

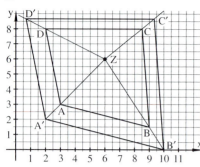

3

Da die Figur in Bezug auf Z punktsymmetrisch ist, hätte man auch mit $k = \frac{4}{3}$ strecken können!

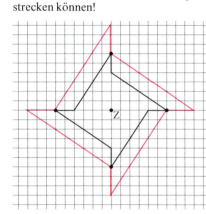

4

Längen-abb.-maßstab k	3	1,5	0,5	2
Flächen-abb.-maßstab k^2	9	2,25	0,25	4
Seite a	7 cm	4 cm	4 cm	3 cm
Seite a'	21 cm	6 cm	2 cm	6 cm
Flächen-inhalt A	49 cm²	16 cm²	16 cm²	9 cm²
Flächen-inhalt A'	441 cm²	36 cm²	4 cm²	36 cm²

5
a) $x \approx 10{,}8$ cm b) $x \approx 2{,}6$ cm

6

$\frac{x+y}{y} = \frac{50}{40}$, $\frac{x+y}{25} = \frac{36}{15}$

$x = 12$ mm, $y = 48$ mm

7
a) und c) ähnlich, b) nicht ähnlich

8
a), b) und d) ähnlich, c) nicht ähnlich

9

$\frac{54-x}{62-x} = \frac{92}{92+46}$

$x = 38$ mm

10

$\frac{x + 160 \text{ m}}{160 \text{ m}} = \frac{205}{98}$

$x \approx 175$ m

11

Flächenabbildungsmaßstab 2, Längenabbildungsmaßstab $\sqrt{2}$

Rückspiegel, Seite 128

1
a) $a^2 = b^2 + c^2$ b) $\overline{AC}^2 = \overline{AB}^2 + \overline{BC}^2$
  $c^2 = d^2 + e^2$ $\overline{AB}^2 = \overline{AE}^2 + \overline{BE}^2$
  $b^2 = d^2 + f^2$ $\overline{BC}^2 = \overline{BE}^2 + \overline{CE}^2$
                $\overline{AD}^2 = \overline{AE}^2 + \overline{DE}^2$
                $\overline{BD}^2 = \overline{AB}^2 + \overline{AD}^2$
                $\overline{CD}^2 = \overline{CE}^2 + \overline{DE}^2$

2
a) 6,0 cm   b) 12,3 cm
c) 6,0 cm   d) 9,7 cm

3
a) c = 12,6 cm
b) b = 75,9 m
c) a = 203 m

4
a) u = 25,0 cm; A = 29,9 cm²
b) 75,9 cm²

5
u = 33,0 cm; A = 59,5 cm²

6
e = 10,0 cm

7
a) u = 42,4 cm; A = 107,0 cm²
b) u = 30,0 cm; A = 52,7 cm²

8
1 800 m = 1,8 km

9
21 cm (21,2 cm)

10
a) $u = 5a + 2a\sqrt{2} = a(5 + 2\sqrt{2})$

b) $A = 2a^2 + \frac{a^2}{4}\sqrt{3} = \frac{a^2}{4}(8 + \sqrt{3})$

Rückspiegel, Seite 148

1
a) u = 75,4 cm   b) u = 339,3 mm
  A = 452,4 cm²   A = 9160,9 mm²

c) u = 38,3 cm   d) u = 4,33 m
  A = 116,9 cm²   A = 1,50 m²

e) u = 2,42 dm   f) u = 3,267 km
  A = 0,47 dm²   A = 0,849 km²

2
a) r = 2,9 cm   b) r = 1 094 mm
  d = 5,8 cm   d = 2 188 mm

c) r = 0,32 m   d) r = 2,39 m
  d = 0,64 m   d = 4,77 m

3
a) d = 7,8 cm   b) d = 30,3 mm
c) d = 6,3 dm   d) d = 1,13 km

4
a) A = 2,68 cm²   b) A = 0,08 m²
c) h = 8,3 m   d) u = 10,63 cm

5
a) 858 mm²   b) 70,9 cm²

6
a) b = 22 mm   b) b = 20,0 cm
  A = 231 mm²   A = 73,0 cm

c) b = 136,2 cm
  A = 2 411,4 cm²

Lösungen

7
a) $\alpha = 85,9°$ b) $\alpha = 294,1°$

8
a) Die Wegstrecke beträgt 21,36 m.
b) Die Wegstrecke während eines Tages (24 h) beträgt 27,65 m.

9
$s_{min} = 545 \cdot 2\pi \cdot 3,45$ m
$= 11813,96$ m
$s_{min} \approx 11,814$ km
Die Geschwindigkeit der Propellerspitze beträgt etwa 709 km/h.

10
a) $u = 207,7$ mm $A = 1853$ mm²
b) $u = 198,9$ mm $A = 1848$ mm²
c) $u = 93,7$ mm $A = 798,2$ mm²

11
a) $u = r(2 + \frac{\pi}{2})$
Für $r = 5$ cm: $u = 17,9$ cm
$A = r^2(1 - \frac{\pi}{4})$ $A = 5,4$ cm²

b) $u = r(1 - \pi)$
Für $r = 5$ cm: $u = 20,7$ cm
$A = \frac{\pi}{8}r^2$ $A = 9,8$ cm²

12
$A_{rot} = \frac{1}{2}a^2$

$A_{blau} = \frac{1}{2} \cdot \pi \left(\frac{a \cdot \sqrt{2}}{2}\right)^2 - \left(\frac{1}{4} \cdot \pi \cdot a^2 - \frac{1}{2}a^2\right)$
$= \frac{1}{2}a^2$

Rückspiegel, Seite 168

1
a) $M = 565,5$ cm²   b) $M = 592,8$ cm²
   $O = 791,7$ cm² $O = 678,8$ cm²
   $V = 1696,5$ cm³ $V = 1096,7$ cm³
c) $M = 7,17$ m²
   $O = 9,58$ m²
   $V = 2,22$ m³

2
a) $h = 5,0$ cm   b) $h = 25,0$ cm
c) $h = 12,0$ dm

3
a) $h = 5,0$ cm   b) $r = 7,0$ cm
   $M = 251,3$ cm² $O = 967,9$ cm²
   $O = 653,5$ cm² $V = 2309$ cm³
c) $r = 3,1$ cm   d) $r = 4,5$ cm
   $M = 233,7$ cm² $h = 6,2$ cm
   $O = 294,1$ cm² $V = 394,4$ cm³

4
a) $V = 18,55$ dm³   b) $V = 136,3$ cm³
c) $V = 484,0$ dm³

5
a) $V = 161,3$ dm³
b) $m = 354,9$ kg

6
a) Das Fassungsvermögen beträgt 0,118 m³.
b) $A_i = 2,79$ m²
   $O = 5,85$ m²
c) Es werden 878 cm³ Rostschutzfarbe benötigt.

7
$V = 21,51$ cm³

8
a) $V = 17,16$ cm³   b) $V = 78,84$ dm³
   $O = 32,17$ cm² $O = 88,91$ dm²
c) $V = 394,6$ dm³
   $O = 2,60$ m²

9
a) $r = 25,0$ cm   b) $r = 67,2$ cm
   $O = 78,54$ dm² $O = 568,10$ dm²
c) $r = 16,5$ cm
   $V = 18,82$ dm³

10
a) $a = 8,06$ cm   b) $O_w = 389,8$ cm²
                       $O_{Ku} = 314,2$ cm²

11
a) $V = 11,1$ cm³   b) $V = 7,55$ cm³
   $O = 35,94$ cm² $O = 27,58$ cm²

12
a) $V = 3048$ mm³   b) $V = 4,12$ dm³
   $O = 1540$ mm² $O = 21,35$ dm²

Rückspiegel, Seite 196

1
a) $q = 1,12$ b) $q = 0,97$
c) $q = 1,042$ d) $q = 0,863$
e) $q = 1,001$ f) $q = 0,995$

2
a) 300 €   (450 €)
b) 660 €   (550 €)

3
a) 533,60 €   b) 84,22 €
c) 441,26 €   d) 89,67 €
e) 26,82 €   f) 246,50 €

4
a) 14,40 €   b) 7,20 €
c) 4,16 €   d) 8,26 €
e) 6,77 €   f) 11,48 €

5
a) 4 336,50 €   b) 1350 Tage
                       = 45 Monate

6
$K_n = 775,15$ €
$K_o = 3800$ €
$p\% = 6,8\%$

7
28 684,34 €

Zinsen im:

1. Jahr	2. Jahr	3. Jahr	4. Jahr
840 €	993,60 €	1227,10 €	1623,64 €

8
9 631,01 €

9
9 640,47 €

Lösungen

10

	Restschuld am Anfang des Jahres	Zinsen	Tilgung	Restschuld am Ende des Jahres
1.	120 000,00 €	8 640,00 €	4 800,00 €	115 200,00 €
2.	115 200,00 €	8 294,40 €	5 145,60 €	110 054,40 €
3.	110 054,40 €	7 923,92 €	5 516,08 €	104 538,32 €
4.	104 538,32 €	7 526,76 €	5 913,24 €	98 625,08 €
5.	98 625,08 €	7 101,01 €	6 339,00 €	92 286,08 €

11
Rückzahlungsbetrag: 4 747,68 €
Höhe der Raten: 197,82 €

12
  2 175,00
−   423,64
−   435,00
  1 316,36

Nettolohn: 1 316,36 €, dass sind ca. 60,52 % vom Bruttolohn.

12
a) 664,54 €
b) 65,00 €

Keine Angst vor Tests, Seite 197

1
a) 20, 26   (Regel: +1; +2; +3; +4; …)
b) 12, 11   (Regel: +2; −1; +2; −1; …)
c) 13, 7   (Regel: +1; −2; +3; −4; …)
d) 52, 67   (Regel: +5; +7; +9; +11; …)
e) 20, 2   (Regel: +3; −6; +9; −12; …)
f) 5, 2   (Regel: +1; −3; +2; −3; …)

2
a) 75, 70   (Regel: ·3; −5; ·3; −5; …)
b) 2160, 15120 (Regel: ·2; ·3; ·4; ·5; …)
c) 64, 32   (Regel: ·4; :2; ·4; :2; …)
d) 95, 191
   (Regel: ·2 + 1; ·2 + 1; ·2 + 1; ·2 + 1; …)
e) 90   (Regel: −5; ·2; +10; ·2; −15; …)
f) 16   (Regel: :2; +5; :2; +5; :2; …)
g) 25   (Regel: ·2; +3; −4; ·2; +3; …)

3
a) 15
b) B
c) Bx
d) 9
e) m
f) B
g) 111

4
a) $5 + 5 + 5 = 15$
b) $22 : 11 = 2$ $(44 : 11 = 4; …)$
c) $2 + \frac{2}{2} + 22 = 25$
d) $99\frac{99}{99} = 100$
e) $11 \cdot 11 = 121$
f) $\frac{3}{7} + \frac{4}{7} + 7 = 15 - 7$

Seite 198

5
a) 8   b) 10   c) 14
d) 11 e) 12   f) 18

6
a) 2   b) 3   c) 2
d) 2   e) 3

7
a) | 6 | b) | 1 | c) | 5 |
   | 5 | | 2 | | 6 |

8
a) 3   b) 2   c) 1   d) 2

Seite 199

9
a) 3   b) 2   c) 3   d) 1

10
a) 2   b) 3   c) 2   d) 2   e) 2

11
a) 2   b) 1   c) 1
d) 2   e) 2

Register

Additionsverfahren 9
ähnlich 94
Ähnlichkeitssätze 97
Anfangskapital 177
Arbeitslosenversicherung 192
ausklammern 51
ausmultiplizieren 51

Basis 18
Bearbeitungsgebühr 188
Bezugspreis 194
Binomische Formeln 7
Bruchterm 8
Bruttolohn 192

Darlehen 186
Definitionsmenge 8
Disagio 187
Distributivgesetz 51
Divisionsverfahren 59
Doppelraute 103
Drehkörper 154, 163
Dreieck 10

Einsetzungsverfahren 9
Endkapital 177
Endpreis 194
Euler, Leonhard 139
Exponent 21

Flächenabbildungsmaßstab 95
Flächeninhalt 10
Formel 116
Formvariable 116
Funktion
–, quadratische 62

gerade 14
Geschäftskosten 194
Gewinn 194
Gleichsetzungsverfahren 9
Gleichung 8
–, rein quadratische 67
Gleichungssystem 7
–, lineares 9
Grundwert 170
–, vermehrter 170
–, verminderter 170

Heron-Verfahren 42
Hippokrates, Möndchen des 143
Höhensatz 108
Hüllkurve 72
Hypotenuse 106
  –nabschnitt 106

Intervall 41, 56
Iterationsverfahren 47

Jahreszins
–, effektiver 189

Kalkulation 194
  –sschema 194
Kapital 175
Kathete 106
Kathetensatz 106
Kirchensteuer 192
Kleinkredit 188

Kontokorrentrechnung 179
Krankenversicherung 192
Kreditbetrag 188
Kreis 129
  –ausschnitt 140
  –bogen 140
  –fläche 133
  –sektor 140
  –teile 140
  –umfang 130
  –zahl π 137
Kubikwurzel 46
Kubikzahl 14
Kugel 157
–, Oberfläche der 159
–, Volumen der 157
Körper, zusammengesetzter 161
–, Oberfläche 161
–, Volumen 161

Längenabbildungsmaßstab 95
Laufzeit 188
Lohn 192
  –abzüge 192
  –steuer 192
Lohnnebenkosten 192

Mantelfläche 12
Mehrwertsteuer 172
Messkeil 102
Messlehre 102
Messzange 102
Mittel
–, arithmetisches 57
–, geometrisches 57

negativ 14
Nenner 53
Nettolohn 192
Normalparabel 62
Nullstelle 67

Oberfläche 12

Palindrom 40
Pantograph 103
Parabel 62
π 137
Pflegeversicherung 192
positiv 14
Potenzen 14
potenzieren 23
Preis 194
Prisma 12
Produkt 48
Proportionalzirkel 102
Prozentkreisdarstellung 181
Pythagoras 105
–, Satz des 110

Quadratwurzel 38, 41
Quadratzahl 14, 38
quadrieren 38
Quotient 48

Rabatt 172
Radikand 38, 46, 71

Ratenkauf 190
Ratensparen 184
Ratenzahlung 190
rational 53
Rentenversicherung 192
Restschuld 186
Rotationskörper 154
Rückzahlung 188
Rückzahlungsrate
–, gleichbleibende 186

Säulendiagramm 181
Schaubild 181, 182
Scheitel 62
scientific notation 16
Selbstkostenpreis 194
Skonto 172
Solidaritätszuschlag 192
Sozialversicherungsbeitrag 192
Storchschnabel 103
Strahlensätze 87
Streckenverhältnis 85
Streckfaktor 78
–, negativer 81
Streckung 78
–, zentrische 81
Summand 8
Summe 7

Tabelle 181, 182
technische Notation 16
Term 7
Tilgung 186
  –sbetrag 186
  –splan 186

Umfang 10
ungerade 14

Variable 8
Verkaufspreis 194
Verteilungsgesetz 51
Vieleck 11
Viereck 10
Volumen 12

Wurzel 38, 46
–, dritte 46
Wurzelexponent 46
Wurzelterm 53
Wurzelziehen
–, teilweise 53

Zahl
–, irrationale 44
–, reelle 44
Zehnerpotenzschreibweise 16
Zinsen 175, 188
Zinseszins 177
Zinssatz 175
Zinstage 176
Zuwachssparen 179
Zylinder 150
–, Mantelfläche des 152
–, Oberfläche des 152
–, Schrägbild des 150
–, Volumen des 154

Mathematische Symbole und Bezeichnungen/Maßeinheiten

Mathematische Symbole und Bezeichnungen

$=$	gleich	$g, h \ldots$	Buchstaben für Geraden
$<\,;\,>$	kleiner als; größer als	$A, B, \ldots, P, Q, \ldots$	Buchstaben für Punkte
$\mathbb{N}$	Menge der natürlichen Zahlen	$\overline{AB}$	Strecke mit den Endpunkten A und B
$\mathbb{Z}$	Menge der ganzen Zahlen		
$\mathbb{Q}$	Menge der rationalen Zahlen	$A(2|4)$	Gitterpunkt A mit der x-Koordinate 2 und der y-Koordinate 4
$\mathbb{R}$	Menge der reellen Zahlen		
$a^2; a^3$	Quadratzahlen; Kubikzahlen	$S(Z;k)$	zentrische Streckung mit Zentrum Z und Streckfaktor k
a^n	Potenz mit Basis a und Exponent n		
$5{,}92 \cdot 10^8$	scientific notation für 592 000 000	$\sphericalangle ASB$	Winkel mit dem Scheitel S und dem Punkt A auf dem ersten Schenkel und dem Punkt B auf dem zweiten Schenkel
$\sqrt{a}$	Quadratwurzel aus a		
$\sqrt[3]{a}; \sqrt[n]{a}$	Kubikwurzel aus a; n-te Wurzel aus a		
$g \perp h\,;\,g \| h$	die Geraden g und h sind zueinander senkrecht; parallel	$\alpha, \beta, \gamma, \ldots$	Bezeichnungen für Winkel
∟	rechter Winkel	π	Kreiszahl, $\pi = 3{,}14159\ldots$

Maßeinheiten und Umrechnungen

Beispiele:

$1\,m = 10\,dm$
$1\,dm = 10 \cdot 10\,mm$
$= 100\,mm$

Einheiten der Länge

Millimeter	Zentimeter	Dezimeter	Meter	(kein Name)	(kein Name)	Kilometer
1 mm	1 cm	1 dm	1 m	10 m	100 m	1 km

(jeweils ·10)

$1\,m^2 = 100\,dm^2$
$1\,km^2 = 100 \cdot 100 \cdot 100\,m^2$
$= 1\,000\,000\,m^2$

Einheiten des Flächeninhalts

Quadrat-millimeter	Quadrat-zentimeter	Quadrat-dezimeter	Quadrat-meter	Ar	Hektar	Quadrat-kilometer
1 mm²	1 cm²	1 dm²	1 m²	1 a	1 ha	1 km²

(jeweils ·100)

$1\,m^3 = 1000\,dm^3$
$1\,m^3 = 1000 \cdot 1000\,cm^3$
$= 1\,000\,000\,cm^3$

Einheiten des Rauminhalts (Volumen)

Kubik-millimeter	Kubik-zentimeter	Kubik-dezimeter	Kubik-meter	(kein Name)	(kein Name)	Kubik-kilometer
1 mm³	1 cm³ 1 Milliliter	1 dm³ 1 Liter (1 l)	1 m³			1 km³

(jeweils ·1000)

Gebräuchlich sind auch noch: 1 Hektoliter (hl) = 100 Liter, 1 Zentiliter (cl) = 10 cm³

Einheiten der Masse
(in der Umgangssprache oft als **Gewicht** bezeichnet)

$1\,kg = 1000\,g$

Milligramm	Gramm	Kilogramm	Tonne
1 mg	1 g	1 kg	1 t

(jeweils ·1000)

Gebräuchlich ist auch noch: 1 Pfund = 500 g

Einheiten der Zeit

$1\,d = 24 \cdot 60 \cdot 60\,s$
$= 86\,400\,s$

Sekunde	Minute	Stunde	Tag	Jahr
1 s	1 min	1 h	1 d	1 a

(·60, ·60, ·24, ·365*)

*1 „Schaltjahr" hat 366 Tage; Geldinstitute rechnen mit 360 Tagen.

Gebräuchliche Vorsilben:

milli = Tausendstel
(1 Millimeter = $\frac{1}{1000}$ Meter)

zenti = Hundertstel
(1 Zentimeter = $\frac{1}{100}$ Meter)

dezi = Zehntel
(1 Dezimeter = $\frac{1}{10}$ Meter)

kilo = Tausend
(1 Kilometer = 1000 Meter)